一周轻松读懂建筑工程施工图

全图解 建筑结构施工图

王晓芳 主编
许宏峰 副主编

中国电力出版社
CHINA ELECTRIC POWER PRESS

内 容 提 要

本书把教学内容分为7天，每天8个小时，第1天为建筑结构施工图的基本知识，第2天和第3天为社区服务中心工程结构施工图实例和讲解，第4天和第5天为售楼处工程结构施工图实例和讲解，第6天和第7天为别墅结构施工图实例和讲解。

本书内容翔实，参考最新国家制图标准，引用相关实例表述准确，针对性强，可为新接触建筑工程人员提供系统的理论知识与方法，使初学者能够快速地了解、掌握工程识图的相关知识。

本书可作为相关专业院校的辅导教材，也可作为建筑工程施工、管理人员的参考用书。

图书在版编目（CIP）数据

一周轻松读懂建筑工程施工图. 全图解建筑结构施工图 / 王晓芳主编. —北京：中国电力出版社，2019.1（2020.9重印）
ISBN 978-7-5198-2211-8

Ⅰ.①— … Ⅱ.①王… Ⅲ.①建筑结构-建筑制图-识图 Ⅳ.①TU204

中国版本图书馆 CIP 数据核字（2018）第 146930 号

出版发行：中国电力出版社	印　　刷：三河市百盛印装有限公司
地　　址：北京市东城区北京站西街19号	版　　次：2019年1月第一版
邮政编码：100005	印　　次：2020年9月北京第二次印刷
网　　址：http://www.cepp.sgcc.com.cn	开　　本：787毫米×1092毫米　8开本
责任编辑：王晓蕾（010-63412610）	印　　张：15
责任校对：黄　蓓　闫秀英	字　　数：399千字
装帧设计：王英磊	定　　价：48.00元
责任印制：杨晓东	

版 权 专 有　侵 权 必 究

本书如有印装质量问题，我社营销中心负责退换

前 言

随着我国经济和科学技术的发展，建筑行业已经成为当今最具活力的行业之一，建筑行业的从业人员越来越多，提高从业人员的基本素质已成为当务之急。

施工图是建筑工程设计、施工的基础，也是参加工程建设的从业人员素质提高的重要环节。在整个工程施工过程中，应科学准确地理解施工图的内容，并合理运用建筑材料及施工手段，提高建筑行业的技术水平，促进建筑行业的健康发展。

本套丛书共有三个分册，分别为《全图解建筑施工图》《全图解建筑结构施工图》《全图解建筑水暖电施工图》。

为了更加突出应用性强、可操作性强的特点，本书采用"1天学习识图知识"+"6天读懂施工图案例"的方式，以便读者结合真实的现场情况系统地掌握相关知识。第1天以循序渐进的方式介绍了工程图识读的思路、方法、流程和技巧，后6天通过多套施工图实例加以详解进一步完善读图知识。

通过第1天的内容，我们了解了结构施工图识图的方法、步骤，掌握了基础施工图、主体结构施工图、楼梯构件详图、门式刚架结构施工图、钢网架结构施工图、钢框架结构施工图的识读方法和技巧，对建筑结构施工图有了初步的认识，可以识读简单的结构施工图。

第2天～第6天，我们对三个真实案例"社区服务中心工程结构施工图""售楼处工程结构施工图""别墅结构施工图"进行了详细的解读。在读者识读的过程中，用旁边解析的方式进一步帮助读者理解读图知识，达到融会贯通的目的。

本书由王晓芳任主编，许宏峰任副主编，其他参加编写的人员有张日新、袁锐文、刘露、梁燕、吕君、王丹丹、葛新丽、陈凯、臧耀帅、孙琳琳、高海静。

在编写的过程中，参考了大量的文献资料，借鉴、改编了大量的案例。为了编写方便，对于所引用的文献资料和案例并未一一注明，谨在此向原作者表示诚挚的敬意和谢意。

由于编者水平有限，疏漏之处在所难免，恳请广大同仁及读者批评指正。

编 者
2018年7月

目录

前言

第1天 建筑结构施工图的基本知识·················1
- 第1小时 结构施工图识图的方法·················1
- 第2小时 结构施工图识图的步骤·················1
- 第3小时 基础施工图的识读·····················1
- 第4小时 主体结构施工图的识读·················2
- 第5小时 楼梯构件详图的识读···················3
- 第6小时 门式刚架结构施工图的识读·············3
- 第7小时 钢网架结构施工图的识读···············4
- 第8小时 钢框架结构施工图的识读···············5

第2天 社区服务中心工程结构施工图设计总说明·····7
- 第1小时 工程概况·····························7
- 第2小时 设计依据·····························7
- 第3小时 结构设计·····························7
- 第4小时 主要材料·····························8
- 第5小时 钢筋混凝土结构构造···················8
- 第6小时 围护墙及女儿墙构造···················8
- 第7小时 施工要求·····························9
- 第8小时 图面表达方式·························9

第3天 社区服务中心工程结构施工图识读详解······10
- 第1小时 详解筏形基础底板配筋图···············10
- 第2小时 详解筏形基础梁配筋图·················10
- 第3小时 详解地梁配筋图·······················10
- 第4小时 详解框架柱定位图·····················10
- 第5小时 详解首层、二层、三层、15.900m标高结构平面图···10
- 第6小时 详解屋面结构平面图···················10
- 第7小时 详解首层顶板、二层顶板、三层顶板、15.900m标高板及屋面板配筋图···10
- 第8小时 详解楼梯详图·························10

第4天 售楼处工程结构施工图设计总说明··········54
- 第1小时 工程概况及结构设计控制参数···········54
- 第2小时 设计依据·····························54
- 第3小时 设计荷载·····························54
- 第4小时 地基基础·····························54
- 第5小时 主要材料·····························55
- 第6小时 钢筋混凝土构造·······················55
- 第7小时 隔墙、填充墙·························56
- 第8小时 其他·································56

第5天 售楼处工程结构施工图识读详解············59
- 第1小时 详解基础平面布置图···················59
- 第2小时 详解拉梁配筋图·······················59
- 第3小时 详解柱平法施工图·····················59
- 第4小时 详解首层梁、顶板配筋图···············59
- 第5小时 详解二层梁、顶板配筋图···············59
- 第6小时 详解三层梁、顶板配筋图···············59
- 第7小时 详解1号楼梯详图·····················59

  第 8 小时 详解 2 号楼梯详图 ·········· 59

第 6 天 别墅结构施工图设计总说明 ·········· 91
  第 1 小时 工程概况 ·········· 91
  第 2 小时 设计依据 ·········· 91
  第 3 小时 地基及基础 ·········· 91
  第 4 小时 主要材料 ·········· 91
  第 5 小时 混凝土环境类别及耐久性要求 ·········· 92
  第 6 小时 钢筋混凝土结构构造 ·········· 92
  第 7 小时 隔墙与混凝土墙、柱的连接及圈梁、过梁、构造柱的要求 ·········· 92
  第 8 小时 选用标准图集的识读 ·········· 92

第 7 天 别墅结构施工图识读详解 ·········· 93
  第 1 小时 详解基础梁结构图 ·········· 93
  第 2 小时 详解基础底板配筋图 ·········· 93
  第 3 小时 详解地下室墙、柱、顶梁结构图 ·········· 93
  第 4 小时 详解地下室顶板配筋图 ·········· 93
  第 5 小时 详解首层墙、柱、顶梁结构图 ·········· 93
  第 6 小时 详解二层墙、柱、顶梁结构图 ·········· 93
  第 7 小时 详解首层、二层顶板配筋图 ·········· 93
  第 8 小时 详解楼梯及壁炉详图 ·········· 93

参考文献 ·········· 114

第1天

建筑结构施工图的基本知识

第1小时 结构施工图识图的方法

正确的识图方法是快速识读施工图的关键。正确的识图方法一般应先弄清楚是什么图纸，了解其特点，然后根据该图纸的特点进行识图。因此，对于一张施工图纸，可遵循如下诀窍进行识图，即"从上往下看，从左往右看，从外往里看，由大到小看，由粗到细看，图样与说明对照看，建施与结施结合看，设备图纸参考看"。只有这样，才能达到识图的目的，收到良好的识图效果。

小贴士

图形是由线条构成的，施工图纸上的各种各样的线条纵横交错，各种符号、图例、详图繁杂，因此要求初学识图的人必须要有耐心，识图中应认真、细致，注意对照，善于推敲，才能真正将施工图弄清楚、看明白。

第2小时 结构施工图识图的步骤

识读结构施工图图纸的过程中应遵循其逻辑关系，并以此为思路进行系统地识读。结构施工图识图的步骤如下：

（1）读图纸目录，同时按图纸目录检查图纸是否齐全，图纸编号与图名是否符合。
（2）读结构总说明，了解工程概况、设计依据、主要材料要求、标准图或通用图的使用、构造要求及施工注意事项等。
（3）读基础图。
（4）读结构平面图及结构详图，了解各种尺寸、构件的布置、配筋情况、楼梯情况等。
（5）看结构设计说明要求的标准图集。

在整个读图过程中，要把结构施工图与建筑施工图、水暖电施工图结合起来，看有无矛盾的地方，构造上能否施工等，同时还要边看边记下关键的内容，如轴线尺寸、开间尺寸、层高、主要梁柱截面尺寸和配筋以及不同部位混凝土强度等级等。

小贴士

结施与建施应结合看，注意以下几点：

（1）相同处：如轴线，墙厚，柱尺寸，过梁位置与洞口对应，梁底标高同洞顶标高，结构详图与建筑详图有无矛盾。
（2）不同处：如建筑标高与结构标高。建筑标高是建筑成活面的标高，也就是结构完成之后，进行地面的表面处理之后的标高，所以地面处理的高度也是事先规定好的。结构标高，顾名思义就是结构完成之后的标高。
（3）相关联处：如建施中墙，结施应有梁；建施中底层墙，结施为基础；楼面梁与门窗洞口有无矛盾；楼梯图有无矛盾等。

第3小时 基础施工图的识读

（1）识读基础平面图。

基础平面图是一种剖视图，是假想用一个水平剖切面，在房屋的室内底层地面标高±0.000处将房屋剖开，移去剖切平面以上的房屋和基础回填土后，再向房屋的下部所作的水平投影。

基础平面图的绘制比例，通常采用1∶50、1∶100、1∶200。

基础平面图主要表示基础的平面布置情况，以及定位轴线位置、基础的形状和尺寸、基础梁的位置和代号、基础详图的剖切位置和编号等。它是房屋施工过程中指导放线、基坑开挖、定位基础的依据。

小贴士

基础平面图中的定位轴线网格与建筑平面图中的轴线网格完全相同，比例也尽量相同。此外，还应标注基础详图的剖切位置线和编号以及用文字说明地基承载力及材料强度等级等。

（2）识读基础详图。

由于基础布置平面图只表示了基础平面布置，没有表达出基础各部位的断面，为了给基础施工提供详细的依据，就必须画出各部分的基础断面详图。

基础详图是一种断面图，是采用假想的剖切平面垂直剖切基础具有代表性的部位而得到的断面图。为了更清楚地表达基础的断面，基础详图的绘制比例通常取1∶20、1∶30。

基础详图充分表达了基础的断面形状、材料、大小、构造和埋置深度等内容。

基础详图一般采用垂直的横剖断面表示，断面详图相同的基础用同一个编号、同一个详图表示。对断面形状和配筋形式都较类似的条形基础，可采用通用基础详图的形式，通用基础详图的轴线符号圆圈内不注明具体编号。

> 🔘 **小贴士**
>
> 对于同一幢房屋,由于它内部各处的荷载和地基承载力不同,其基础断面的形式也不相同,所以需画出每一处断面形式不同的基础的断面图,断面的剖切位置在基础平面图上用剖切符号表示。

第 4 小时 主体结构施工图的识读

(1) 识读柱平法施工图。

柱平法施工图是在柱平面布置图上采用列表注写方式或者截面注写方式来表达的现浇钢筋混凝土柱的施工图。识读可按以下步骤:

1) 查看图名、比例。
2) 校核轴线编号及间距尺寸,必须与建筑图、基础平面图保持一致。
3) 与建筑图配合,明确各柱的编号、数量及位置。
4) 阅读结构设计总说明或有关分页专项说明,明确标高范围柱混凝土的强度等级。
5) 根据各柱的编号,查对图中截面或柱表,明确柱的标高、截面尺寸和配筋,再根据抗震等级、标准构造要求确定纵向钢筋和箍筋的构造要求(包括纵向钢筋连接的方式、位置、锚固搭接长度、弯折要求、柱头节点要求;箍筋加密区长度范围等)。

> 🔘 **小贴士**
>
> 柱平法施工图在识读时应遵循先校对平面,后校对构件;先阅读各构件,再查阅节点与连接的原则。

(2) 识读剪力墙平法施工图。

剪力墙根据配筋形式可将其看成有剪力墙柱、剪力墙身和剪力墙梁(简称墙柱、墙身、墙梁)三类构件组成。剪力墙平法施工图,是在剪力墙平面布置图上采用截面注写方式或列表方式来表达剪力墙柱、剪力墙身、剪力墙梁的标高、偏心、截面尺寸和配筋情况。

剪力墙平法施工图识读可按以下步骤:

1) 查看图名、比例。
2) 校核轴线编号及间距尺寸,必须与建筑平面图、基础平面图保持一致。
3) 与建筑图配合,明确各剪力墙边缘构件的编号、数量及位置,墙身的编号、尺寸、洞口位置。
4) 阅读结构设计总说明或有关分页专项说明,明确各标高范围剪力墙混凝土的强度等级。
5) 根据各剪力墙身的编号,查对图中截面或墙身表,明确剪力墙的标高、截面尺寸和配筋。再根据抗震等级、标准构造要求确定水平分布钢筋、竖向分布钢筋和拉筋的构造要求(包括水平分布钢筋、竖向分布钢筋连接的方式、位置、锚固搭接长度、弯折要求)。
6) 根据各剪力墙柱的编号,查对图中截面或墙柱表,明确剪力墙柱的标高、截面尺寸和配筋。再根据抗震等级、标准构造要求确定纵向钢筋和箍筋的构造要求(包括纵向钢筋连接的方式、位置、锚固搭接长度、弯折要求、柱头节点要求;箍筋加密区长度范围等)。
7) 根据各剪力墙梁的编号,查对图中截面或墙梁表,明确剪力墙梁的标高、截面尺寸和配筋。再根据抗震等级、标准构造要求确定纵向钢筋和箍筋的构造要求(包括纵向钢筋锚固搭接长度;箍筋的摆放位置等)。

> 🔘 **小贴士**
>
> 这里需要特别注意,剪力墙尤其是高层建筑中的剪力墙一般情况是沿着高度方向混凝土强度等级不断变化的;每层楼面的梁、板混凝土强度等级也可能有所不同,因此,施工人员在看图时应格外加以注意,避免出现错误。

(3) 识读梁平法施工图。

梁平法施工图是将梁按照一定规律编号,将各种编号的梁配筋直径、数量、位置和代号一起注写在梁平面布置图上,直接在平面图中表达,不再单独绘制梁的剖面图。

梁平法施工图识读可按以下步骤:

1) 查看图名、比例。
2) 校核轴线编号及间距尺寸,必须与建筑图、基础平面图、柱平面图保持一致。
3) 与建筑图配合,明确各梁的编号、数量及位置。
4) 阅读结构设计总说明或有关分页专项说明,明确各标高范围剪力墙混凝土的强度等级。
5) 根据各梁的编号,查对图中标注或截面标注,明确梁的标高、截面尺寸和配筋。再根据抗震等级、标准构造要求确定纵向钢筋、箍筋和吊筋的构造要求(包括纵向钢筋锚固搭接长度、切断位置、连接方式、弯折要求;箍筋加密区范围等)。

这里需强调的是,应格外注意主、次梁交汇处钢筋摆放的高低位置要求。

> 🔘 **小贴士**
>
> 梁采用平法制图方法绘制施工图,直接把梁的配筋情况注明在梁的平面布置图上,简单明了。但在传统的梁立面配筋图中,可以看到的纵向钢筋锚固长度及搭接长度,在梁平法施工图中无法体现。同柱平法施工图一样,只要我们知道钢筋的种类和直径,就可以按规范或图集中的要求确定其锚固长度和最小搭接长度。

(4) 识读板平法施工图。

板平法施工图包括有梁楼盖板和无梁楼盖板两类,是在楼面板和屋面板布置图上,采用平面注写的表达方式。板平法施工图识读可按以下步骤:

1) 查看图名、比例。
2) 首先,校核轴线编号及其间距尺寸,要求必须与建筑图、剪力墙施工图、柱施工图、梁施工图保持一致。
3) 与建筑配合,明确板块编号、数量和布置。
4) 阅读结构设计总说明或有关说明,明确板的混凝土强度等级及其他要求。

5）根据板的编号，查阅图中标注，明确板厚、贯通纵筋、板面标高不同时的标高高差、板支座上部非贯通纵筋和纯悬挑板上部受力钢筋，再根据抗震等级、设计要求和标准构造详图确定纵向钢筋、分布筋构造及末端弯钩。

小贴士

当悬挑板需要考虑竖向地震作用时，应注明该悬挑板纵向钢筋抗震锚固长度按何种抗震等级。

板纵向钢筋的连接可采用绑扎搭接、机械连接或焊接，其连接位置可以参照《混凝土结构施工图平面整体表示方法制图规则和构造详图》16G101-1。

第 5 小时　楼梯构件详图的识读

（1）识读楼梯平面图。

楼梯平面图上表示出来是楼梯面的宽度和楼梯面的长度以及楼梯的走向，而高度只能在立面图上给它表达出来，或者在平面图上给个标注。

识读楼梯平面图，应了解以下内容：

1）楼梯间在建筑物中的位置。
2）楼梯间墙体厚度和门窗位置。
3）梯段、梯井、休息平台的平面形式、踏步宽度及数量。
4）楼梯上、下行方向及起步位置。
5）梯段各层平台的标高。
6）低层平面图中楼梯剖面图的剖切位置和投影方向。

小贴士

ATa：梯板低端支承处设滑动支座，支承在梯梁上；ATb：梯板低端支承处设滑动支座，支承在梯梁的挑板上；ATc：参与结构整体抗震设计，梯板设边缘构件，分布筋在外侧且形成封闭箍筋，设拉筋。ATa、ATb、ATc 均用于抗震设计，设计者应指定楼梯的抗震等级。

各类型梯板的平面注写要求可以参见《混凝土结构施工图平面整体表示方法制图规则和构造详图》（16G101-2）中"AT～HT、ATa、ATb、ATc 型楼梯平面注写方式与适用条件"。

（2）识读楼梯剖面图。

楼梯剖面图是楼梯垂直剖面图的简称，其剖切位置应通过各层的一个梯段和门窗洞口，向另一未剖到的梯段方向投影所得到的剖面图。

识读楼梯剖面图，应了解以下内容：

1）楼梯的构造形式。
2）楼梯在竖向和进深方向的有关尺寸。
3）被剖切梯段的踏步级数。
4）图中的索引符号，进一步了解楼梯的细部做法。

小贴士

三层以上楼房的楼梯剖面图，中间各层楼梯构造相同时，可只画底层、中间层和顶层，中间用折断线断开。一般不画到屋顶。

第 6 小时　门式刚架结构施工图的识读

（1）识读基础平面图及详图。

基础平面布置图主要通过平面图的形式，反映建筑物基础的平面位置关系和平面尺寸。对于轻钢门式刚架结构，在较好的地质情况下，基础形式一般采用柱下独立基础。在平面布置图中，一般标注有基础的类型和平面的相关尺寸，如果需要设置拉梁，也一并在基础平面布置图中标出。

由于门式刚架的结构单一，柱脚类型较少，相应基础的类型也不多，所以往往把基础详图和基础平面布置图放在一张图纸上（如果基础类型较多，可考虑将基础详图单列一张图纸）。基础详图往往采用水平局部剖面图和竖向剖面图来表达，图中主要标明各种类型基础的平面尺寸和基础的竖向尺寸，以及基础中的配筋情况等。

小贴士

识读基础平面图及详图时，还需注意以下问题：

（1）图中写出的施工说明，往往涉及图中不方便表达的或没有具体表达的部分，因此读图时应特别注意。

（2）注意每一个基础与定位轴线的相对位置关系，最好同时看一下柱子与定位轴线的关系，从而确定柱子与基础的位置关系，以保证安装的准确性。

（2）识读柱脚锚栓布置图。

柱脚锚栓布置图的形成方法是，先按一定比例绘制柱网平面布置图，再在该图上标注出各个钢柱柱脚锚栓的位置，即相对于纵横轴线的位置尺寸，在基础剖面上标出锚栓空间位置高程，并标明锚栓规格、数量及埋设深度。

小贴士

识读柱脚锚栓布置图时，还需注意以下问题：

（1）通过对锚栓平面布置图的识读，根据图纸的标注能够准确地对柱脚锚栓进行水平定位。

（2）通过对锚栓详图的识读，掌握跟锚栓有关的一些竖向尺寸，主要有锚栓的直径、锚栓的锚固长度、柱脚底板的标高等。

（3）通过对锚栓布置图的识读，可以对整个工程的锚栓数量进行统计。

（3）识读支撑布置图。

支撑布置图包括屋面支撑布置图和柱间支撑布置图。屋面支撑布置图主要表示屋面水平支撑体系的布置和系杆的布置；柱间支撑布置图主要采用纵剖面来表示柱间支撑的具体安装位置。另外，往往还配合详图共同表达支撑的具体做法和安装方法。

小贴士

识读支撑布置图时，还需注意以下问题：

（1）明确支撑的所处位置和数量。门式刚架结构中，并不是每一个开间都要设置支撑。如果要在某开间内设置，往往将屋面支撑和柱间支撑设置在同一开间，从而形成支撑桁架体系。因此，需要首先从图中明确，支撑系统到底设在了哪几个开间，另外需要知道每个开间内共设置了几道支撑。

（2）明确支撑的起始位置。对于柱间支撑需要明确支撑底部的起始高程和上部的结束高程；对于屋面支撑，则需要明确其起始位置与轴线的关系。

（3）支撑的选材和构造做法。支撑系统主要分为柔性支撑和刚性支撑两类，柔性支撑主要指的是圆钢截面，它只能承受拉力；而刚性支撑主要指的是角钢截面，既可以受拉也可以受压。此外，可以根据详图来确定支撑截面，以及它与主刚架的连接做法，以及支撑本身的特殊构造。

（4）系杆的位置和截面。明确系杆的位置和截面。

（4）识读檩条布置图。

檩条布置图主要包括屋面檩条布置图和墙面檩条（墙梁）布置图。

屋面檩条布置图主要表明檩条间距和编号以及檩条之间设置的直拉条、斜拉条布置和编号，另外还有隅撑的布置和编号。

墙面檩条布置图，往往按墙面所在轴线分类绘制，每个墙面的檩条布置图的内容与屋面檩条布置图内容相似。

小贴士

识读檩条布置图时，还需注意以下问题：

（1）屋面檩条一般应等间距布置。但在屋脊处，应沿屋脊两侧各布置一道檩条。

（2）确定檩条间距时，应综合考虑天窗、通风屋脊、采光带、屋面材料、檩条规格等因素，按计算确定。

（5）识读主刚架图及节点详图。

门式刚架由于通常采用变截面，故要绘制构件图以便通过构件图表达构件外形、几何尺寸及构件中杆件的截面尺寸；门式刚架图可利用对称性绘制，主要标注其变截面柱和变截面斜梁的外形和几何尺寸、定位轴线和标高以及柱截面与定位轴线的相关尺寸等。一般根据设计的实际情况，不同种类的刚架均应含有门式刚架图。

在相同构件的拼接处、不同构件的连接处、不同结构材料的连接处以及需要特殊交代清楚的部位，往往需要有节点详图来进行详细的说明。节点详图在设计阶段应表示清楚各构件间的相互连接关系及其构造特点，节点上应标明在整个结构上的相关位置，即应标出轴线编号、相关尺寸、主要

控制标高、构件编号或截面规格、节点板厚度及加劲肋做法。构件与节点板焊接连接时，应标明焊脚尺寸及焊缝符号。构件采用螺栓连接时，应标明螺栓的种类、直径、数量。

对于一个单层单跨的门式刚架结构，它的主要节点详图包括梁柱节点详图、梁梁节点详图、屋脊节点详图以及柱脚详图等。

在识读详图时，首先明确详图所在结构的相关位置：第一种，根据详图上所标的轴线和尺寸进行位置的判断；第二种，利用前面讲过的索引符号和详图符号的对应性来判断详图的位置。明确位置后，接着要弄清图中所画构件是什么构件，它的截面尺寸是多少。然后，要清楚为了实现连接需加设哪些连接板件或加劲板件。最后，再了解构件之间的连接方法。

小贴士

识读主刚架图及节点详图时，还需注意：说明区对设计总说明中未提及或特殊的地方进行规定，是必读的。

第 7 小时　钢网架结构施工图的识读

（1）识读网架平面布置图。

网架平面布置图主要是用来对网架的主要构件（支座、节点球、杆件）进行定位的，一般还配合纵、横两个方向剖面图共同表达。支座的布置往往还需要有预埋件布置图配合。

节点球的定位主要还是通过两个方向的剖面图控制的。一般应首先明确平面图中哪些属于上弦节点球，哪些是下弦节点球，然后再安排、列或者定位轴线逐一进行位置的确定。

小贴士

结合平面图和剖面图的识读可以判断，平面图中在实线交点上的球均为上弦节点球，而在虚线交点上的球为下弦节点球；每个节点球的位置可以由两个方向的尺寸共同确定。

（2）识读网架安装图。

网架安装图主要对各杆件和节点球上按次序进行编号，编号原则如下。

节点球的编号一般用大写英文字母开头，后边跟一个阿拉伯数字，标注在节点球内。一般，图中节点球的编号有几种大写字母开头，表明有几种球径的球，即开头字母不同的球的直径是不同的；即使直径相同的球，由于所处位置不同，球上开孔数量和位置也不尽相同，因此在用字母后边的数字来表示不同的编号。这样一来，就可以从图中分析出本图中螺栓球的种类，以及每一种螺栓球的个数和它所处的位置。

杆件的编号一般采用阿拉伯数字开头，后边跟一个大写英文字母或什么都不跟，标注在杆件的上方或左侧。一般，图中杆件的编号有几种数字开头，表明有几种横断面不同的杆件；另外，对于同种断面尺寸的杆件其长度未必相同，因此在数字后加上字母以区别杆件类型的不同。由此就可以得知图中杆件的类型数、每个类型杆件的具体数量，以及它们分别位于何位置。

🔘 **小贴士**

识读网架安装图对于初学者最大的难点在于如何来判断哪些是上层的节点球,哪些是下层的节点球,哪些是上弦杆,哪些是下弦杆。这里有一些识图的方法,那就是把两张图纸或多张图纸对应起来看,即把网架安装图与网架平面布置图结合起来看。在平面布置图中粗实线一般表示上弦杆,细实线一般表达腹杆,而下弦杆则用虚线来表达,与上弦杆连接在一起的球自然就是上层的球,而与下弦杆连在一起的球则为下层的球。而网架平面布置图中的构件和网架安装图的构件又是一一对应的,为了施工方便,可以考虑将安装图上的构件编号直接在平面布置图上标出,这样一来就可以做到一目了然了。

(3) 识读球加工图。

球加工图主要表达各种类型的螺栓球的开孔要求,以及各孔的螺栓直径等。由于螺栓球是一个立体造型复杂、开孔位置多样化的构件,因此在绘制时,往往选择能够尽量多地反映出开孔情况的球面进行投影绘制,然后将图上绘制出来的各孔孔径中心之间的角度标注出来。图名以构件编号命名,另外注明该球总共的开孔数、球直径和该编号球的数量。

🔘 **小贴士**

该图纸的作用主要是用来校核由加工厂运来的螺栓球的编号是否与图纸一致,以免在安装过程中出现错误、重新返工。这个问题在高空散装法的初期尤其要注意。

(4) 识读支座详图、支托详图。

支座详图和支托详图都是来表达局部辅助构件的大样详图,虽然两张图表达的是两个不同的构件,但从制图或者识图的角度来讲是相同的。

这种图的识读顺序一般都是先看整个构件的立面图,掌握组成这个构件的各零件的相对位置关系,例如支座详图中,通过立面可以知道螺栓球、十字板和底板之间的相对位置关系;然后根据立面图中的断面符号找到相应的断面图,进一步明确零件之间在平面上的位置关系和连接做法;最后,根据立面图中的板件编号(带圆圈的数字)查明组成这一构件的每一种板件的具体尺寸和形状。

🔘 **小贴士**

识读支座详图和支托详图时,仔细阅读图纸中的说明,可以进一步帮助大家更好地明确该详图。

第8小时 钢框架结构施工图的识读

(1) 识读底层柱子平面布置图。

柱子平面布置图是反映结构柱在建筑平面中的位置,用粗实线反映柱子的截面形式,根据柱子断面尺寸的不同,对柱进行不同的编号,并且标出柱子断面中心线与轴线的关系尺寸,给柱子定位。对于柱截面中板件尺寸选用,往往另外用列表方式表示。

🔘 **小贴士**

在读图时,应明确图中一共有几种类型的柱子,每一种类型的柱子的截面形式如何,各有多少个,弄清楚每一个柱子的具体位置、摆放方向以及它与轴线的关系。

(2) 识读结构平面布置图。

结构平面布置图是确定建筑物各构件在建筑平面上的位置图,在对某一层结构平面布置图详细识读时,往往按照以下步骤:

1) 明确本层梁的信息。前面提到结构平面布置图是在柱网平面上绘制出来的,而在识读结构平面布置图之前,已经识读了柱子平面布置图,所以在此图上的识读重点就首先落到了梁上。这里提到的梁的信息主要包括梁的类型数、各类梁的截面形式、梁的跨度、梁的标高以及梁柱的连接形式等信息。

2) 掌握其他构件的布置情况。这里其他构件主要是指梁之间的水平支撑、隅撑以及楼板层的布置。楼板层的布置主要是指采用钢筋混凝土楼板时,应将钢筋的布置方案在平面图中表示出来,有时也会将板的布置方案单列一张图纸。

3) 查找图中的洞口位置。楼板层中的洞口主要包括楼梯间和配合设备管道安装的洞口,在平面图中,主要明确它们的位置和尺寸大小。

🔘 **小贴士**

在读图时,应明确所有梁的标高、连接方式、具体位置,截面尺寸可以从结构设计说明中查找。

对于其他构件的布置情况,水平支撑和隅撑并不是所有的工程中都有;如果有,也将在结构平面布置图中一起表示出来。

(3) 识读屋面檩条平面布置图。

屋面檩条平面布置图主要表达檩条的平面布置位置,檩条的间距以及檩条的标高。

🔘 **小贴士**

要清楚每种檩条的所在位置和截面做法,檩条的位置主要根据檩条布置图上标注的间距尺寸和轴线来判断,截面可以根据编号到材料表中查询。

(4) 识读楼梯施工详图。

楼梯施工详图主要包括楼梯平面布置图、楼梯剖面图、平台梁与梯斜梁的连接详图、踏步板详图、平台梁与平台柱的连接详图、楼梯底部基础详图等。

对于楼梯图的识读步骤一般为:先读楼梯平面图,掌握楼梯的具体位置和楼梯的具体平面尺寸;再读楼梯剖面度,掌握楼梯在竖向上的尺寸关系和楼梯本身的构造形式及结构组成;最后,就是阅读钢楼梯的节点详图,从而掌握组成楼梯的各构件之间的连接作法。

> **小贴士**
>
> 对于楼梯施工图，应注意弄清楚各构件之间的位置关系，明确各构件之间的连接问题，各个节点详图中可知各构件的尺寸及做法等。

(5) 识读节点详图。

节点详图在设计阶段应表示清楚各构件间的相互连接关系及其构造特点，节点上应标明整个结构物的相关位置，即应标出轴线编号、相关尺寸、主要控制标高、构件编号和截面规格、节点板厚度及加劲肋做法。

对于节点详图的识读，首先要判断清楚该详图对应于整体结构的什么位置（可以利用定位轴线或索引符号等），其次判断该连接的连接特点（即两构件之间在何处连接，是铰接连接还是刚接等），最后才是识读图上的标注。

> **小贴士**
>
> 构件与节点板采用焊接连接时，应清楚焊脚尺寸及焊缝符号；构件采用螺栓连接时，应清楚螺栓是什么螺栓、螺栓直径、数量。

第 2 天

社区服务中心工程结构施工图设计总说明

第 1 小时　工程概况

本工程位于北方××市，项目概况见表 2-1。

表 2-1　　　　　　　　　工程概况

地下室层数	地上层数	结构形式	基础类型	人防等级防护类别
—	4	框架结构	筏形基础	—

【解读】

通过工程概况，可以对建筑物层数、结构形式、基础形式等有一个直观的了解。

第 2 小时　设计依据

（1）本工程设计遵循的主要规范、规程、标准以及技术规定。
《建筑结构可靠度设计统一标准》（GB 50068—2001）
《建筑工程抗震设防分类标准》（GB 50223—2008）
《建筑地基基础设计规范》（GB 50007—2011）
《建筑结构荷载规范》（GB 50009—2012）
《混凝土结构工程施工质量验收规范》（GB 50204—2015）
《建筑抗震设计规范》（GB 50011—2010）
《混凝土结构设计规范》（GB 50010—2010）
《北京地区建筑地基基础勘察设计规范》（DBJ 11—501—2009）
（2）主要技术指标见表 2-2。

表 2-2　　　　　　　　　主要技术指标

设计使用年限	50 年	建筑抗震设防分类	乙类	建筑结构安全等级	二级
抗震设防烈度	8 度	设计地震分组	第一组	地震基本加速度值	0.20g
场地类别	II 类	场地土类型	中硬土	结构构件重要性系数	1
框架抗震等级	一级	标准冻结深度（m）	1.0m	地基基础设计等级	三级
基本风压	0.45	基本雪压	0.4	风荷载体型系数	1.3
地面粗糙度类别	B 类	液化判别	不液化	地下水对钢筋混凝土结构腐蚀性	无腐蚀性

续表

混凝土结构环境类别	一类：室内正常环境（地上各构件室内部分和地下室内墙、梁、柱、板，基础梁板顶侧）
	二 a 类：室内潮湿环境（梁、板、柱的卫生间一侧，构件的迎水面）
	二 b 类：露天及与无侵蚀性水土直接接触环境（地上各构件室外部分和地下室外墙、边角柱的外侧，基础梁板的迎水、土面）

（3）荷载。均布活荷载标准值见表 2-3。

表 2-3　　　　　　　均布活荷载标准值（单位：kN/m²）

类　别	荷载标准值	类别	荷载标准值	类别	荷载标准值
诊室、体检室、保健室、办公室	2	库房	5	不上人屋面	0.5
手术室	3	消防疏散楼梯	3.5	上人屋面	2
走廊、门厅、餐厅	2.5	口腔室	5	隔墙及填充墙	12
厨房	4	其他房间	2	多功能厅	3

注：1. 施工荷载：楼面 2.0kN/m²；屋面：2.0kN/m²；首层楼面及有高低面的低屋面：4.0kN/m²。
　　2. 施工检修集中荷载：1.0kN；栏杆顶水平荷载：0.5kN/m²。
　　3. 未经技术鉴定或设计许可，不得改变结构的使用用途和使用环境。

（4）计算程序：《结构空间有限元分析与设计软件 SAT》（中国建筑科学研究院 PKPMCAD 工程部编制，2011 年 3 月版）。

【解读】

（1）第一条是设计人员进行结构设计遵循的规范及标准，是编制结构施工图的依据。这也是注册结构工程师考试的基本内容之一。

（2）第二条的"主要技术指标"是结构设计人员在进行结构设计计算时，选取的一些参数指标。这是进行结构设计的具体依据。

（3）第三条中，荷载取值是根据建筑物功能，依据《荷载规范》对各个功能房间的荷载进行的抗力取值。

（4）第四条中，随着建筑物越来越复杂，手工计算已经不能满足结构设计的需要。目前，常用的结构设计软件是中国建筑科学研究院 PKPMCAD 工程部编制的 PKPM 软件。

第 3 小时　结构设计

（1）结构体系：钢筋混凝土框架结构。因为基础埋深较深，在标高 −0.050m 处增设一道地梁。

（2）根据北京京西建筑勘察设计院 2011 年 5 月提供的岩土工程勘察报告（GK：1121），本建筑物基础形式：钢筋混凝土柱下筏形基础，综合考虑的地基承载力标准值为 $f_{ak}=160\text{kPa}$。

【解读】

第一条和第二条分别给出了结构体系和建筑物基础形式。

第 4 小时　主　要　材　料

（1）混凝土强度等级见表 2-4。

表 2-4　　混凝土强度等级

位置	±0.000m 以下部分		地上部分				其他
构件名称	基础垫层	筏形基础地梁、柱	框架柱	框架梁	框架柱	框架梁	楼板楼梯	
强度等级	C15	C30	C40	C30	C40	C30	C30	C25

（2）混凝土耐久性要求见表 2-5。

表 2-5　　混凝土耐久性要求

环境类别	部位	最大水胶比	最大氯离子（%）	最大碱含量（kg/m³）
一	见 2.2 条	0.6	0.3	不限制
二 a	见 2.2 条	0.55	0.2	3
二 b	见 2.2 条	0.5	0.15	3

（3）钢筋：采用 HPB300（Ⅰ级钢）、HRB335（Ⅱ级钢）、HRB400（Ⅲ级钢）。框架的纵向受力钢筋的抗拉强度实测值与屈服强度实测值的比值不应小于 1.25；钢筋的屈服强度实测值与强度标准值的比值不应大于 1.3，且钢筋在最大拉力下的总伸长率实测值不应小于 9%。钢筋强度标准值应具有不小于 95% 的保值率。

（4）钢筋的混凝土保护层厚度见表 2-6。

表 2-6　　钢筋的混凝土保护层厚度

构件	基础底板基础梁	地下一层顶板上侧		混凝土板			柱（梁）		混凝土墙、混凝土板的卫生间侧	屋顶板的室外侧
		无覆土	有覆土	室内	露天	卫生间侧	其余部位	卫生间侧	其余部位		
保护层厚度	40	20	35	15	25	25	25	25（20）	20	25

注：1. 梁、板、柱节点处一般存在多层纵筋交汇的情况，此时应满足最外层纵筋保护层厚度，内层钢筋保护层比表中数值相应增加。
　　2. 受力钢筋的混凝土保护层厚度应从钢筋的外边缘算起。
　　3. 当梁、柱、墙的纵筋最大直径 d>表中数值时，保护层厚取 d。
　　4. 当梁、柱的箍筋直径 d′≥12mm 时，梁、柱的保护层厚度尚应≥d′+15mm。
　　5. 保护层厚度≥50mm 时，内设 φ4@200×200 钢丝网。

（5）钢筋连接。

1）梁、柱内纵向钢筋接头：直径≥16mm 时采用机械连接（Ⅱ级直螺纹）；其余可以采用绑扎搭接。

2）楼、屋面板受力钢筋及分布钢筋采用绑扎搭接。

（6）预埋件：钢板材质采用 Q300，用于手工电弧焊的焊条型号为 E43 型。

（7）围护及填充墙体材料：外围护墙及内隔墙采用轻集料混凝土砌块，Mb5 混凝土砌块砌筑砂浆砌筑。

（8）室内地面回填材料采用素土。要求素土压实系数不少于 0.94。

【解读】

第一条交代了框架结构基本构件的混凝土强度等级。一般，施工图中均在总说明中交代各个基本构件的混凝土强度等级，施工人员如果在梁、板、柱等具体图纸中找不到混凝土的具体强度等级，就来看结构设计总说明。总说明中肯定能找到。

钢筋混凝土结构体系的基本材料就是钢筋和混凝土，第二条和第三条就是对钢筋、混凝土两种材料在指标上的具体要求。施工单位在材料用料时，判断材料是否合格，上述指标就是检验的标准之一。这也是结构设计人员在结构验收时，验收材料参考的具体数据。

第四条和第五条指出，在钢筋混凝土构件中，为防止钢筋锈蚀，并保证钢筋和混凝土牢固黏结在一起，钢筋外面必须有足够厚度的混凝土保护层。作用如下：维持受力钢筋及混凝土之间的握裹力；保护钢筋免遭锈蚀。

第 5 小时　钢筋混凝土结构构造

（1）钢筋的锚固：现浇构件内的钢筋锚固长度按《混凝土结构施工图平面整体表示方法制图规则和构造详图》的规定确定。

（2）钢筋的连接：钢筋接头采用绑扎搭接或机械连接，接头百分率不应大于 50%，连接构造按《混凝土结构施工图平面整体表示方法制图规则和构造详图》的规定。

（3）筏形基础、框架梁柱、现浇楼板与屋面板及楼梯的钢筋构造按《混凝土结构施工图平面整体表示方法制图规则和构造详图》施工。

（4）板、墙孔洞应预留，当孔洞尺寸不大于 300mm 时，将板、墙筋从洞边绕过，不得截断。当孔洞尺寸大于 300mm 时，应按构造详图放置附加钢筋，待管道安装后用强度等级高一级的微膨胀混凝土灌实孔洞缝隙。板上尺寸小于 300mm 的孔洞均未在结构图上表示，施工时应与相关专业图纸配合预留。

【解读】

钢筋混凝土过梁承载能力强，可用于较宽的门窗和洞口，对房屋不均匀沉降或震动有一定的适应性，应用较广泛。目前常用的过梁形式有钢筋砖过梁、砖砌平拱过梁和钢筋混凝土过梁。

第 6 小时　围护墙及女儿墙构造

（1）围护墙及隔墙位置按建筑施工图确定，墙体结构构造参见《砌体填充墙结构构造》06SG614—1 图集。

（2）门窗洞口均采用钢筋混凝土过梁，未注明者均按以下规定设置：梁长 L=洞宽+500。过梁截面尺寸及配筋见表 2-7，当支座与柱或墙相碰时，应在柱或墙上预留钢筋，以后浇筑。

表 2-7　　　　　　　　　　　　　　　过梁截面尺寸及配筋

洞净宽 L_0	≤1200	1200~2100	2100~3000	3000~3500
h	120	180	240	300
A_s 上	2ϕ8	2ϕ10	2ϕ10	2ϕ12
A_s 下	2ϕ12	2ϕ14	2ϕ14	2ϕ18
箍筋	ϕ6@100	ϕ6@150	ϕ6@200	ϕ8@200

注：过梁采用 C25 混凝土。

（3）填充墙与柱、墙连接处应沿全高每隔 500mm 设 2ϕ6 通长拉筋，并锚入柱、墙内 250。填充墙墙体材料详建施图，砂浆采用 Mb5 混合砂浆。填充墙内门洞口边无构造柱时应设混凝土抱框，抱框做法参见相应的规范或标准图。填充墙长大于 5m 时，墙顶与梁应有可靠拉结；墙长超过层高 2 倍时，应在中部适当位置（如洞口两侧、纵横墙相交处或每隔 4m）设置钢筋混凝土构造柱；墙高超过 4m 时，在半层高或门洞上皮宜设置与柱连接且沿墙全长贯通的钢筋混凝土水平系梁。

（4）砌体填充墙应按建施图表示的位置或按 6.3 条设置钢筋混凝土构造柱。构造柱配筋均为纵筋 4Φ12，箍筋 ϕ6@100/200，构造柱与楼面相交处在施工楼面时应留出插筋 4Φ12。

（5）楼梯间和人流通道的填充墙尚应采用 ϕ4 钢丝网砂浆面层加强。

【解读】

目前我国的结构专业设计图纸，均采用平法标注。目前最新的平法图集为 16G101 系列，施工人员如果熟读此图集，看懂、看透结构设计图纸应该就没有问题了。另外，《砌体填充墙结构构造》06SG614—1，这本图集也很重要。

第 7 小时　施　工　要　求

（1）施工质量应满足以下标准要求：

《建筑工程施工质量验收统一标准》（GB 50300—2013）。
《混凝土结构工程施工质量验收规范》（GB 50204—2015）。
《地基与基础工程施工质量验收规范》（GB 50202—2002）。
《砌体结构工程施工质量验收规范》（GB 50203—2011）。
《钢筋机械连接技术规程》（JGJ 107—2016）。

（2）结构施工时应与其他专业图纸配合，混凝土中的管线、孔洞、沟槽及预埋件均应按有关图纸预留或预埋。除结构图上注明者外，梁、柱上不得开洞或穿管。施工时发现与其他专业图纸有矛盾时，应及时与设计单位联系并协商妥善处理。

【解读】

第一条给出了施工质量检验遵循的规范及标准。
第二条提出施工时应注意的问题。

第 8 小时　图 面 表 达 方 式

（1）基础及上部结构施工图均采用平面整体表示方法绘制，其规则见国家建筑标准设计《混凝土结构施工图平面整体表示方法制图规则和构造详图》。

（2）平面图采用正投影法绘制，尺寸以 mm 为单位，标高以 m 为单位。

【解读】

目前我国对平面整体表示方法绘制的规定应遵循 16G101。

第3天

社区服务中心工程结构施工图识读详解

第1小时 详解筏形基础底板配筋图

社区服务中心筏形基础底板配筋图及其讲解，如图3-1、图3-2所示。

第2小时 详解筏形基础梁配筋图

社区服务中心筏形基础底梁配筋图及其讲解，如图3-3～图3-5所示。

第3小时 详解地梁配筋图

社区服务中心地梁配筋图及其讲解，如图3-6～图3-8所示。

第4小时 详解框架柱定位图

社区服务中心框架柱定位图及其讲解，如图3-9～图3-11所示。

第5小时 详解首层、二层、三层、15.900m标高结构平面图

社区服务中心首层、二层、三层、15.900m标高结构平面图及其讲解，如图3-12～图3-24所示。

第6小时 详解屋面结构平面图

社区服务中心屋面结构平面图及其讲解，如图3-25、图3-26所示。

第7小时 详解首层顶板、二层顶板、三层顶板、15.900m标高板及屋面板配筋图

社区服务中心首层顶板、二层顶板、三层顶板、15.900m标高板及屋面板配筋图及其讲解，如图3-27～图3-39所示。

第8小时 详解楼梯详图

社区服务中心楼梯详图及其讲解，如图3-40～图3-43所示。

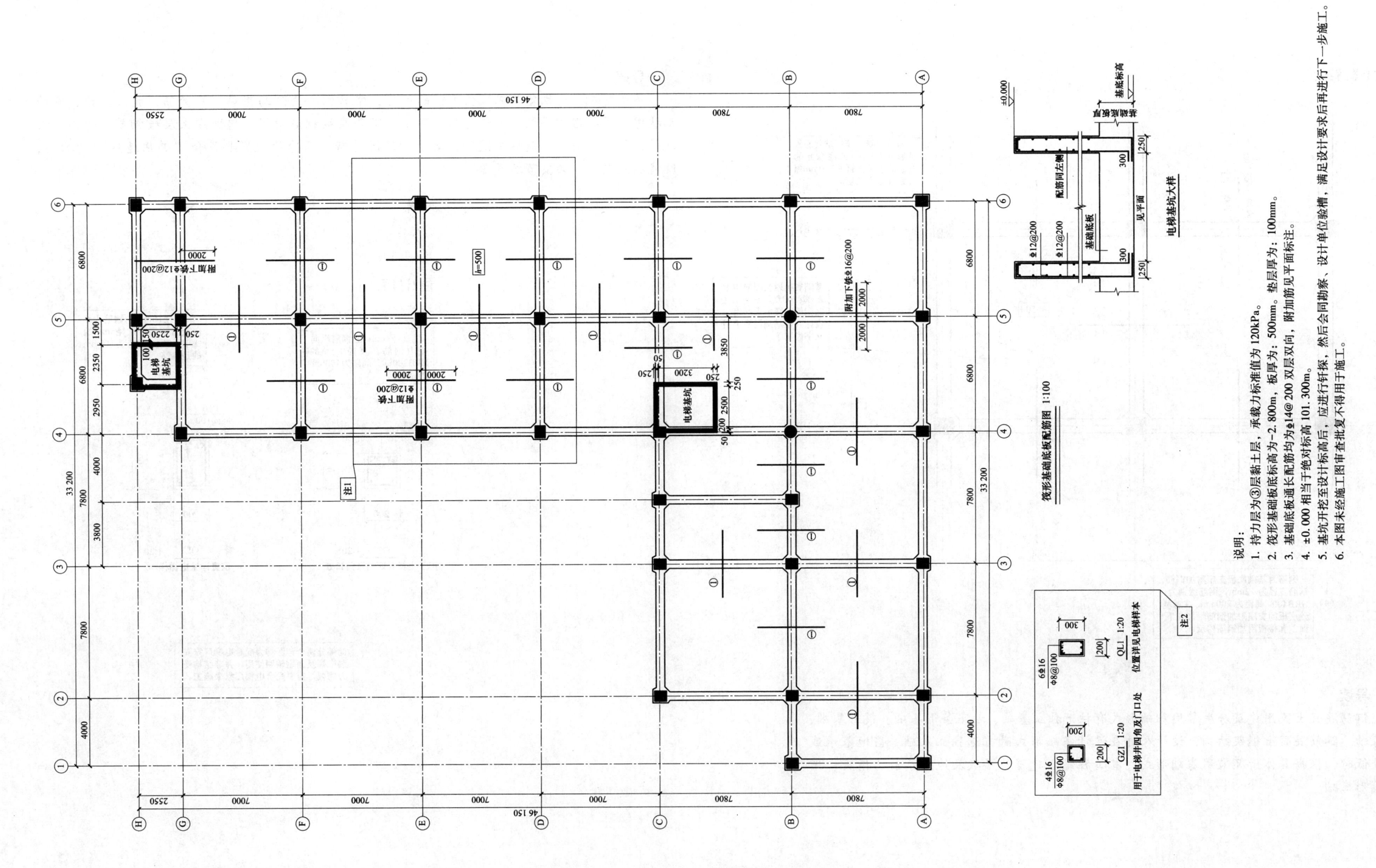

图 3-1 筏形基础底板配筋图

注1详解：

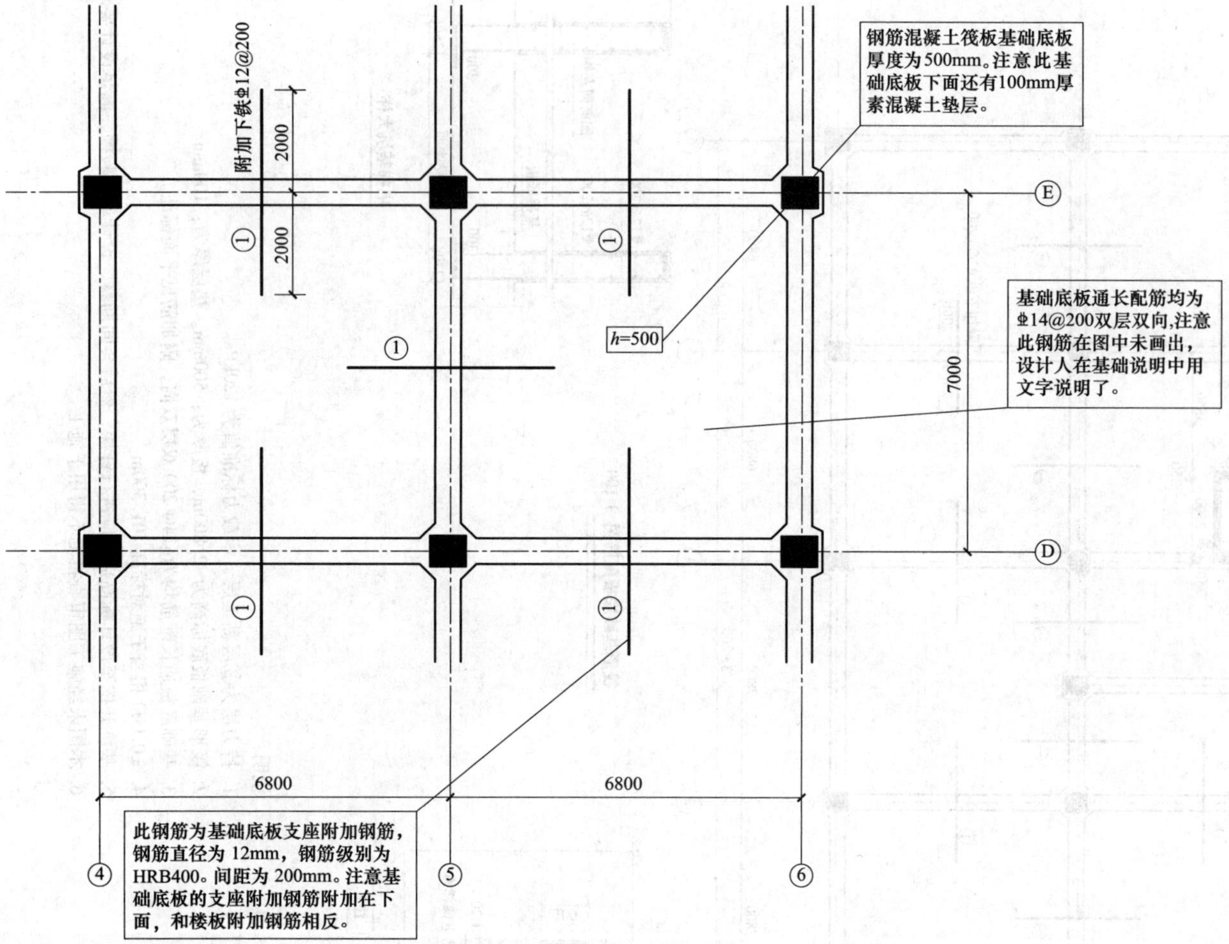

钢筋混凝土筏板基础底板厚度为500mm。注意此基础底板下面还有100mm厚素混凝土垫层。

基础底板通长配筋均为Φ14@200双层双向，注意此钢筋在图中未画出，设计人在基础说明中用文字说明了。

此钢筋为基础底板支座附加钢筋，钢筋直径为12mm，钢筋级别为HRB400。间距为200mm。注意基础底板的支座附加钢筋附加在下面，和楼板附加钢筋相反。

导读

钢筋混凝土民用建筑房屋常用基础形式有柱下独立基础、柱下条形基础、筏形基础、桩基础。钢筋混凝土框架结构，设计人员在设计基础形式时首选独立基础。当地基承载力较低时，根据具体情况采用基础形式。本工程结合建筑物层数及地基承载力情况，采用筏形基础。

导读

筏板基础中为固定基础底板上铁的位置，常常需要用到马凳筋。马凳筋，施工术语，它的形状像凳子故俗称马凳，也称撑筋，用于上下两层板钢筋中间，起固定上层板钢筋的作用。它既是设计的范畴，也是施工范畴，更是预算的范畴。马凳的设置要符合"够用适度"的原则，既能满足要求，又要节约资源。

注2详解：

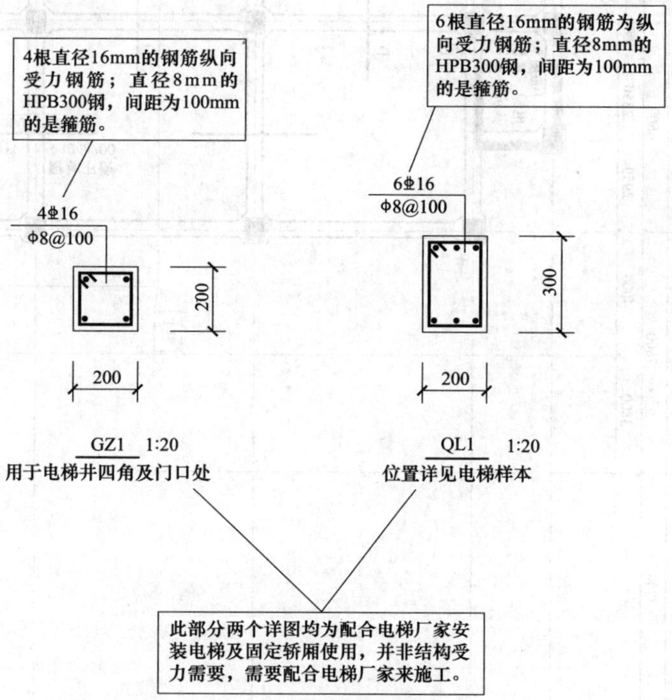

4根直径16mm的钢筋纵向受力钢筋；直径8mm的HPB300钢，间距为100mm的是箍筋。

6根直径16mm的钢筋为纵向受力钢筋；直径8mm的HPB300钢，间距为100mm的是箍筋。

GZ1 1:20
用于电梯井四角及门口处

QL1 1:20
位置详见电梯样本

此部分两个详图均为配合电梯厂家安装电梯及固定轿厢使用，并非结构受力需要，需要配合电梯厂家来施工。

图3-2 筏形基础底板配筋图讲解

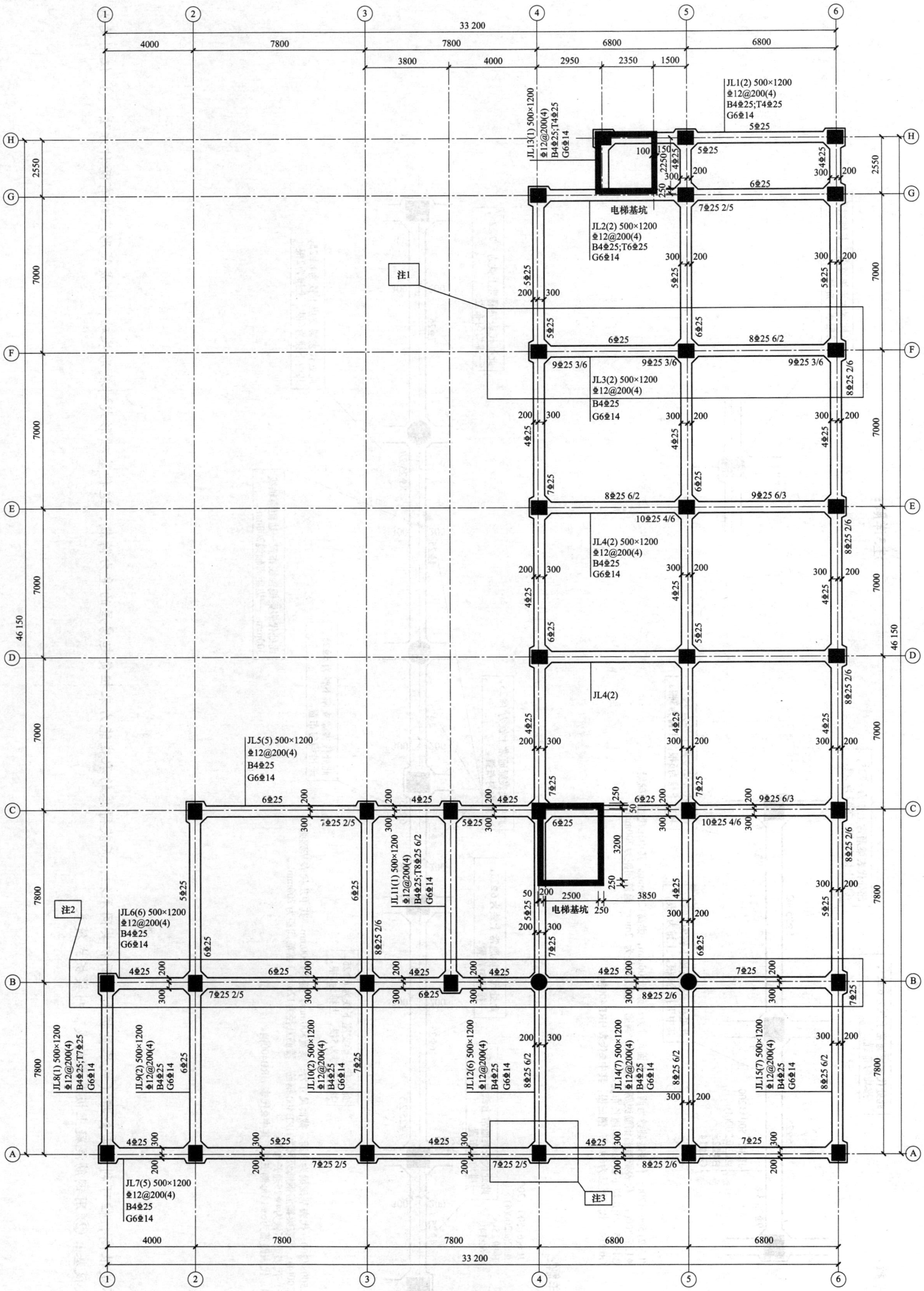

图 3-3 筏形基础梁配筋图

注1详解：

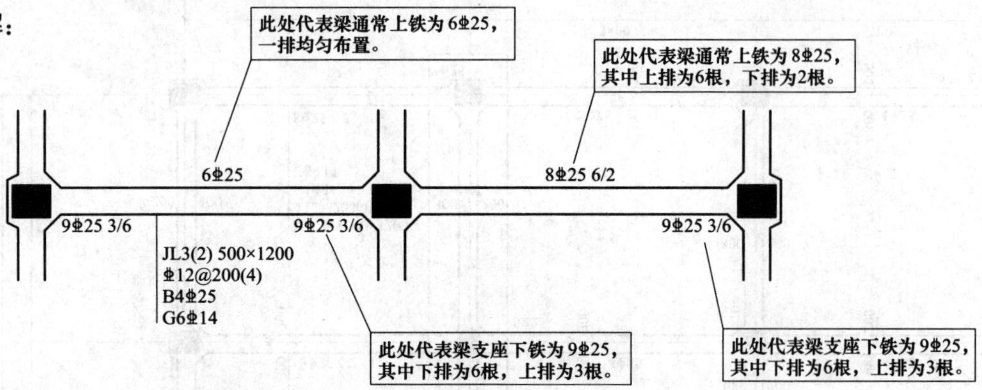

此处代表梁通常上铁为6Φ25，一排均匀布置。

此处代表梁通常上铁为8Φ25，其中上排为6根，下排为2根。

此处代表梁支座下铁为9Φ25，其中下排为6根，上排为3根。

此处代表梁支座下铁为9Φ25，其中下排为6根，上排为3根。

JL3(2) 500×1200
Φ12@200(4)
B4Φ25
G6Φ14

JL3(2) 500×1200：代表基础梁为两跨。截面尺寸为：梁宽500mm，梁高1200mm。其中JL代表基础梁。
Φ12@200(4)：代表梁箍筋钢筋级别为HRB400钢筋。箍筋直径为12mm。箍筋间距为200mm。
B4Φ25：代表梁下铁为4Φ25通长布置。
G6Φ14：代表腰筋为6Φ14每侧三根，其中Φ代表HRB400钢。

注3详解：

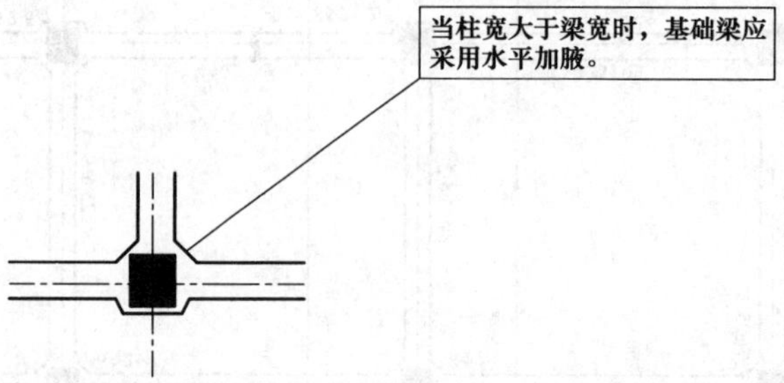

当柱宽大于梁宽时，基础梁应采用水平加腋。

注2详解：

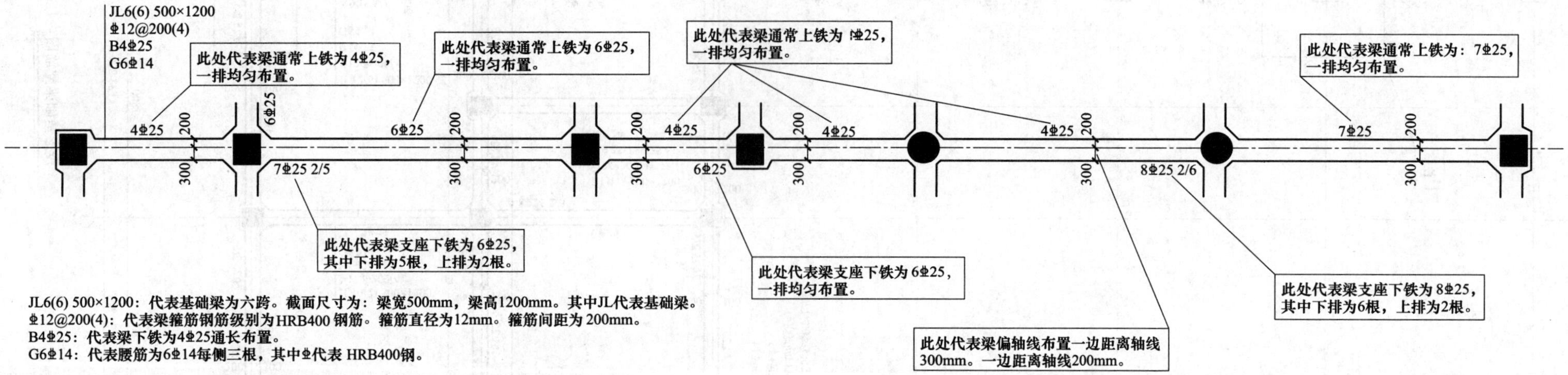

JL6(6) 500×1200
Φ12@200(4)
B4Φ25
G6Φ14

此处代表梁通常上铁为4Φ25，一排均匀布置。

此处代表梁通常上铁为6Φ25，一排均匀布置。

此处代表梁通常上铁为6Φ25，一排均匀布置。

此处代表梁通常上铁为7Φ25，一排均匀布置。

此处代表梁支座下铁为6Φ25，其中下排为5根，上排为2根。

此处代表梁支座下铁为6Φ25，一排均匀布置。

此处代表梁偏轴线布置一边距离轴线300mm，一边距离轴线200mm。

此处代表梁支座下铁为8Φ25，其中下排为6根，上排为2根。

JL6(6) 500×1200：代表基础梁为六跨。截面尺寸为：梁宽500mm，梁高1200mm。其中JL代表基础梁。
Φ12@200(4)：代表梁箍筋钢筋级别为HRB400钢筋。箍筋直径为12mm。箍筋间距为200mm。
B4Φ25：代表梁下铁为4Φ25通长布置。
G6Φ14：代表腰筋为6Φ14每侧三根，其中Φ代表HRB400钢。

导读

地基的承载能力特征值不是很高，但可利用其全部（或尽量扩大）面积共同承担，而获得的总承载能力来担负起房屋的重力荷载，这种基础形式叫筏形基础，构成筏形基础有两种方法：① 仅用足够厚的钢筋混凝土板，叫平板式筏基；② 用钢筋混凝土板和梁构成，叫梁板式筏基。

图3-4 筏形基础梁配筋图讲解（一）

图 3-5 筏形基础梁配筋图讲解（二）

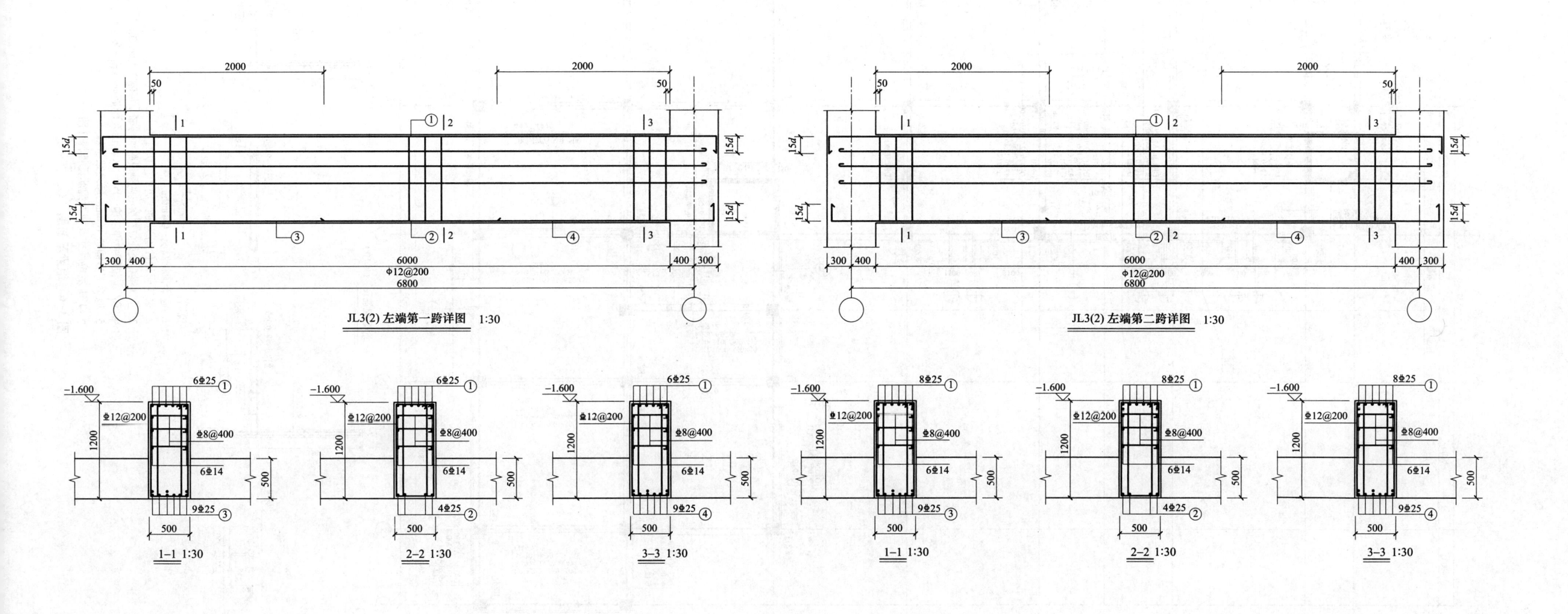

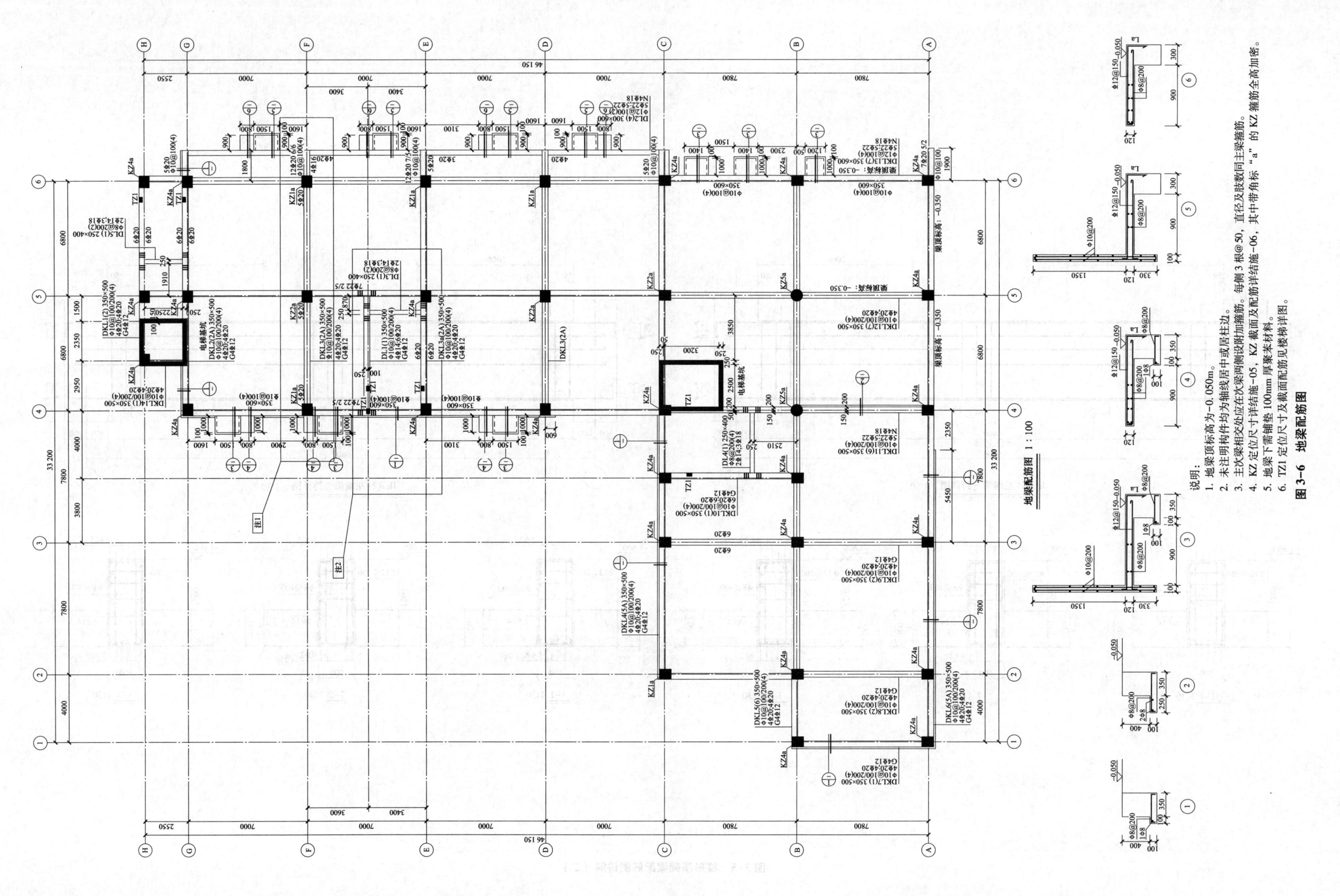

说明：
1. 地梁顶标高为-0.050m。
2. 未注明构件均为轴线居中或居柱边。
3. 主次梁相交处应在次梁两侧设附加箍筋。每侧3根@50，直径及肢数同主梁箍筋。
4. KZ定位尺寸详施-05，KZ截面及配筋详施-06，其中带角标"a"的KZ箍筋全高加密。
5. 地梁下需铺垫100mm厚聚苯材料。
6. TZ1定位尺寸及截面配筋见楼梯详图。

图3-6 地梁配筋图

注1详解:

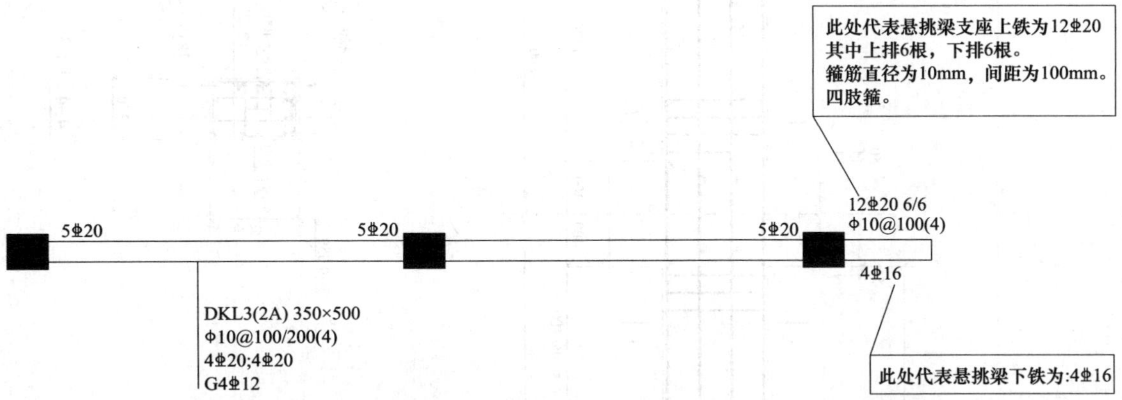

此处代表悬挑梁支座上铁为12⌀20
其中上排6根,下排6根。
箍筋直径为10mm,间距为100mm。
四肢箍。

```
5⌀20          5⌀20          5⌀20    12⌀20 6/6
                                    ⌀10@100(4)
                                           4⌀16
```

DKL3(2A) 350×500
⌀10@100/200(4)
4⌀20;4⌀20
G4⌀12

此处代表悬挑梁下铁为:4⌀16

DKL3(2A) 350×500:代表地框梁为两跨其中一端悬挑。截面尺寸为:梁宽350mm,梁高500mm。其中DKL代表地框梁。
⌀10@100/200(4):代表梁箍筋钢筋级别为一级钢筋,箍筋直径为10mm,加密区箍筋间距为100mm,非加密区箍筋间距为200mm,箍筋肢数为四肢箍。
4⌀20;4⌀20:代表梁上铁为4⌀20通长布置,梁下铁为4⌀20通长布置。
G4⌀12:代表腰筋为4⌀12每侧两根,其中⌀代表HRB400钢筋。

导读

对于底层层高较高同时基础埋置较深时,除按规范要求正常设置拉梁的同时,可以考虑在±0.000以下适当位置设置构造框架梁,以降低底层柱的计算长度,有助于提高底层的侧向刚度,减小柱底的弯矩,同时对柱的截面也可以适当减小(此构造框架梁应参与整体计算并按计算结果配筋)。对于底层层高不大或基础埋置不深时,可按"梁顶面宜与承台顶面位于同一标高"的要求设置拉梁。

注2详解:

图中TZ1代表楼梯柱,楼梯柱生根于地梁。此图需要与楼梯详图配合施工,楼梯柱配筋见楼梯详图,地梁上需要预埋插筋。

图中三代表附加箍筋,附加箍筋位于主梁上,作用是承担次梁传来的集中荷载。

表示本张图的节点详图①的平面位置。

图中三代表附加箍筋,附加箍筋位于主梁上,每侧3个,箍筋肢数及直径同主梁箍筋。

导读

本图纸中的地梁即为基础拉梁。作用如下:
(1) 承受上部墙体的荷载或其他竖向荷载。
(2) 对重要的建筑物或地基薄弱处,设置基础拉梁加强基础的整体性,调节各基础间的不均匀沉降,消除或减轻结构对沉降的敏感性。
(3) 对于单桩及两桩承台的短向处,设置拉梁是因为桩身刚度与承台及上部结构刚度相比很小,桩与承台之间设计一般按照铰接考虑,自身不能够用来传递上部的弯矩和剪力,上部柱子的嵌固面往往在承台面处,上部柱子传递的弯矩和剪力必须由拉梁来承担。
(4) 对于有抗震设防要求的柱下承台,在地震作用下,建筑物的各桩基承台所受到的地震剪力和弯矩是不确定的,拉梁起到各承台之间的整体协调作用。

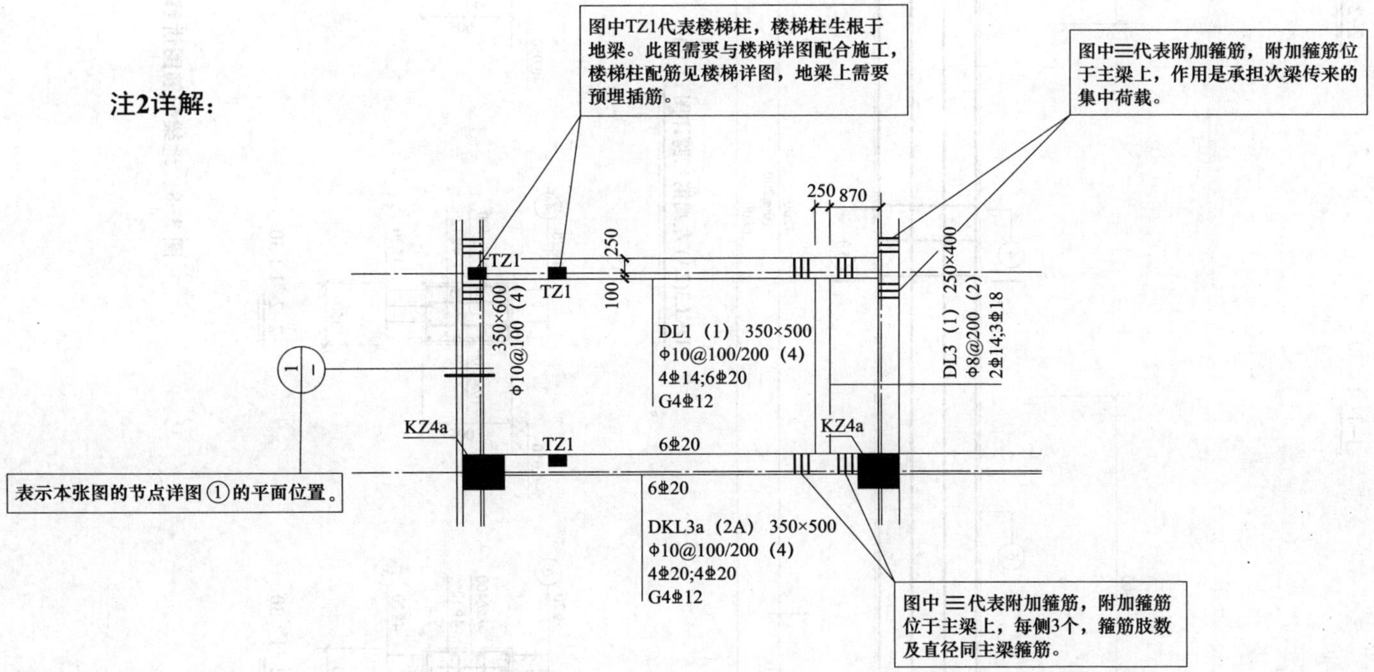

图3-7 地梁配筋图讲解(一)

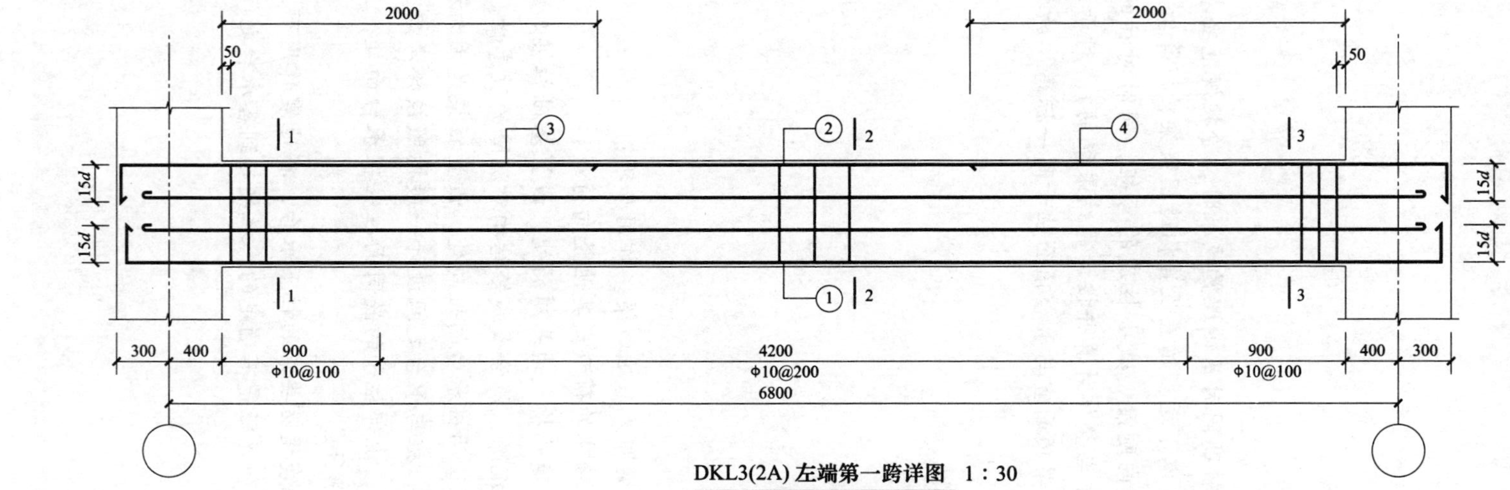

图 3-8 地梁配筋图详解（二）

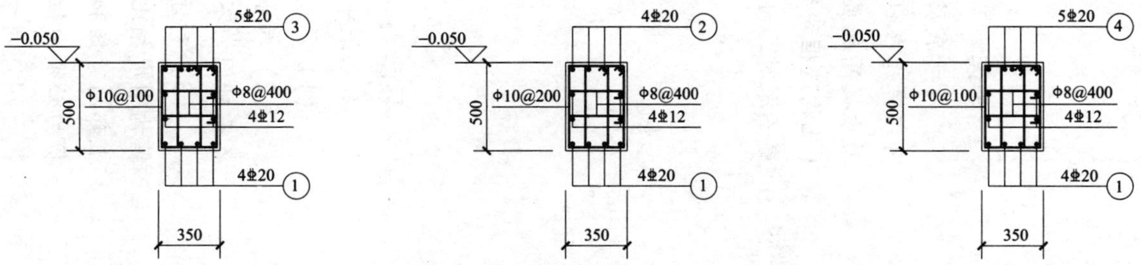

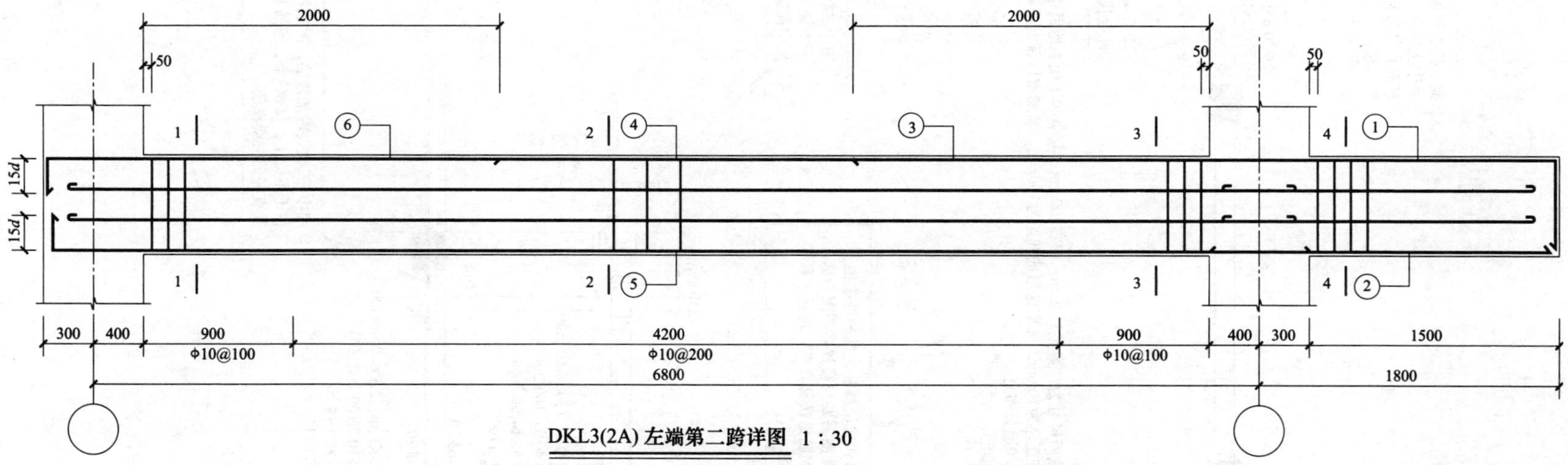

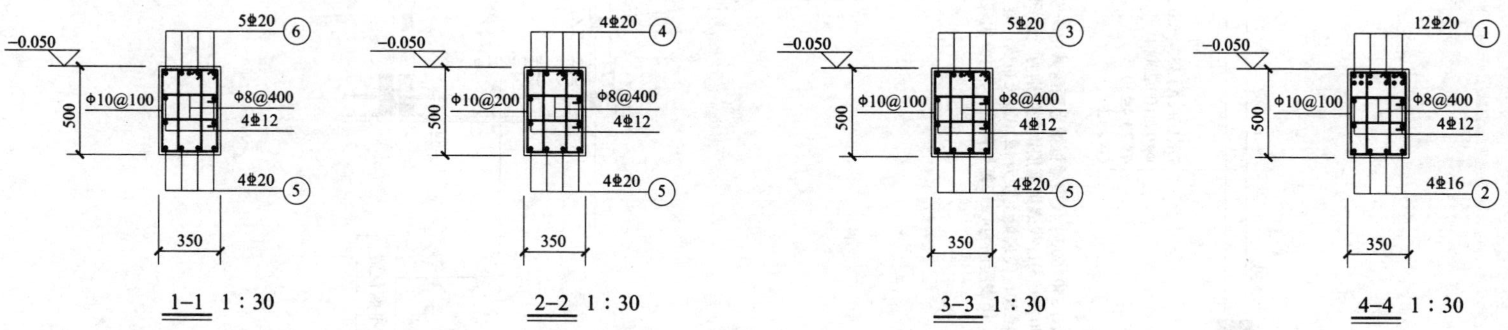

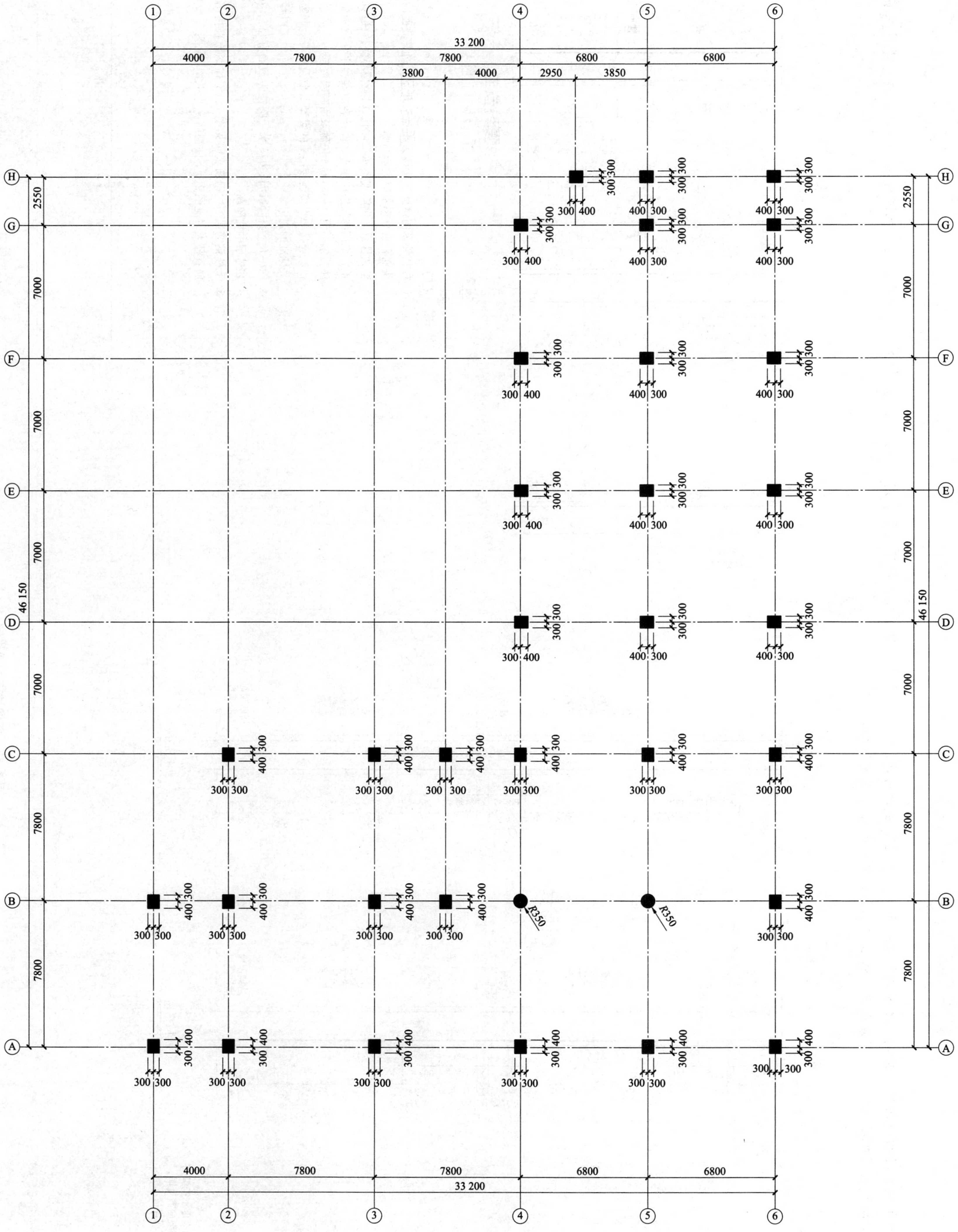

框架柱定位图 1:100

图 3-9 框架柱定位图

说明：
本图仅表示 KZ 定位尺寸。

导读

框架柱定位图所表示的是框架柱的平面尺寸及相互之间的位置关系。关于框架柱纵向钢筋的连接方法，目前我国规范主要采用三种连接方式。分别是绑扎搭接，机械搭接，焊接搭接。设计人员根据我国的国情。一般指定框架柱均采用机械搭接。下图分别是三种连接形式的构造做法，供大家参考。

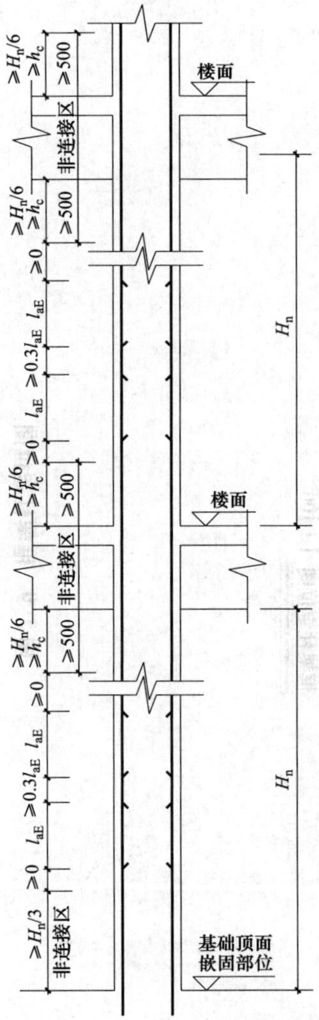

说明：

1. 柱相邻纵向钢筋连接头相互错开。在同一截面内钢筋接头面积百分率不应大于50%。
2. 框架柱纵向钢筋直径 $d>28$ 时，以及偏心受拉柱内的纵筋，不宜采用绑扎搭接接头。设计者应在柱平法结构施工图中注明偏心受拉柱的平面位置及所在层数。
3. 机械连接和焊接连接接头的类型及质量应符合国家现行有关标准的规定。
4. 图中 h_c 为柱截面长边尺寸（圆柱为截面直径），H_n 为所在楼层的柱净高。
5. 上柱钢筋比下柱钢筋多时见图1，上柱钢筋直径比下柱钢筋直径大时见图2，下柱钢筋比上柱多时见图3。

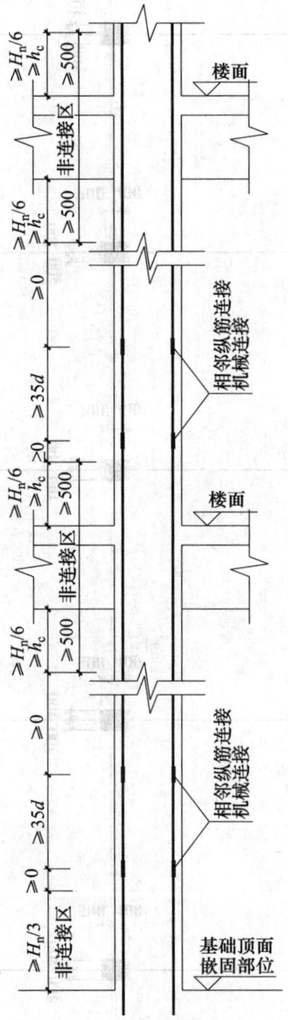

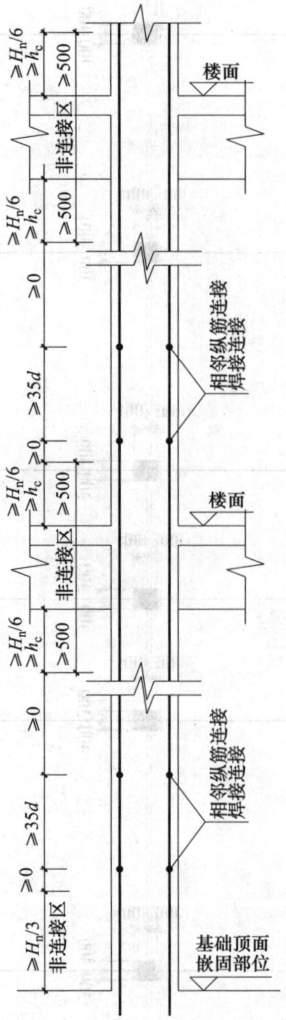

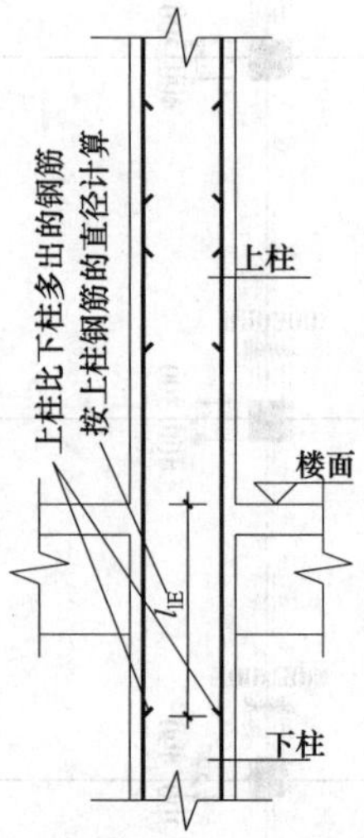

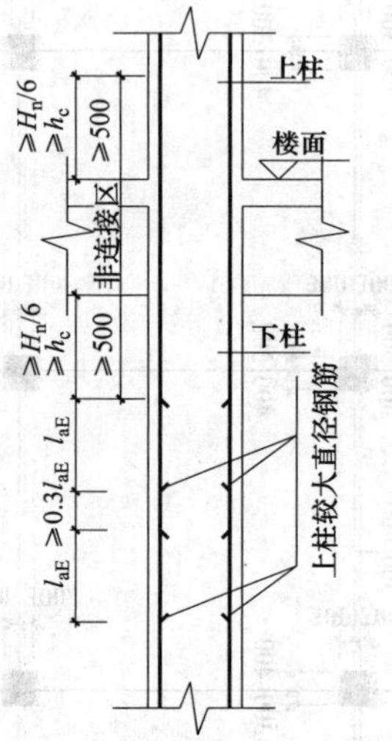

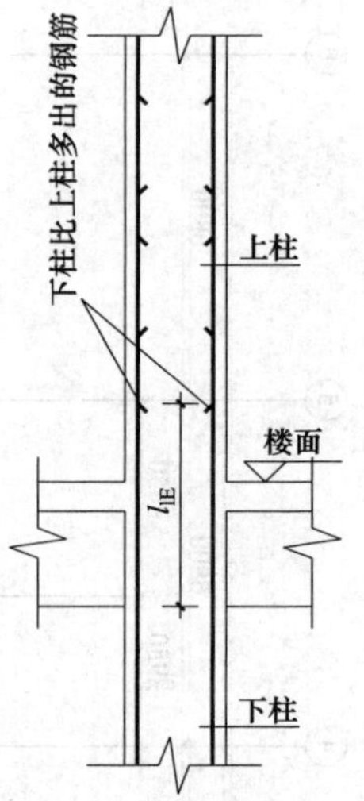

图 3-10　框架柱定位图讲解（一）

导读

框架结构梁柱之间的连接节点非常重要,施工时,一定要正确理解图纸。下面就框架柱顶与框架梁的连接做法介绍给大家,仅供参考。

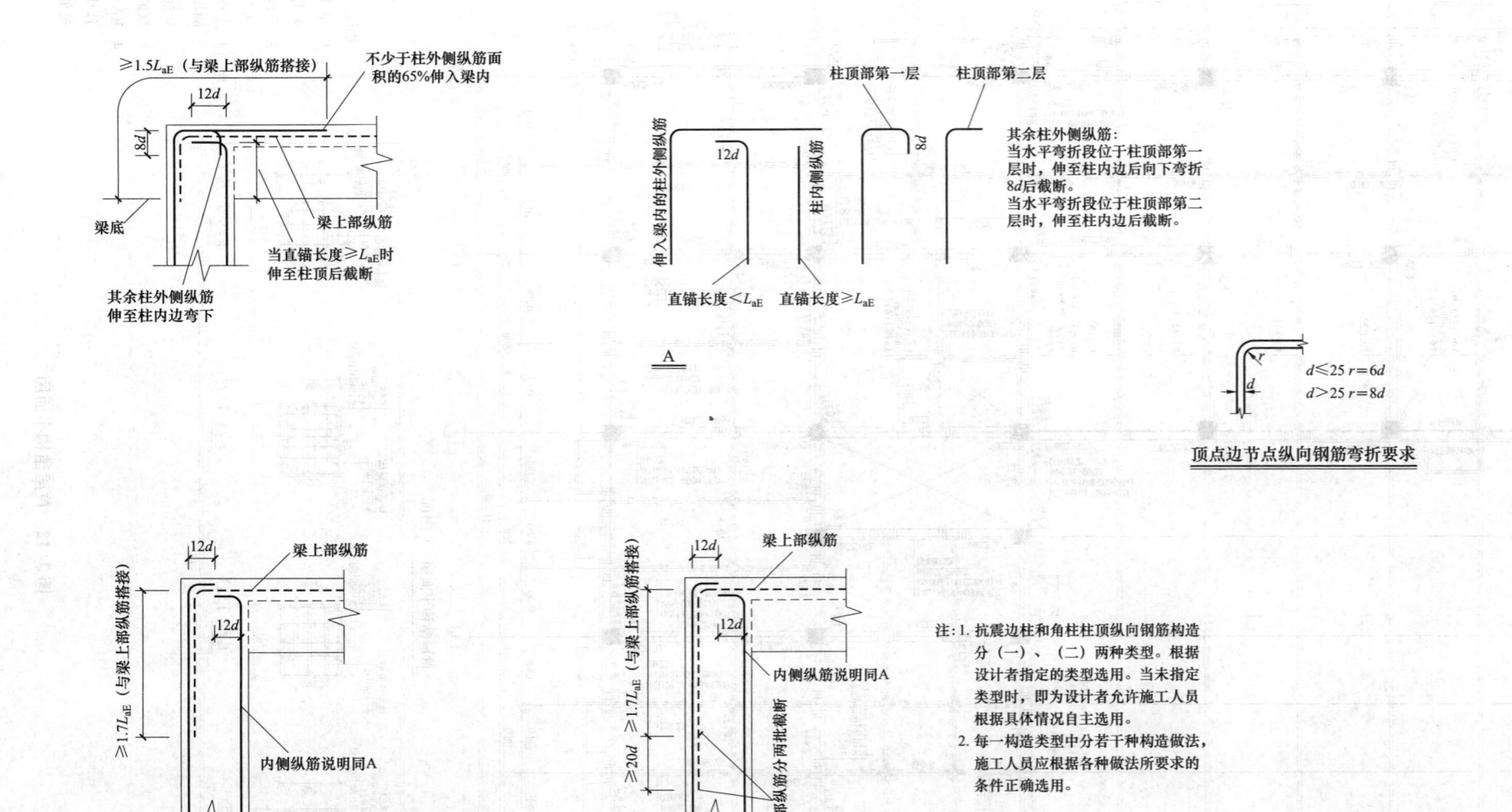

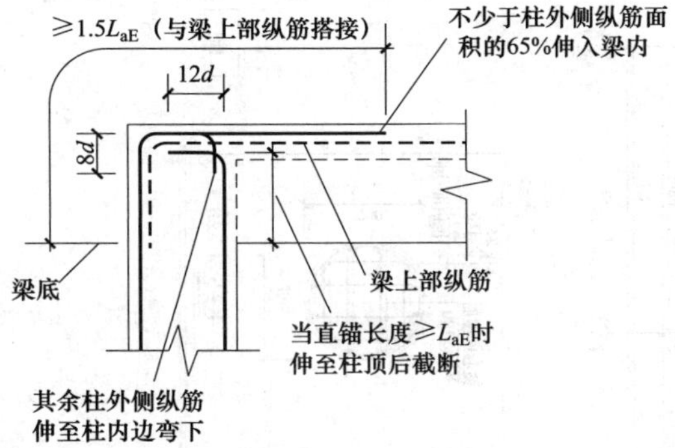

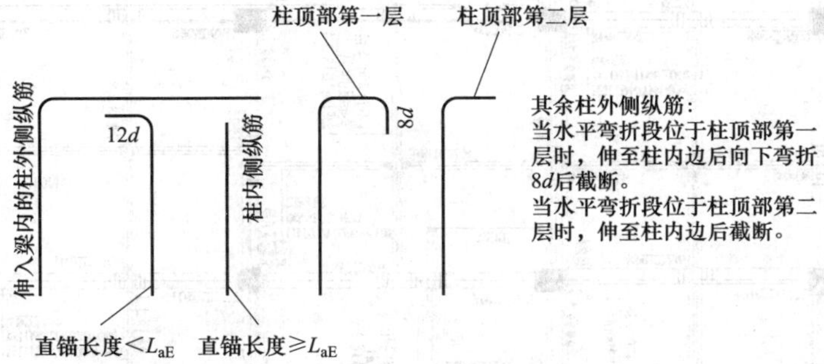

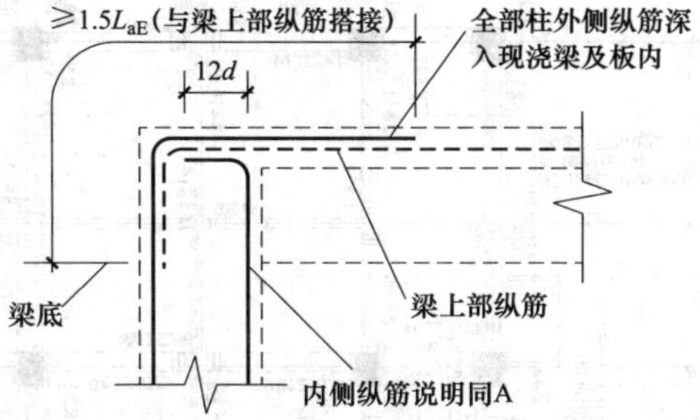

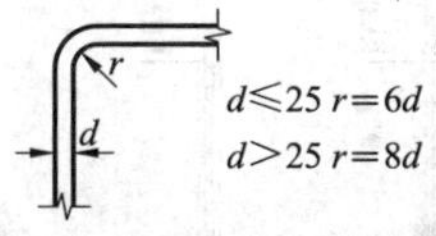

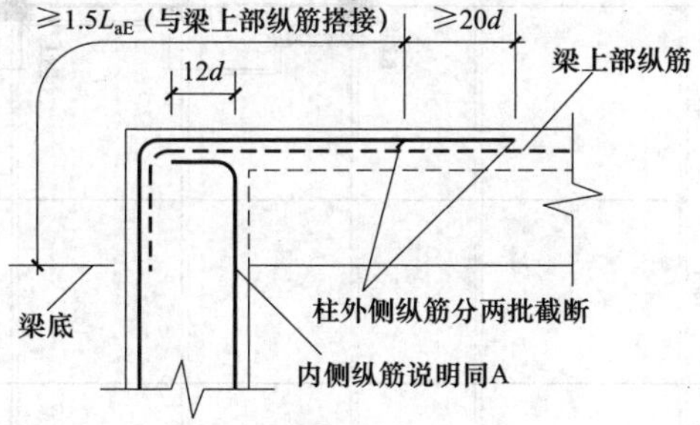

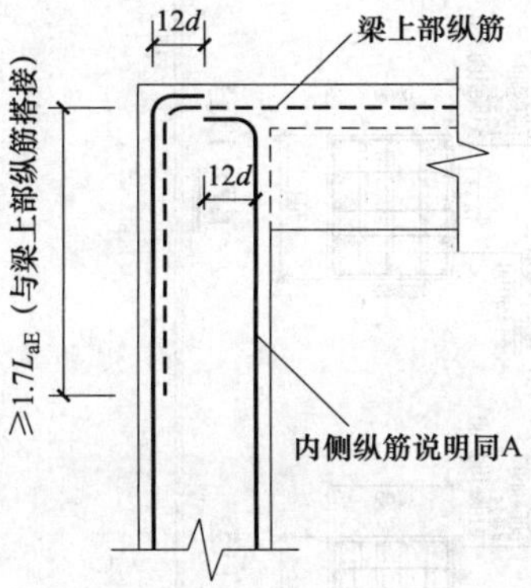

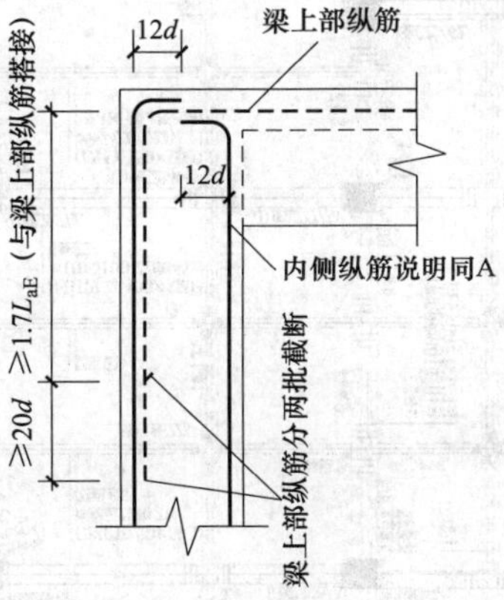

图 3-11 框架柱定位图讲解(二)

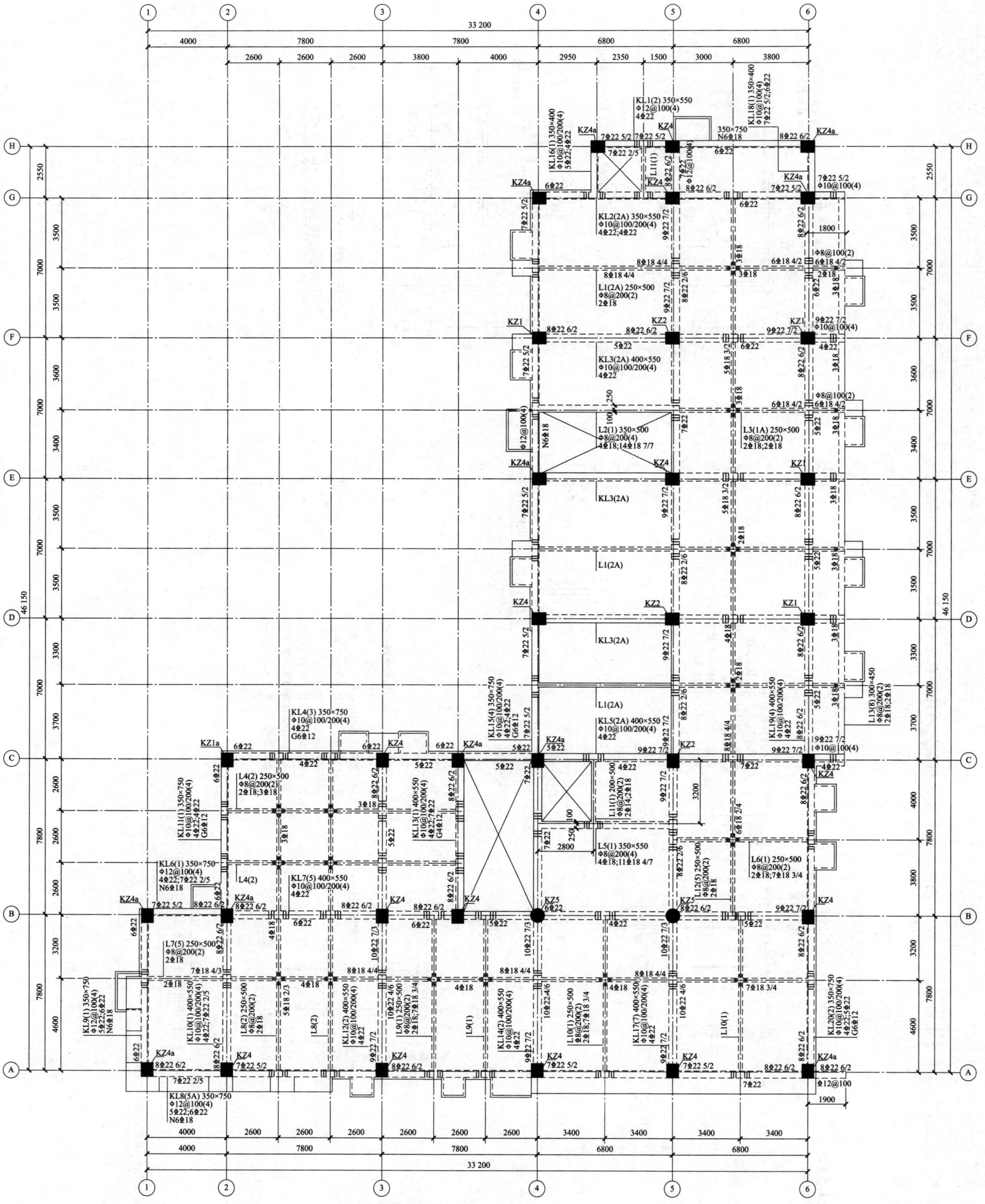

图 3-12 首层结构平面图

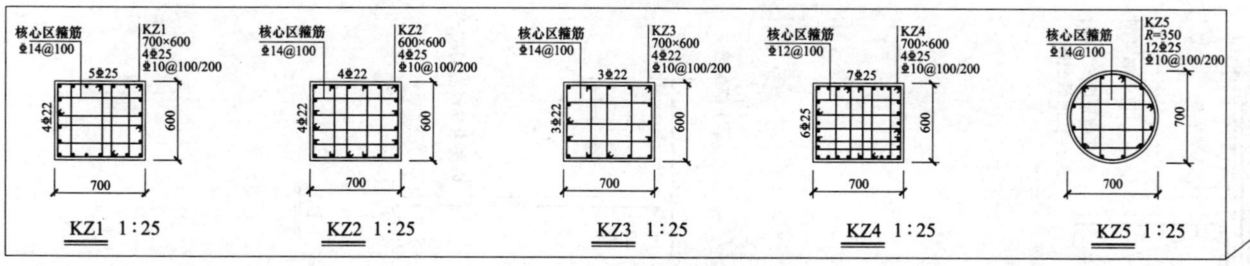

注1详解：

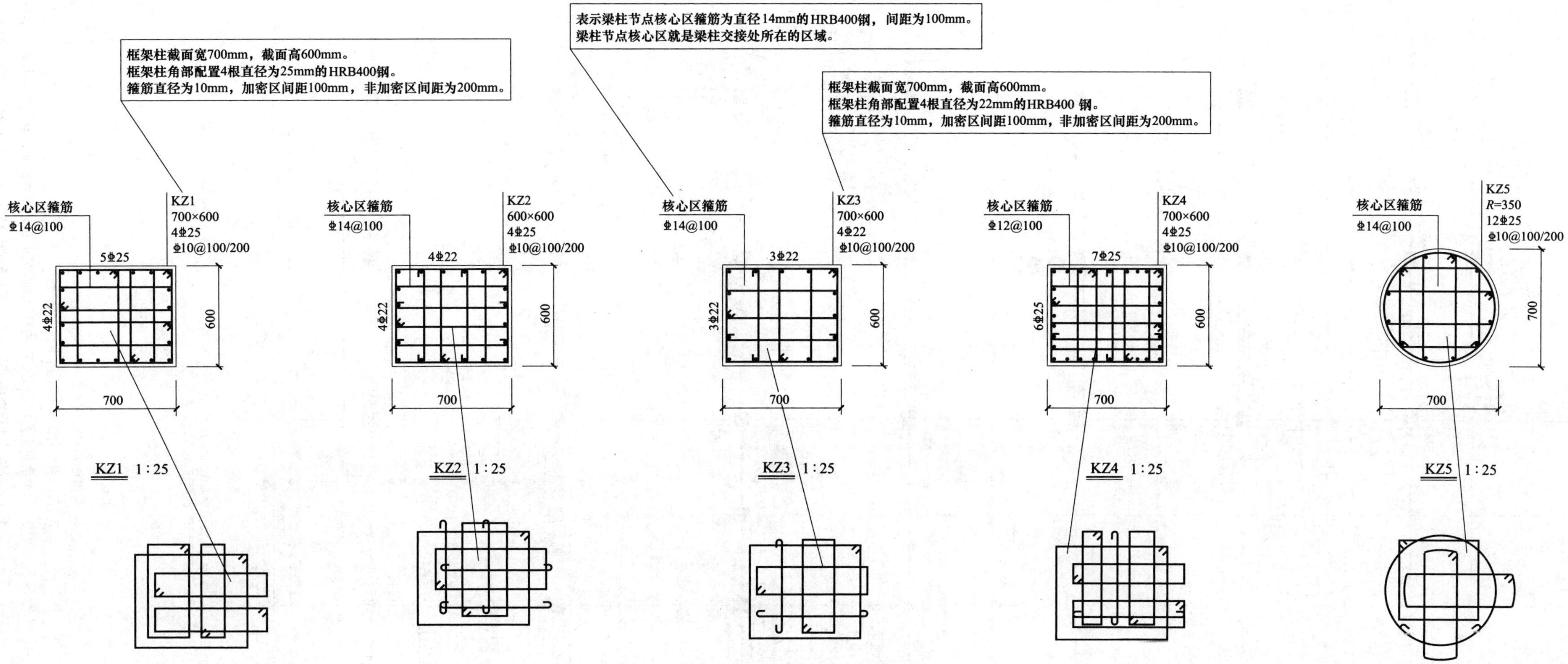

框架柱截面宽700mm，截面高600mm。
框架柱角部配置4根直径为25mm的HRB400钢。
箍筋直径为10mm，加密区间距100mm，非加密区间距为200mm。

表示梁柱节点核心区箍筋为直径14mm的HRB400钢，间距为100mm。
梁柱节点核心区就是梁柱交接处所在的区域。

框架柱截面宽700mm，截面高600mm。
框架柱角部配置4根直径为22mm的HRB400钢。
箍筋直径为10mm，加密区间距100mm，非加密区间距为200mm。

| 核心区箍筋 Φ14@100 | KZ1 700×600 4Φ25 Φ10@100/200 | 核心区箍筋 Φ14@100 | KZ2 600×600 4Φ22 Φ10@100/200 | 核心区箍筋 Φ14@100 | KZ3 700×600 4Φ22 Φ10@100/200 | 核心区箍筋 Φ12@100 | KZ4 700×600 4Φ25 Φ10@100/200 | 核心区箍筋 Φ14@100 | KZ5 R=350 12Φ25 Φ10@100/200 |

KZ1 1:25   KZ2 1:25   KZ3 1:25   KZ4 1:25   KZ5 1:25

导读

框架柱就是在框架结构中承受梁和板传来的荷载，并将荷载传给基础，是主要的竖向受力构件。需要通过计算配筋。

框支柱和框架柱的区别：框支梁与框支柱用于转换层，如下部为框架结构，上部为剪力墙结构，支撑上部结构的梁柱为KZZ和KZL。

框支柱与框架柱所用部位不同，然后结构设计时所考虑的也就不尽相同了。

图3-13 首层结构平面图讲解

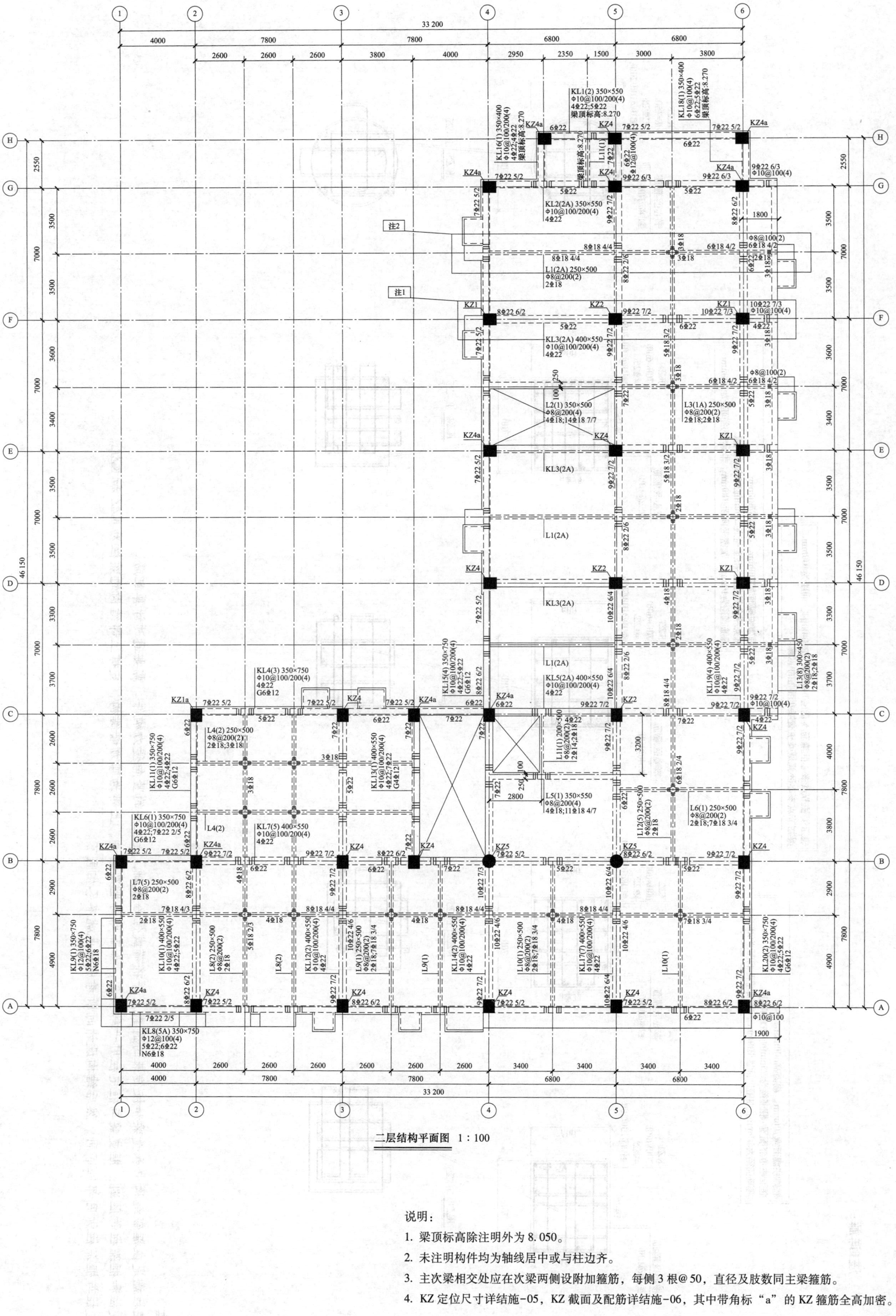

二层结构平面图 1:100

说明：
1. 梁顶标高除注明外均为8.050。
2. 未注明构件均为轴线居中或与柱边齐。
3. 主次梁相交处应在次梁两侧设附加箍筋，每侧3根@50，直径及肢数同主梁箍筋。
4. KZ定位尺寸详结施-05，KZ截面及配筋详结施-06，其中带角标"a"的KZ箍筋全高加密。

图 3-14 二层结构平面图

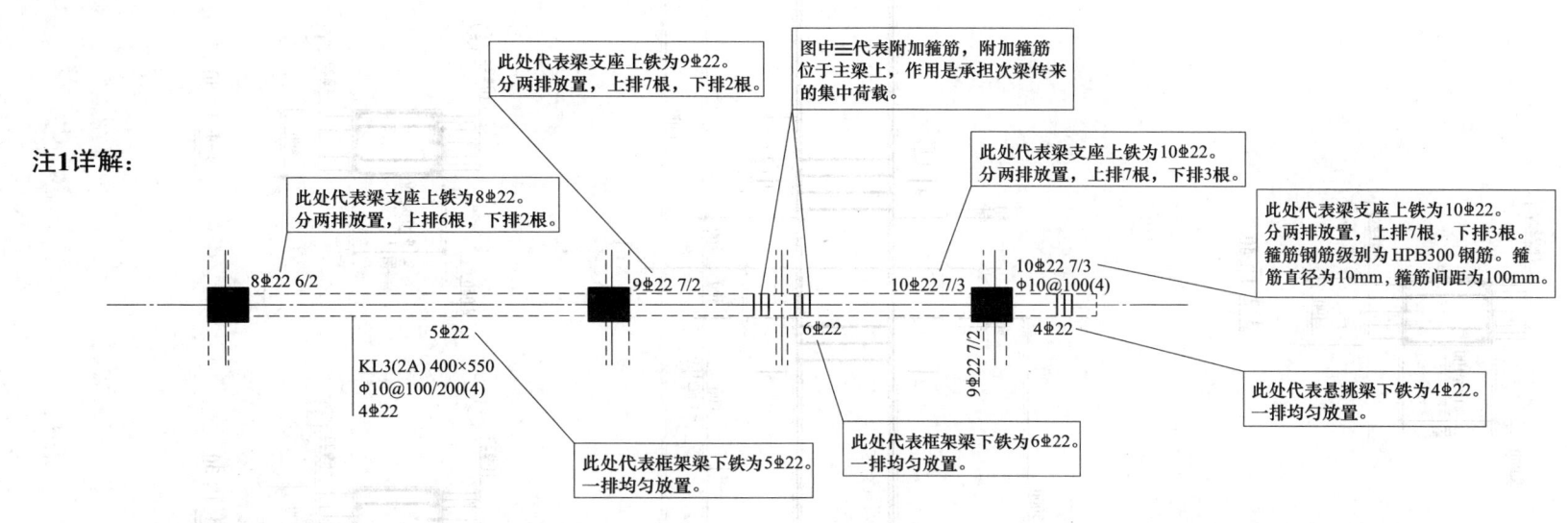

注1详解：

- 此处代表梁支座上铁为8⊈22。分两排放置，上排6根，下排2根。
- 此处代表梁支座上铁为9⊈22。分两排放置，上排7根，下排2根。
- 图中三代表附加箍筋，附加箍筋位于主梁上，作用是承担次梁传来的集中荷载。
- 此处代表梁支座上铁为10⊈22。分两排放置，上排7根，下排3根。
- 此处代表梁支座上铁为10⊈22。分两排放置，上排7根，下排3根。箍筋钢筋级别为HPB300钢筋。箍筋直径为10mm，箍筋间距为100mm。

梁注写：8⊈22 6/2 ── 9⊈22 7/2 ── 10⊈22 7/3 ── 10⊈22 7/3 Φ10@100(4)
下部：5⊈22 ── 6⊈22 ── 9⊈22 7/2 ── 4⊈22
KL3(2A) 400×550
Φ10@100/200(4)
4⊈22

- 此处代表框架梁下铁为5⊈22。一排均匀放置。
- 此处代表框架梁下铁为6⊈22。一排均匀放置。
- 此处代表悬挑梁下铁为4⊈22。一排均匀放置。

导读
悬挑梁：不是两端都有支撑的，一端埋在或者浇筑在支撑物上，另一端伸出挑出支撑物的梁，可为固定、简支或自由端。受力钢筋在梁上边，下边为构造钢筋。

KL3(2A) 400×550：代表框架梁为两跨其中一端悬挑。截面尺寸为：梁宽400mm，梁高550mm。其中KL代表框架梁。
Φ10@100/200(4):代表梁箍筋钢筋级别为HPB300钢筋。箍筋直径为10mm。加密区箍筋间距为100mm。非加密区箍筋间距为200mm。箍筋肢数为四肢箍。
4⊈22:代表梁上铁为4⊈22通长布置。

注2详解：

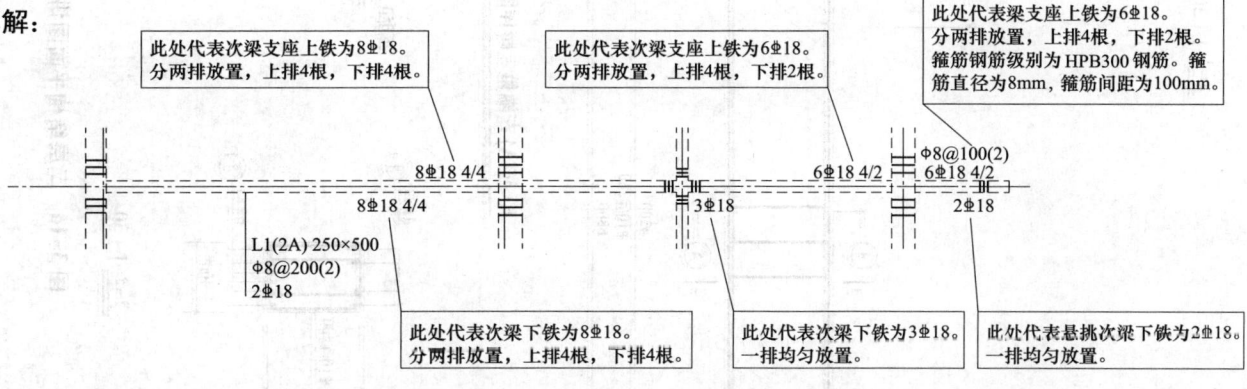

- 此处代表次梁支座上铁为8⊈18。分两排放置，上排4根，下排4根。
- 此处代表次梁支座上铁为8⊈18。分两排放置，上排4根，下排4根。
- 此处代表次梁支座上铁为6⊈18。分两排放置，上排4根，下排2根。
- 此处代表次梁支座上铁为6⊈18。分两排放置，上排4根，下排2根。箍筋钢筋级别为HPB300钢筋。箍筋直径为8mm，箍筋间距为100mm。

梁注写：8⊈18 4/4 ── 8⊈18 4/4 ── 6⊈18 4/2 ── 6⊈18 4/2 Φ8@100(2)
下部：8⊈18 4/4 ── 3⊈18 ── 2⊈18
L1(2A) 250×500
Φ8@200(2)
2⊈18

- 此处代表次梁下铁为8⊈18。分两排放置，上排4根，下排4根。
- 此处代表次梁下铁为3⊈18。一排均匀放置。
- 此处代表悬挑次梁下铁为2⊈18。一排均匀放置。

导读
次梁(L)在主梁的上部，主要起传递荷载的作用。在主梁和次梁的交接处，可以把主梁看成是次梁的支座（固定支座）。次梁的钢筋伸入主梁的长度只要满足锚固长度的要求即可。钢筋的锚固长度与梁的跨度无关，只与钢筋的抗拉设计强度、混凝土的抗拉设计强度及钢筋的直径和外形有关。

L1(2A) 250×500：代表次梁为两跨。截面尺寸为：梁宽250mm，梁高500mm。其中L代表次梁。
Φ8@200(2)：代表次梁箍筋钢筋级别为HPB300钢筋，箍筋直径为8mm，箍筋间距为200mm，箍筋肢数为双肢箍。
2⊈18：代表梁上铁为2⊈18通长布置。

导读
附加箍筋是在主梁上有集中荷载（如次梁等）处的构造钢筋，作用是承担局部应力。附加箍筋应另外附加，不能用框架梁原有钢筋代替。

导读
框架梁（KL）是指两端与框架柱（KZ）相连的梁，或者两端与剪力墙相连但跨高比不小于5的梁。现在结构设计中，对于框架梁还有另一种观点，即需要参与抗震的梁。纯框架结构随着高层建筑的兴起而越来越少见，而剪力墙结构中的框架梁主要则是参与抗震的梁。

图3-15　二层结构平面图讲解（一）

图 3-16 二层结构平面图讲解（二）

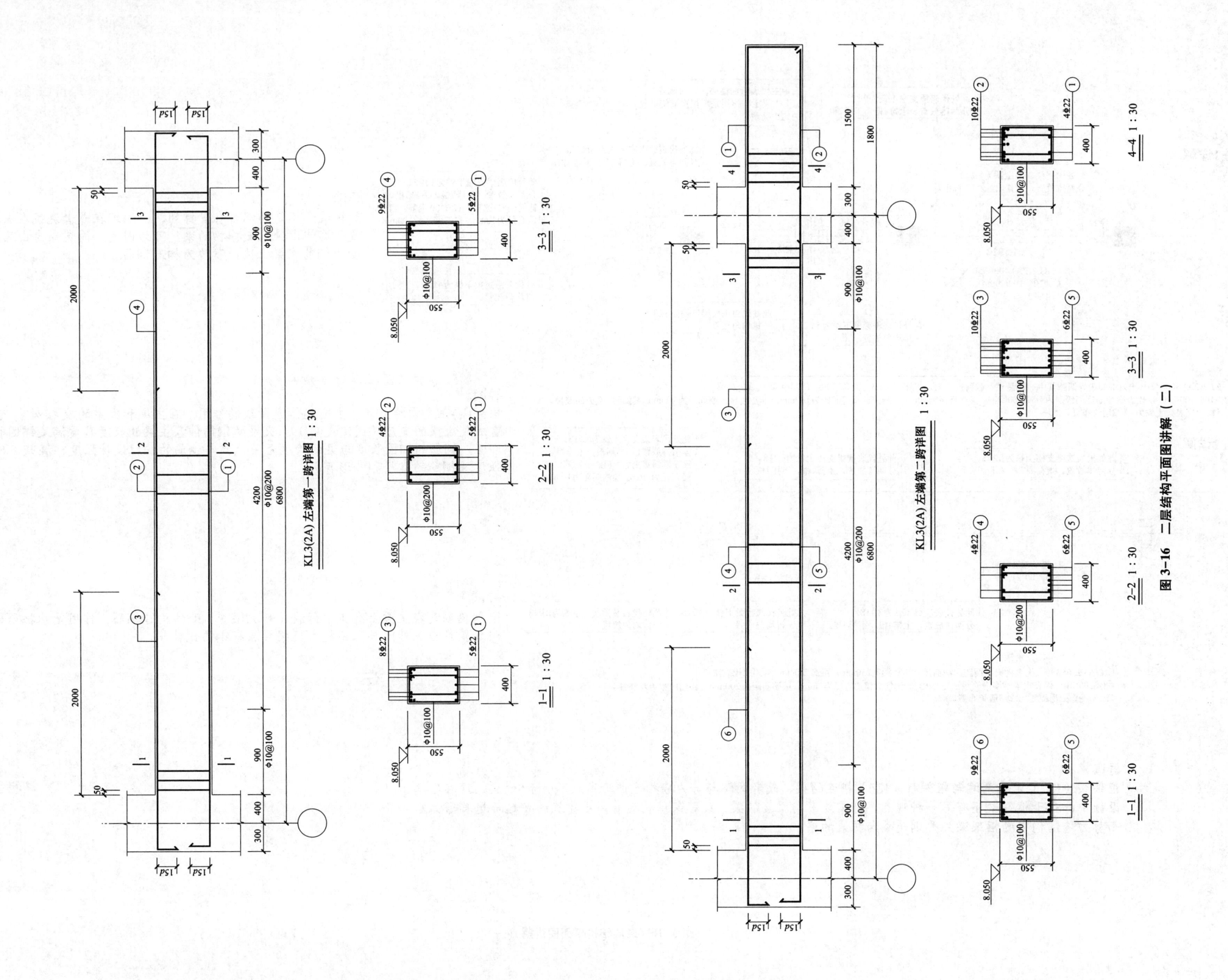

图 3-17 二层结构平面图详解（三）

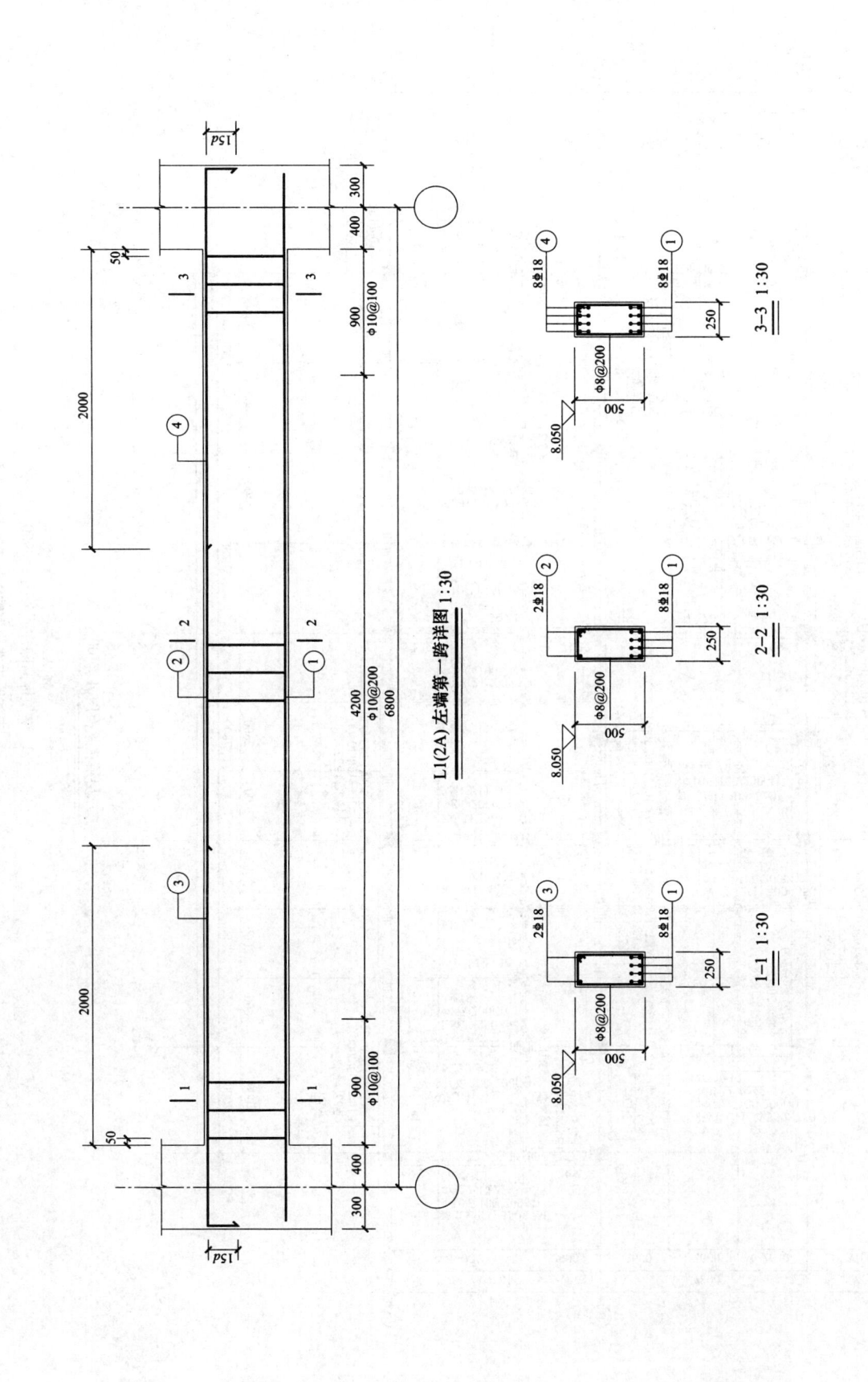

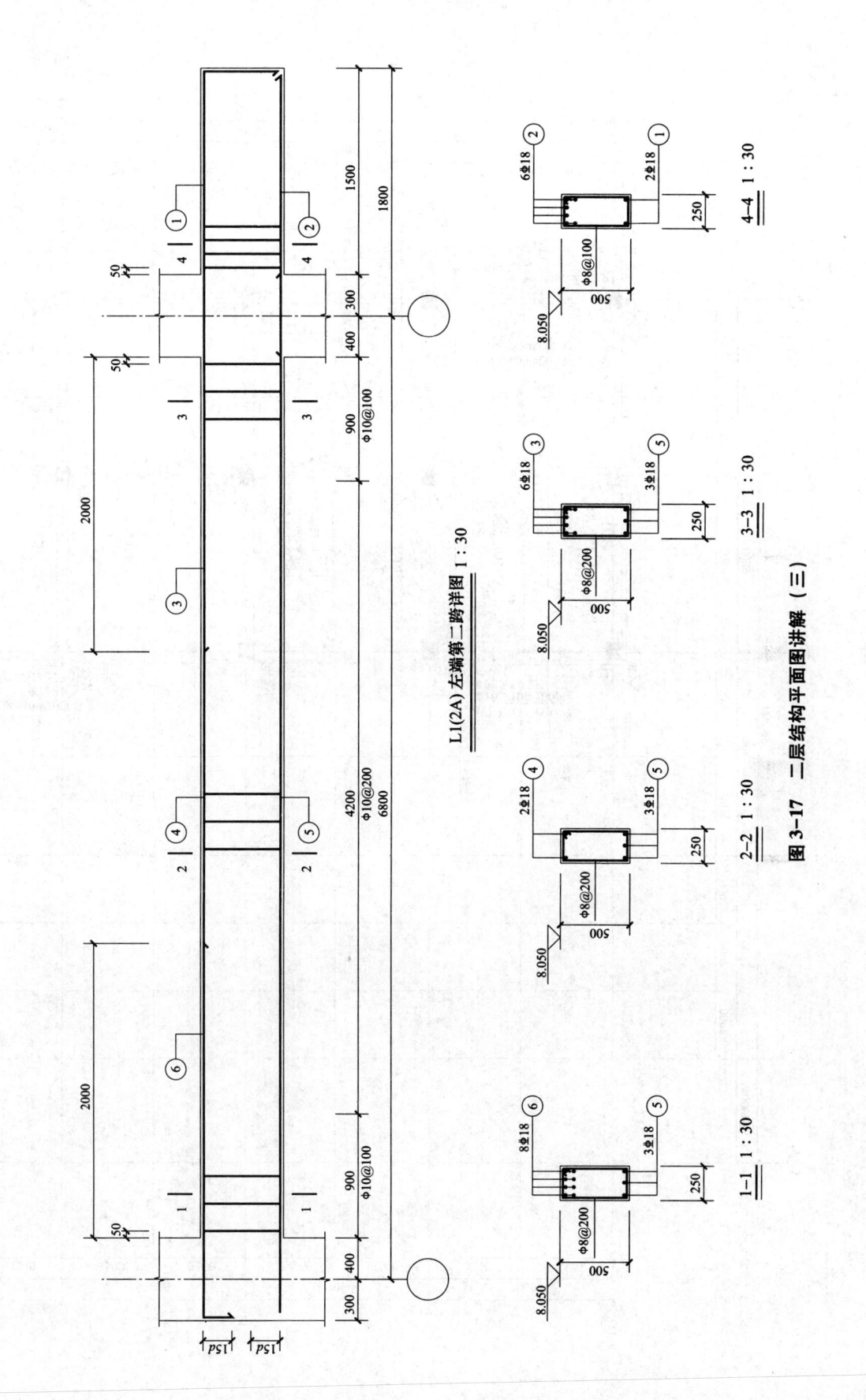

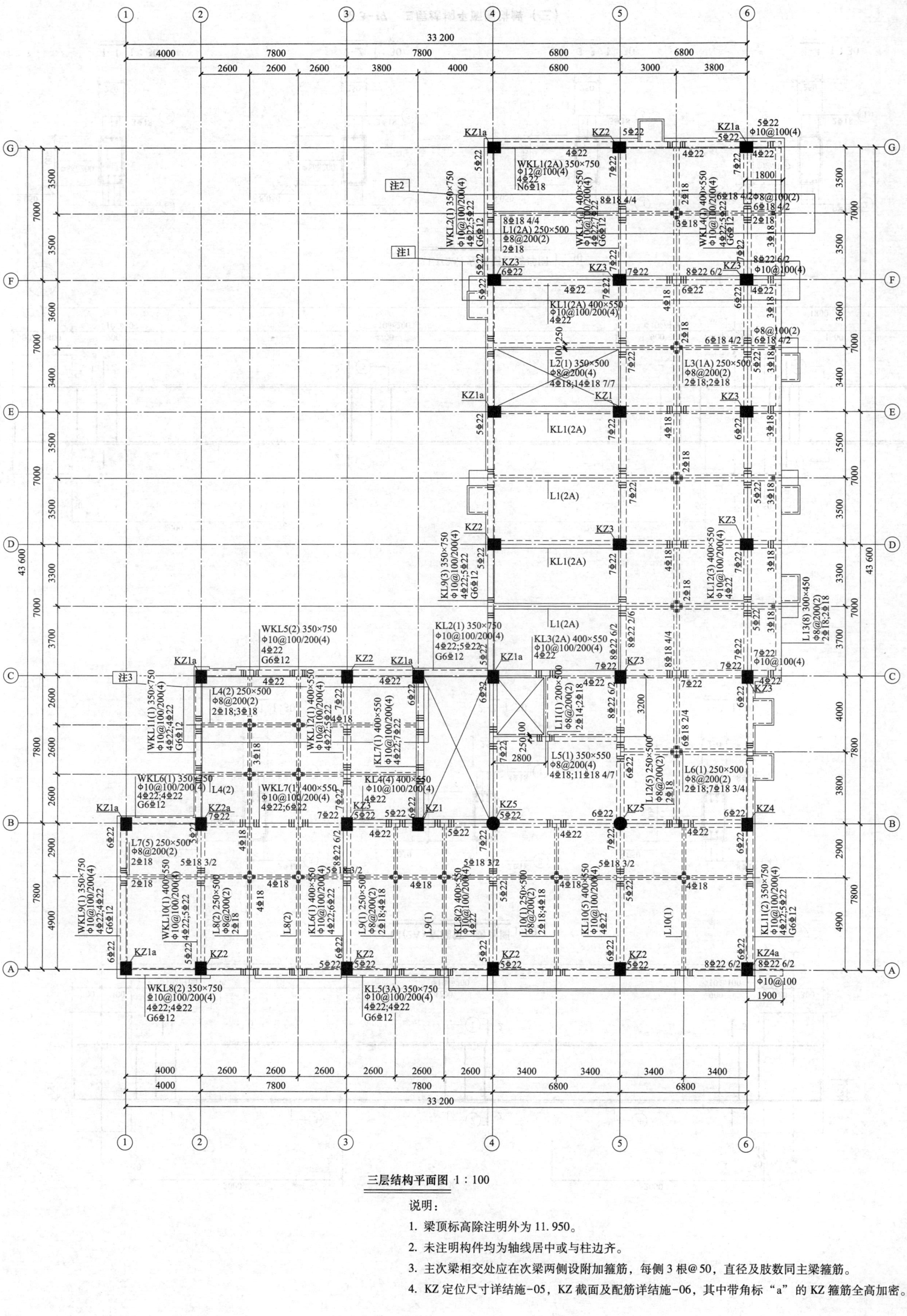

三层结构平面图 1:100

说明：
1. 梁顶标高除注明外为11.950。
2. 未注明构件均为轴线居中或与柱边齐。
3. 主次梁相交处应在次梁两侧设附加箍筋，每侧3根@50，直径及肢数同主梁箍筋。
4. KZ定位尺寸详结施-05，KZ截面及配筋详结施-06，其中带角标"a"的KZ箍筋全高加密。

图 3-18 三层结构平面图

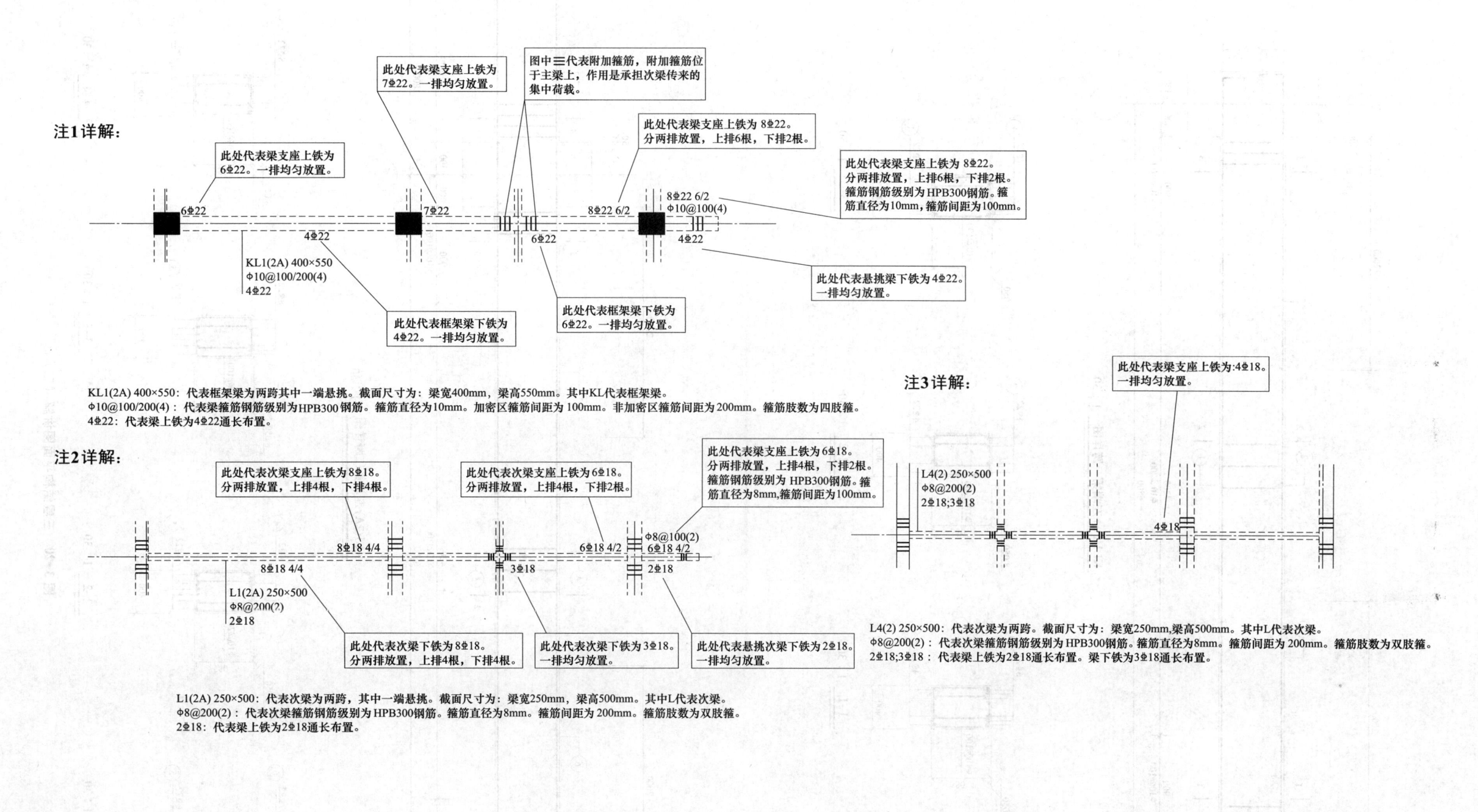

注1详解：

- 此处代表梁支座上铁为6⌀22。一排均匀放置。
- 此处代表梁支座上铁为7⌀22。一排均匀放置。
- 图中≡代表附加箍筋，附加箍筋位于主梁上，作用是承担次梁传来的集中荷载。
- 此处代表梁支座上铁为8⌀22。分两排放置，上排6根，下排2根。
- 此处代表梁支座上铁为8⌀22。分两排放置，上排6根，下排2根。箍筋钢筋级别为HPB300钢筋。箍筋直径为10mm，箍筋间距为100mm。
- 此处代表框架梁下铁为4⌀22。一排均匀放置。
- 此处代表框架梁下铁为6⌀22。一排均匀放置。
- 此处代表悬挑梁下铁为4⌀22。一排均匀放置。

KL1(2A) 400×550：代表框架梁为两跨其中一端悬挑。截面尺寸为：梁宽400mm，梁高550mm。其中KL代表框架梁。
Φ10@100/200(4)：代表梁箍筋钢筋级别为HPB300钢筋。箍筋直径为10mm。加密区箍筋间距为100mm。非加密区箍筋间距为200mm。箍筋肢数为四肢箍。
4⌀22：代表梁上铁为4⌀22通长布置。

注2详解：

- 此处代表次梁支座上铁为8⌀18。分两排放置，上排4根，下排4根。
- 此处代表次梁支座上铁为6⌀18。分两排放置，上排4根，下排2根。
- 此处代表次梁支座上铁为6⌀18。分两排放置，上排4根，下排2根。箍筋钢筋级别为HPB300钢筋。箍筋直径为8mm，箍筋间距为100mm。
- 此处代表次梁下铁为8⌀18。分两排放置，上排4根，下排4根。
- 此处代表次梁下铁为3⌀18。一排均匀放置。
- 此处代表悬挑次梁下铁为2⌀18。一排均匀放置。

L1(2A) 250×500：代表次梁为两跨，其中一端悬挑。截面尺寸为：梁宽250mm，梁高500mm。其中L代表次梁。
Φ8@200(2)：代表次梁箍筋钢筋级别为HPB300钢筋。箍筋直径为8mm。箍筋间距为200mm。箍筋肢数为双肢箍。
2⌀18：代表梁上铁为2⌀18通长布置。

注3详解：

- 此处代表梁支座上铁为：4⌀18。一排均匀放置。

L4(2) 250×500：代表次梁为两跨。截面尺寸为：梁宽250mm，梁高500mm。其中L代表次梁。
Φ8@200(2)：代表次梁箍筋钢筋级别为HPB300钢筋。箍筋直径为8mm。箍筋间距为200mm。箍筋肢数为双肢箍。
2⌀18;3⌀18：代表梁上铁为2⌀18通长布置。梁下铁为3⌀18通长布置。

导读

架立筋是指梁内起架立作用的钢筋，从字面上理解即可。架立筋主要功能是当梁上部纵筋的根数少于箍筋上部的转角数目时使箍筋的角部有支承。所以，架立筋就是将箍筋架立起来的纵向构造钢筋。
架立钢筋与受力钢筋的区别是：架立钢筋是根据构造要求设置，通常直径较细、根数较少；而受力钢筋则是根据受力要求按计算设置，通常直径较粗、根数较多。受压区配有架力钢筋的截面，不属于双筋截面。

图3-19 三层结构平面图讲解（一）

图 3-20 三层结构平面图详解（二）

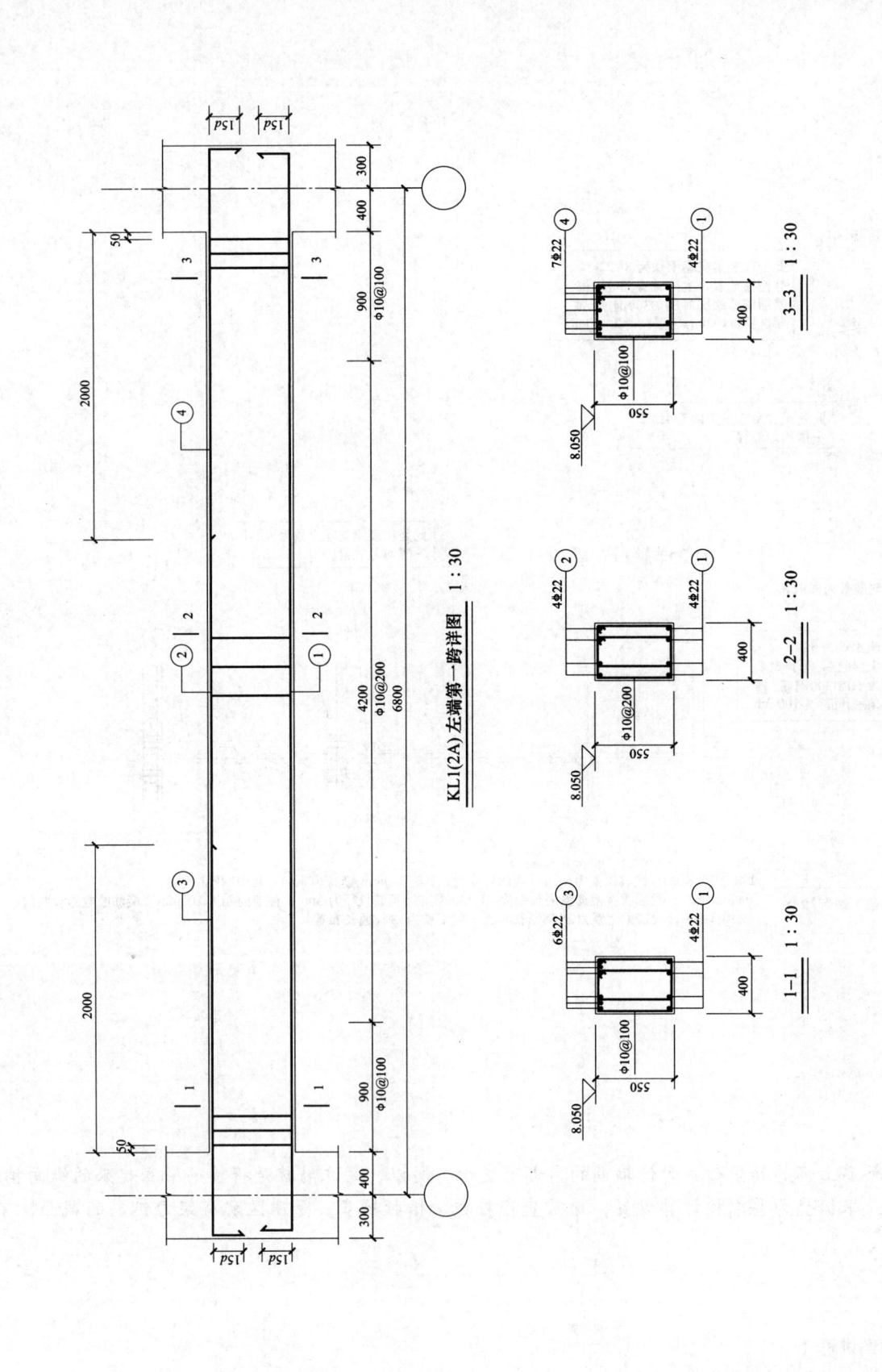

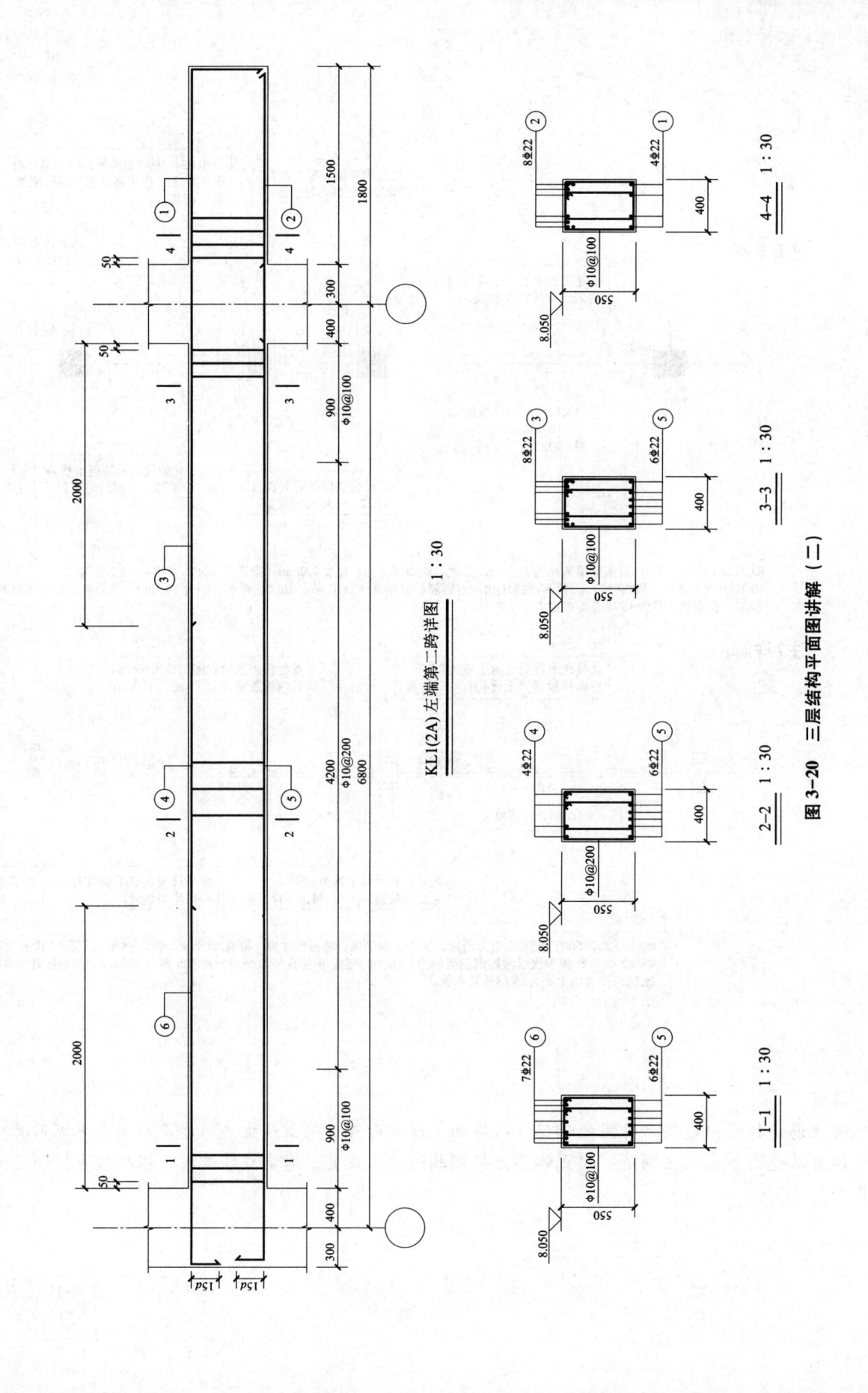

图 3-21 三层结构平面图讲解（三）

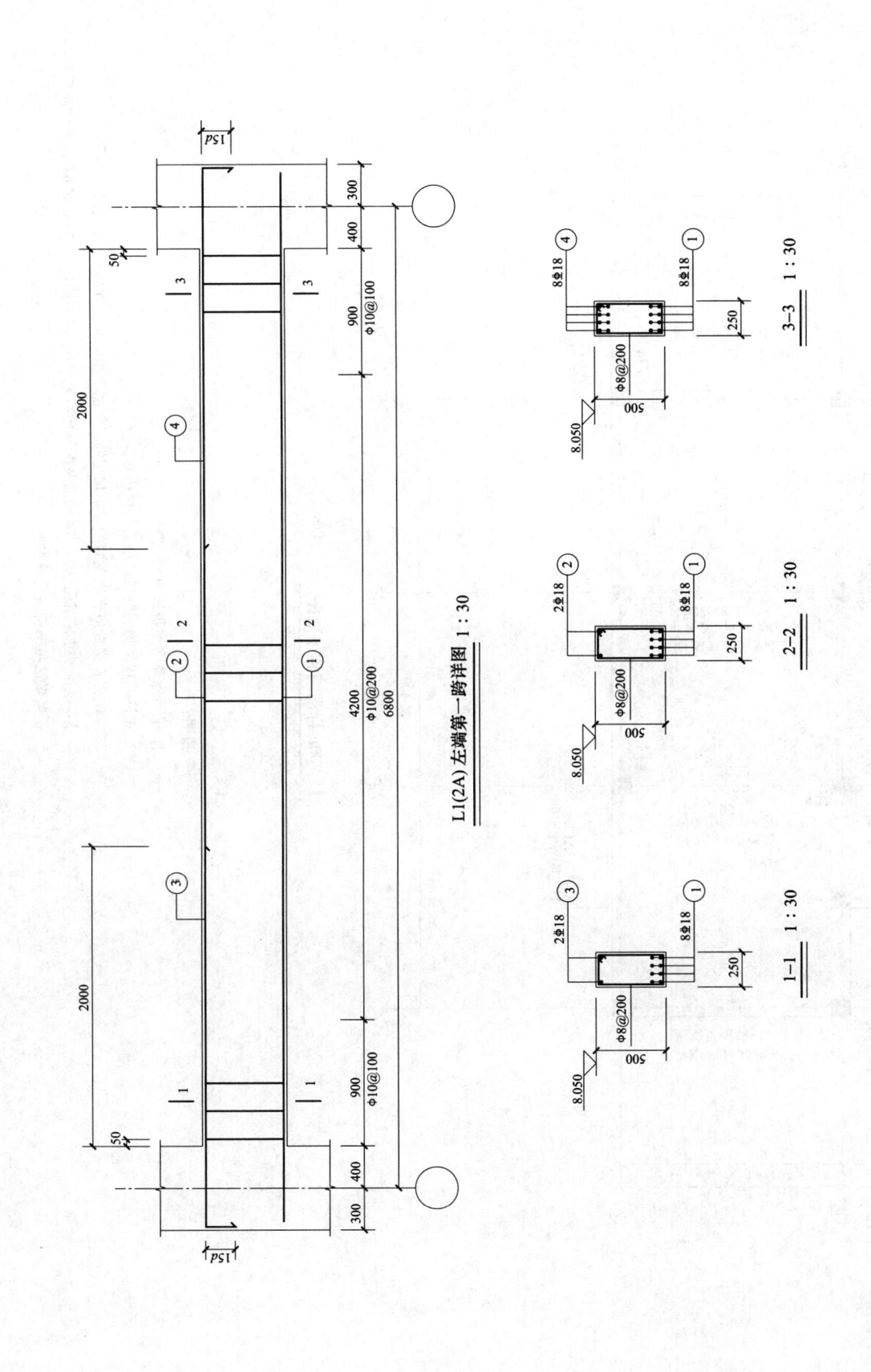

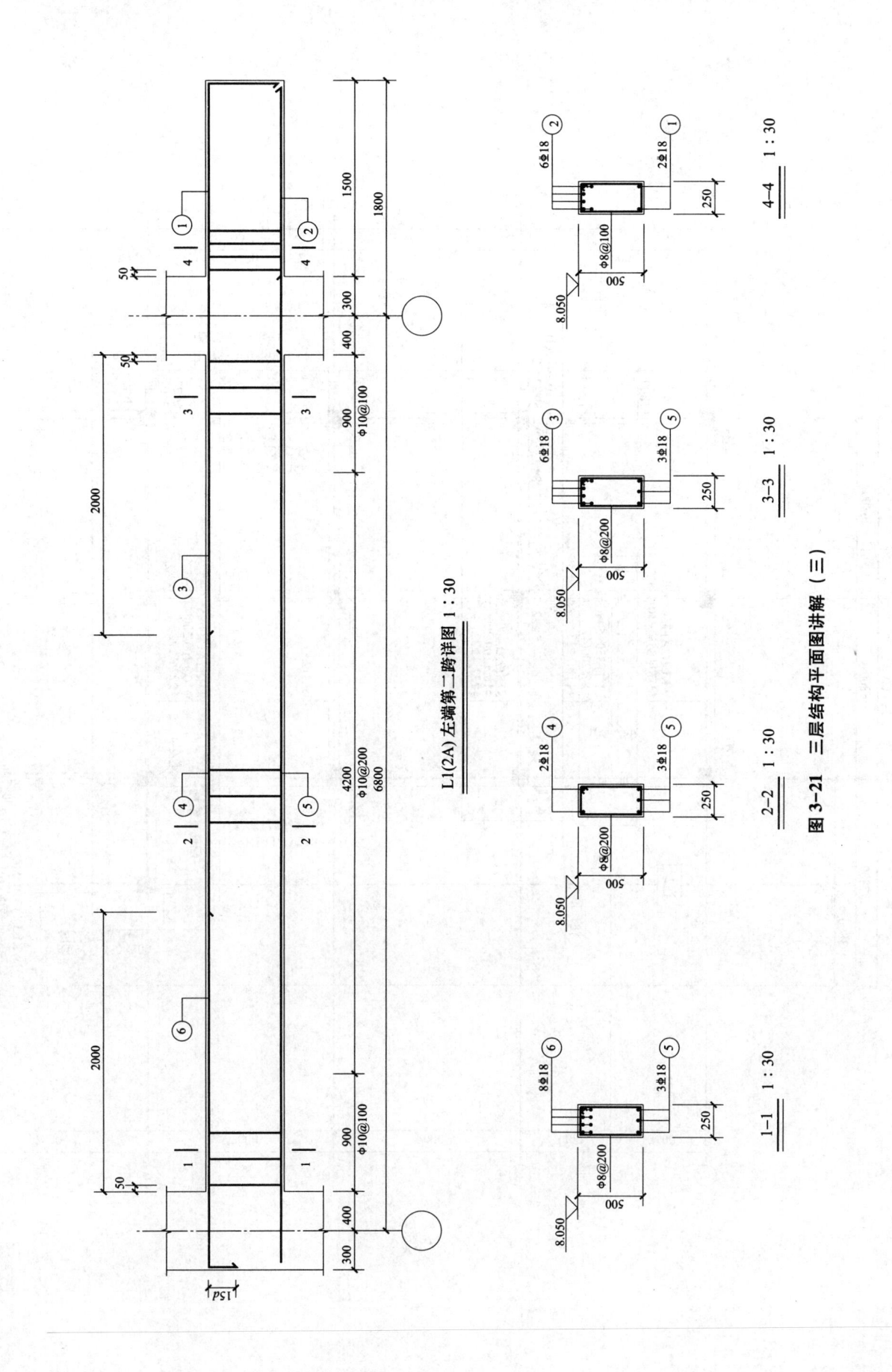

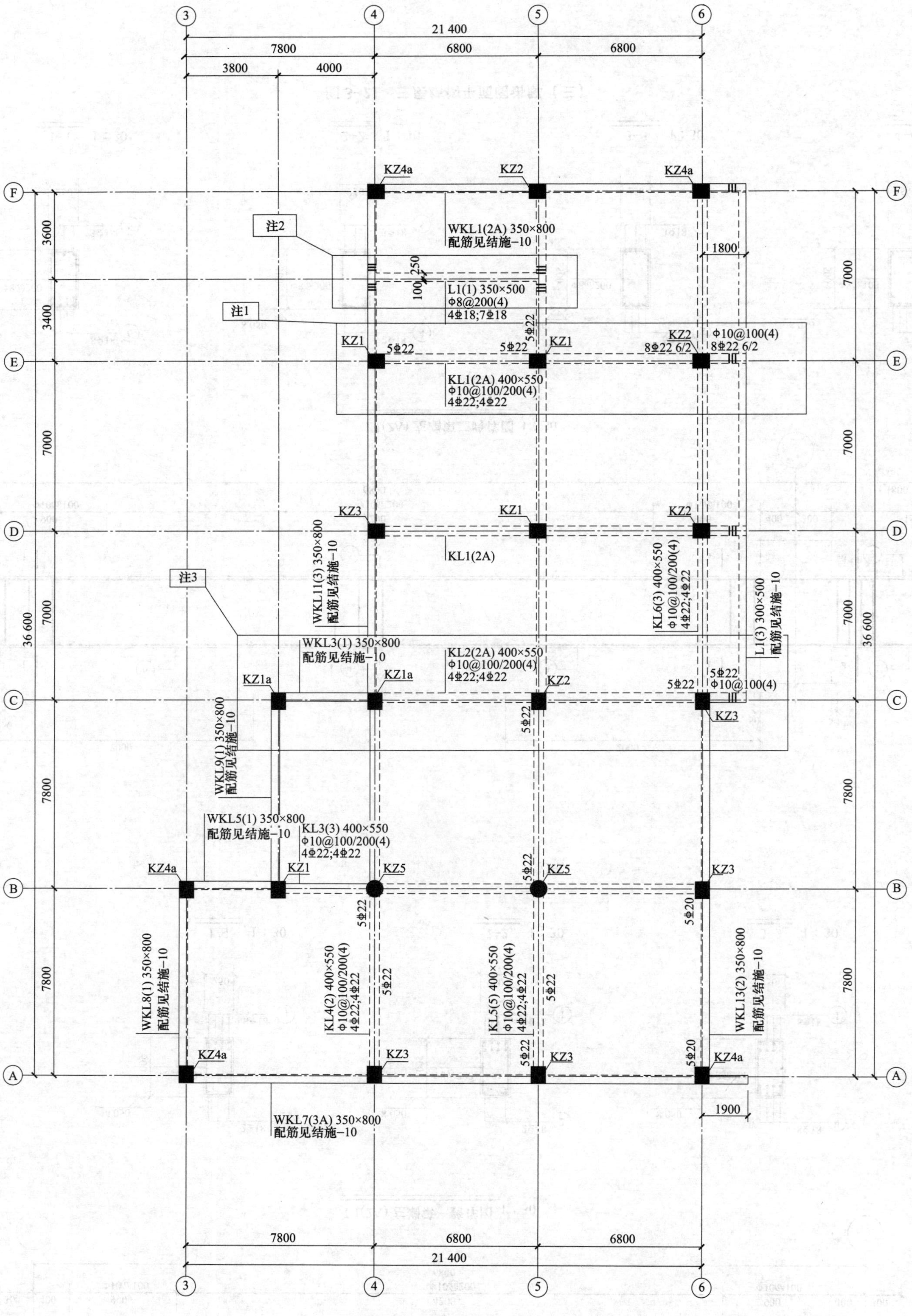

图 3-22 15.900m 标高结构平面图

说明：
1. 梁顶标高除注明外为 15.900m。
2. 未注明构件均为轴线居中或与柱边齐。
3. 主次梁相交处应在次梁两侧设附加箍筋，每侧 3 根@50，直径及肢数同主梁箍筋。
4. KZ 定位尺寸详结施-05，KZ 截面及配筋详结施-06，其中带角标 "a" 的 KZ 箍筋全高加密。
5. 折梁做法见结构设计总说明。

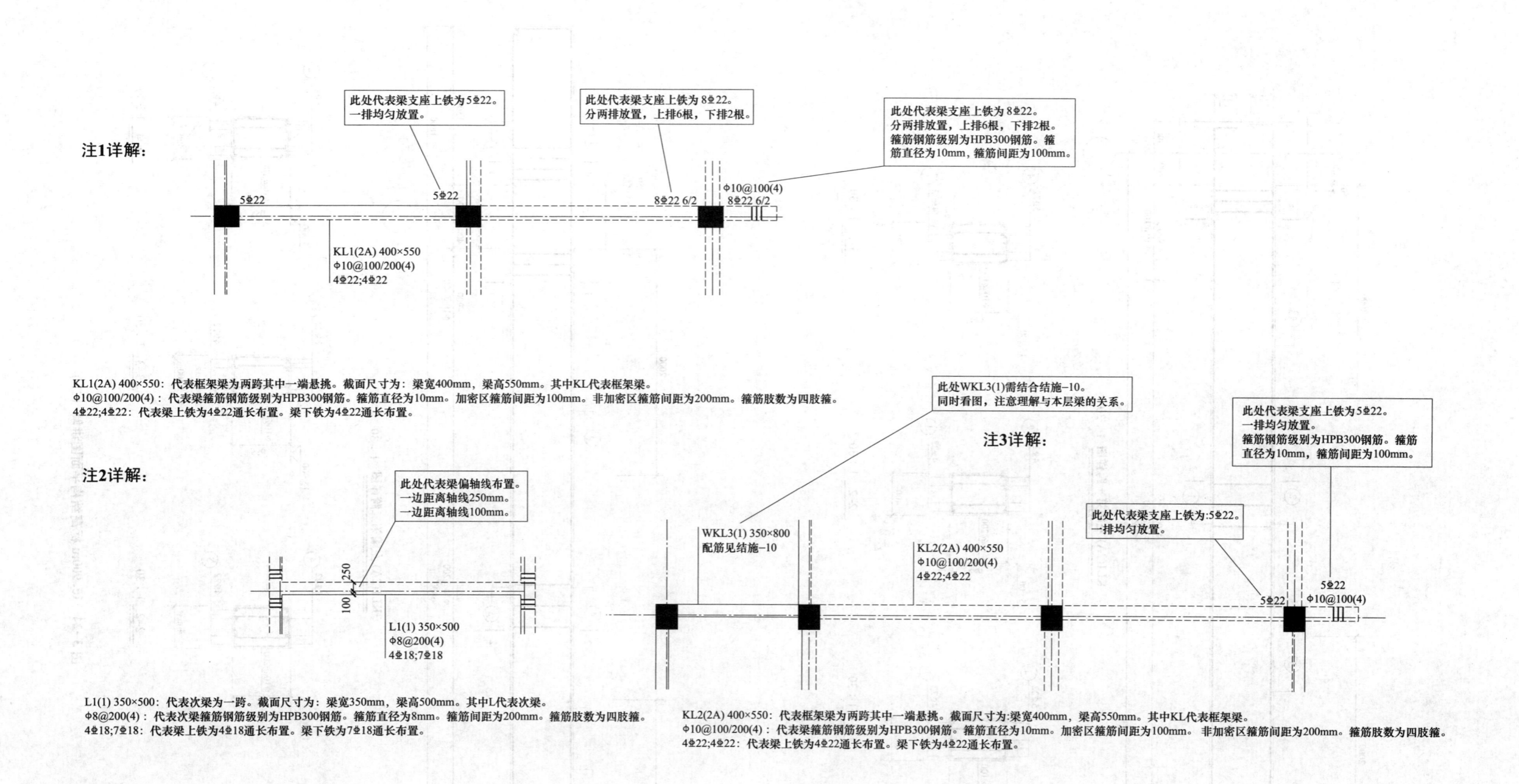

注1详解：

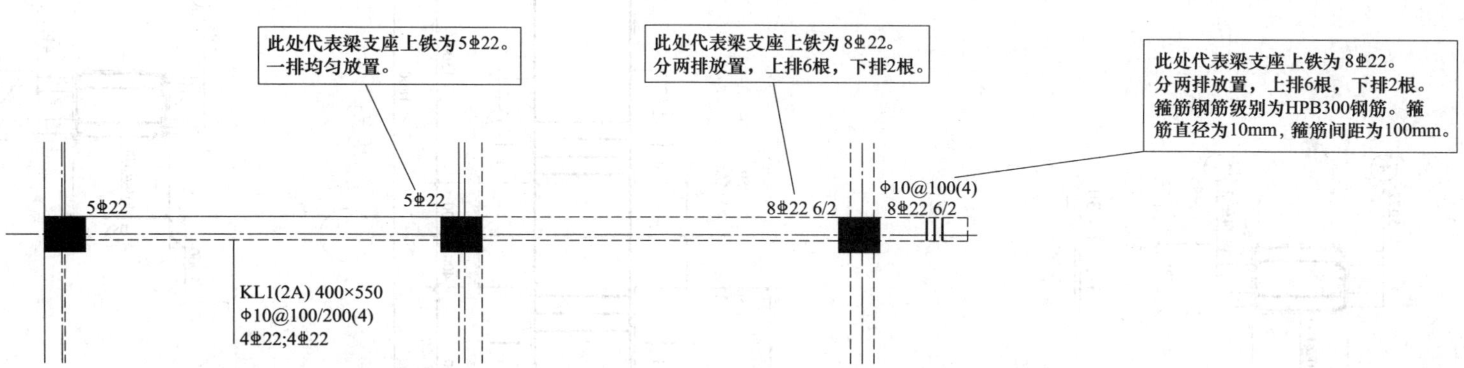

此处代表梁支座上铁为5⊈22。一排均匀放置。

此处代表梁支座上铁为8⊈22。分两排放置，上排6根，下排2根。

此处代表梁支座上铁为8⊈22。分两排放置，上排6根，下排2根。箍筋钢筋级别为HPB300钢筋。箍筋直径为10mm，箍筋间距为100mm。

KL1(2A) 400×550
Φ10@100/200(4)
4⊈22;4⊈22

KL1(2A) 400×550：代表框架梁为两跨其中一端悬挑。截面尺寸为：梁宽400mm，梁高550mm。其中KL代表框架梁。
Φ10@100/200(4)：代表梁箍筋钢筋级别为HPB300钢筋。箍筋直径为10mm。加密区箍筋间距为100mm。非加密区箍筋间距为200mm。箍筋肢数为四肢箍。
4⊈22;4⊈22：代表梁上铁为4⊈22通长布置。梁下铁为4⊈22通长布置。

注2详解：

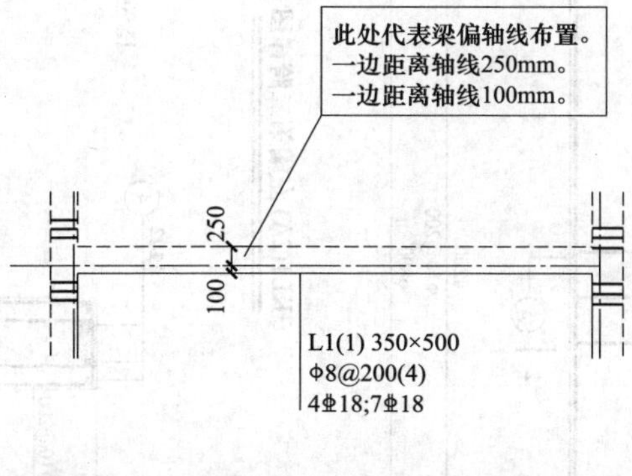

此处代表梁偏轴线布置。一边距轴线250mm。一边距轴线100mm。

L1(1) 350×500
Φ8@200(4)
4⊈18;7⊈18

L1(1) 350×500：代表次梁为一跨。截面尺寸为：梁宽350mm，梁高500mm。其中L代表次梁。
Φ8@200(4)：代表次梁箍筋钢筋级别为HPB300钢筋。箍筋直径为8mm。箍筋间距为200mm。箍筋肢数为四肢箍。
4⊈18;7⊈18：代表梁上铁为4⊈18通长布置。梁下铁为7⊈18通长布置。

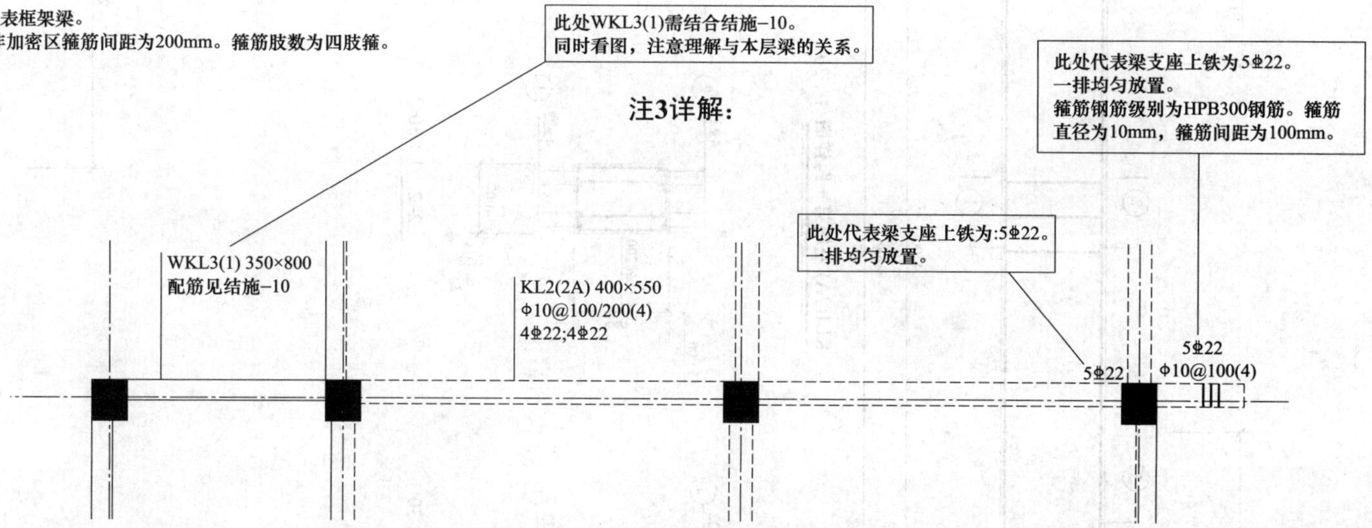

此处WKL3(1)需结合结施-10。同时看图，注意理解与本层梁的关系。

注3详解：

此处代表梁支座上铁为5⊈22。一排均匀放置。箍筋钢筋级别为HPB300钢筋。箍筋直径为10mm，箍筋间距为100mm。

此处代表梁支座上铁为:5⊈22。一排均匀放置。

WKL3(1) 350×800
配筋见结施-10

KL2(2A) 400×550
Φ10@100/200(4)
4⊈22;4⊈22

KL2(2A) 400×550：代表框架梁为两跨其中一端悬挑。截面尺寸为：梁宽400mm，梁高550mm。其中KL代表框架梁。
Φ10@100/200(4)：代表梁箍筋钢筋级别为HPB300钢筋。箍筋直径为10mm。加密区箍筋间距为100mm。非加密区箍筋间距为200mm。箍筋肢数为四肢箍。
4⊈22;4⊈22：代表梁上铁为4⊈22通长布置。梁下铁为4⊈22通长布置。

导读

梁筋的搭接：梁的受力钢筋直径等于或大于22mm时，宜采用焊接接头或机械连接接头；小于22mm时，可采用绑扎接头。搭接长度要符合规范的规定。搭接长度末端与钢筋弯折处的距离，不得小于钢筋直径的10倍。接头不宜位于构件最大弯矩处，受拉区域内HPB300级钢筋绑扎接头的末端应做弯钩（HRB335级钢筋可不做弯钩），搭接处应在中心和两端扎牢。接头位置应相互错开，当采用绑扎搭接接头时，在规定搭接长度的任一区段内有接头的受力钢筋截面面积占受力钢筋总截面面积百分率，受拉区不大于50%。

图 3-23 15.900m 标高结构平面图讲解（一）

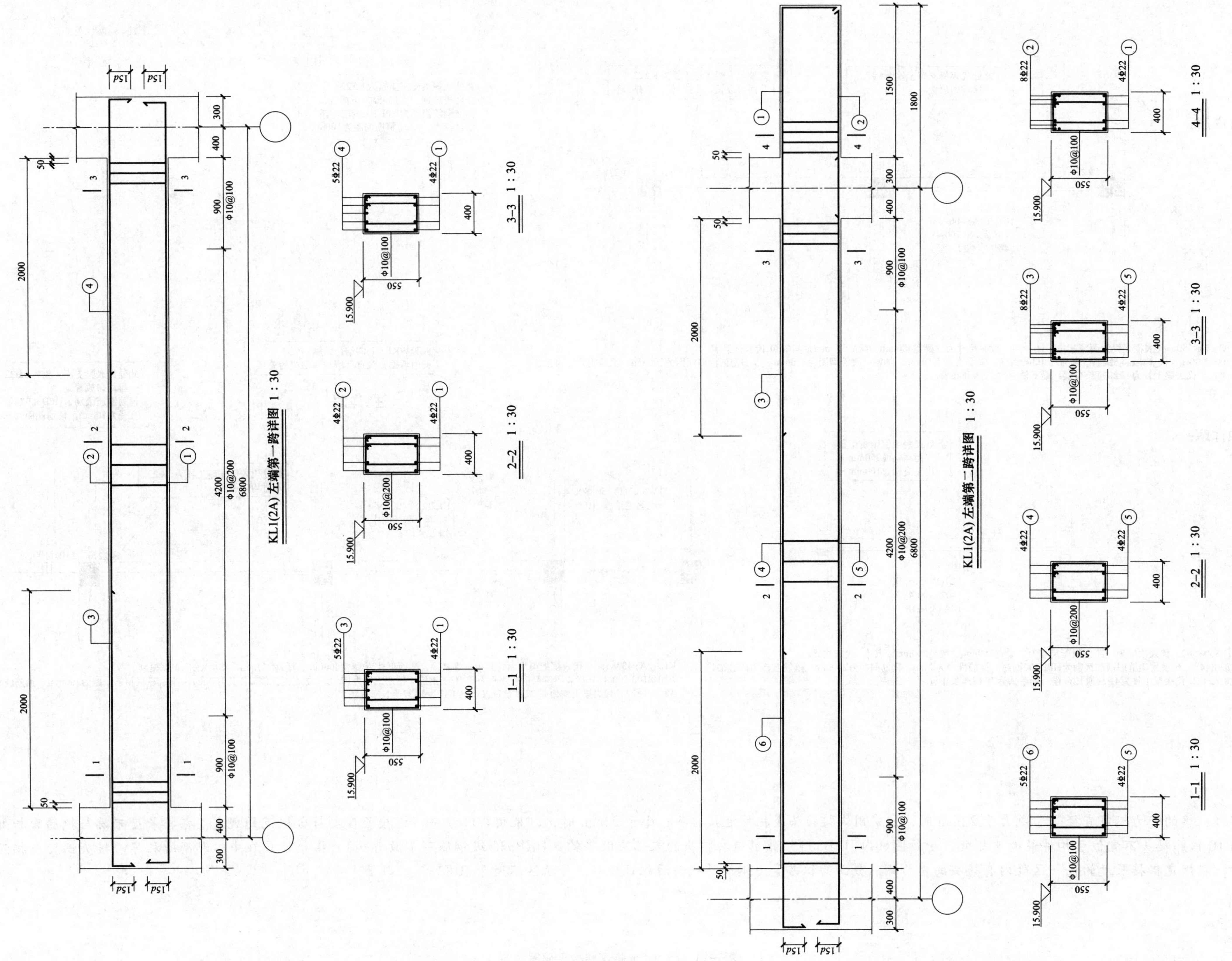

图 3-24 15.900m 标高结构平面图讲解（二）

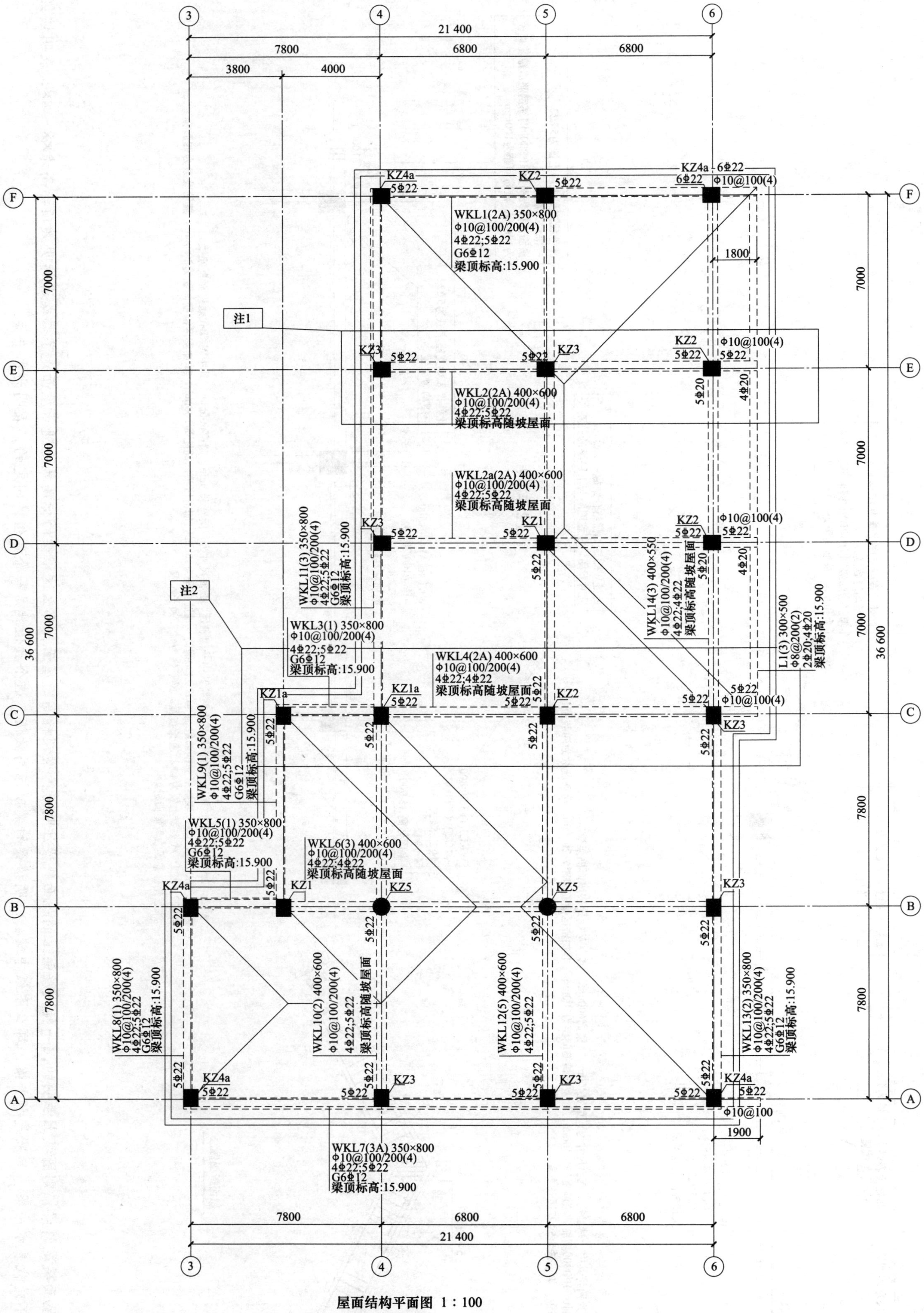

屋面结构平面图 1:100

图 3-25 屋面结构平面图

注1详解：

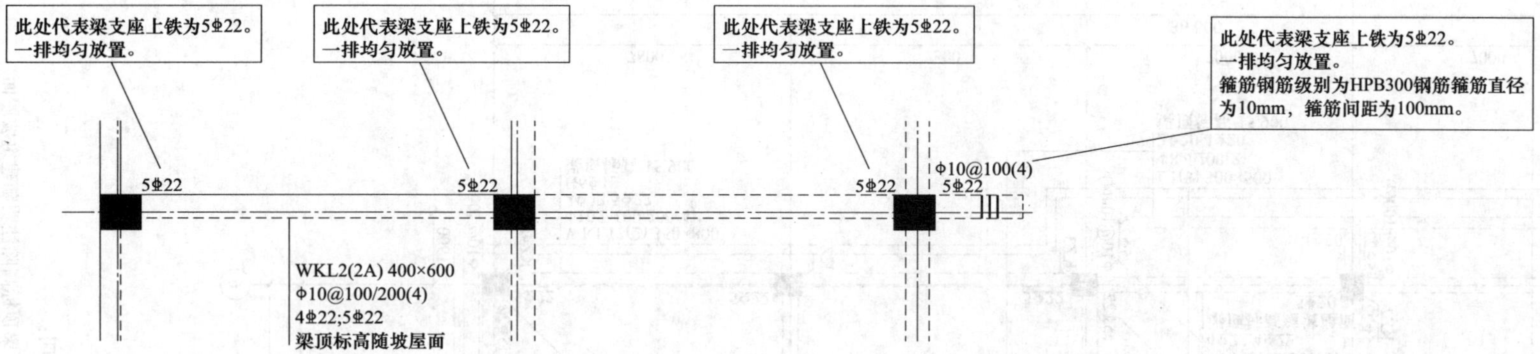

此处代表梁支座上铁为5⌀22。一排均匀放置。

此处代表梁支座上铁为5⌀22。一排均匀放置。

此处代表梁支座上铁为5⌀22。一排均匀放置。

此处代表梁支座上铁为5⌀22。一排均匀放置。箍筋钢筋级别为HPB300钢筋箍筋直径为10mm，箍筋间距为100mm。

WKL2(2A) 400×600
Φ10@100/200(4)
4⌀22;5⌀22
梁顶标高随坡屋面

WKL2(2A) 400×600：代表屋面框架梁为两跨其中一端悬挑。截面尺寸为：梁宽400mm，梁高600mm。其中WKL代表屋面框架梁。
Φ10@100/200(4)：代表梁箍筋钢筋级别为HPB300钢筋。箍筋直径为10mm。加密区箍筋间距为100mm。非加密区箍筋间距为200mm。箍筋肢数为四肢箍。
4⌀22;5⌀22：代表梁上铁为4⌀22通长布置。梁下铁为5⌀22通长布置。
注意此框架梁为坡屋面折梁。

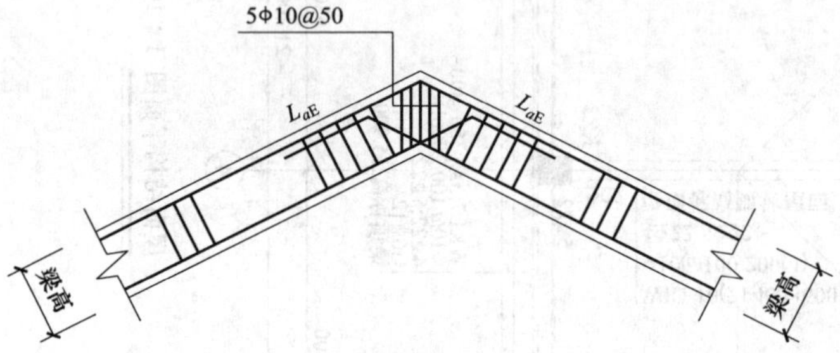

屋面折梁做法

注2详解：

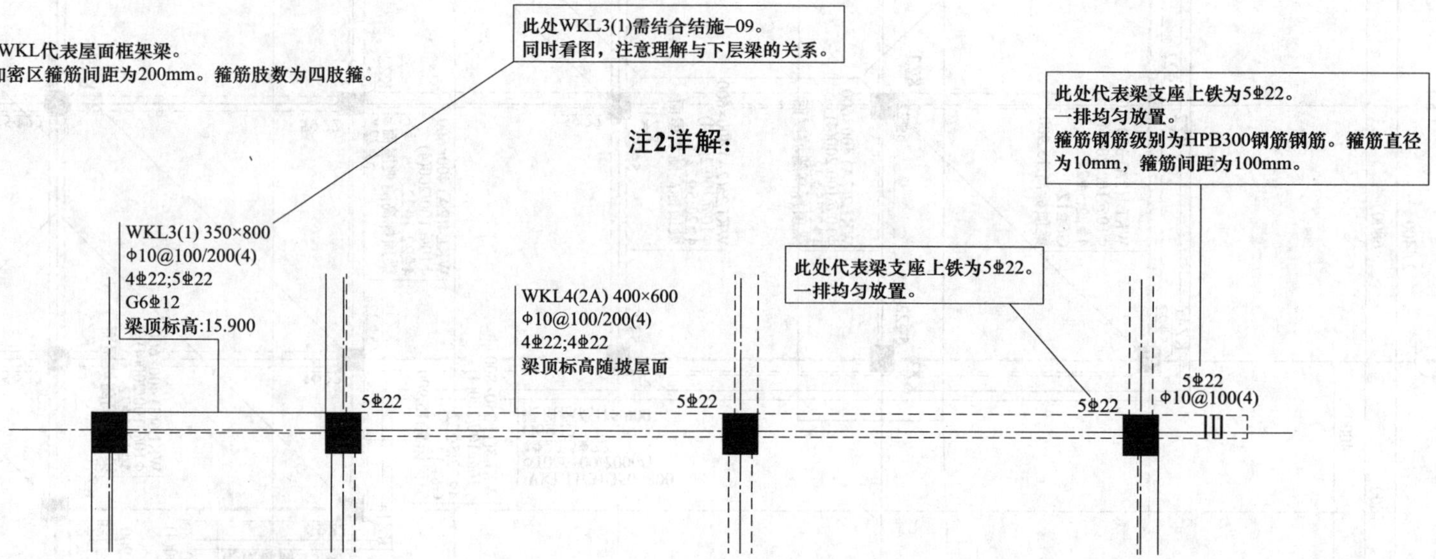

此处WKL3(1)需结合结施-09。同时看图，注意理解与下层梁的关系。

WKL3(1) 350×800
Φ10@100/200(4)
4⌀22;5⌀22
G6⌀12
梁顶标高:15.900

WKL4(2A) 400×600
Φ10@100/200(4)
4⌀22;4⌀22
梁顶标高随坡屋面

此处代表梁支座上铁为5⌀22。一排均匀放置。

此处代表梁支座上铁为5⌀22。一排均匀放置。箍筋钢筋级别为HPB300钢筋钢筋。钢筋直径为10mm，箍筋间距为100mm。

WKL4(2A) 400×600：代表屋面框架梁为两跨其中一端悬挑。截面尺寸为：梁宽400mm，梁高600mm。其中WKL代表屋面框架梁。
Φ10@100/200(4)：代表梁箍筋钢筋级别为HPB300钢筋。箍筋直径为10mm，加密区箍筋间距为100mm。非加密区箍筋间距为200mm。箍筋肢数为四肢箍。
4⌀22;4⌀22：代表梁上铁为4⌀22通长布置。梁下铁为4⌀22通长布置。
注意此框架梁为坡屋面折梁。

导读

设计图纸时，如果坡屋面中屋面梁是斜梁，则图纸上注明的，一般坡屋面上的屋面斜梁注明为：梁顶标高随屋面，那么这根梁的标高就是随着屋面走了。或者标明梁顶标高为××～××，表明该梁顶标高是变化的。这样的标注情况就不是代表水平梁。如果是水平梁，那么图纸中就会注明该梁的梁顶标高数值，这个数值就是一个数值，固定的，表明为水平梁。

图3-26 屋面结构平面图讲解

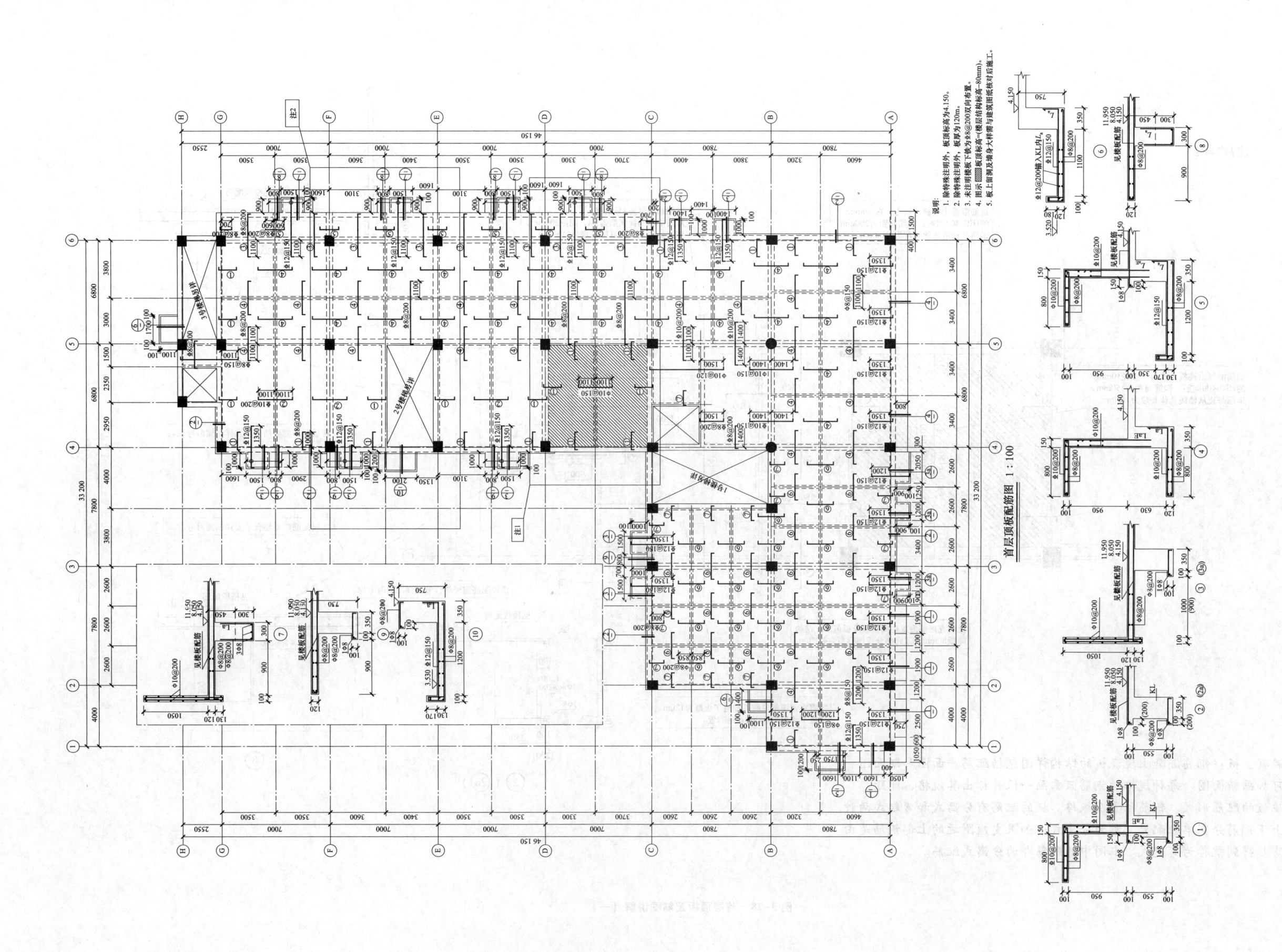

图 3-27 首层顶板配筋图

注1详解：

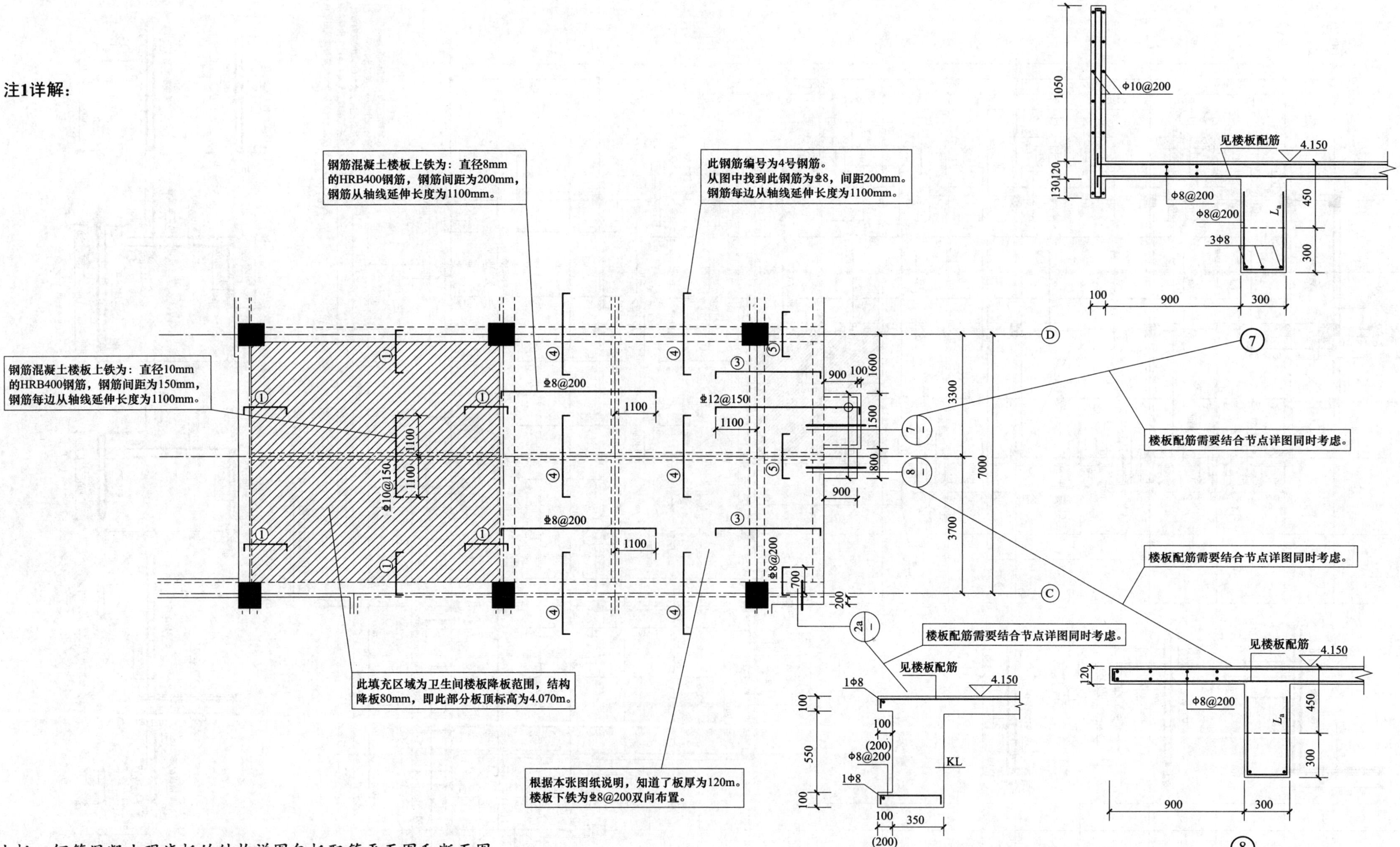

- 钢筋混凝土楼板上铁为：直径10mm的HRB400钢筋，钢筋间距为150mm，钢筋每边从轴线延伸长度为1100mm。
- 钢筋混凝土楼板上铁为：直径8mm的HRB400钢筋，钢筋间距为200mm，钢筋从轴线延伸长度为1100mm。
- 此钢筋编号为4号钢筋。从图中找到此钢筋为Φ8，间距200mm。钢筋每边从轴线延伸长度为1100mm。
- 此填充区域为卫生间楼板降板范围，结构降板80mm，即此部分板顶标高为4.070m。
- 根据本张图纸说明，知道了板厚为120mm。楼板下铁为Φ8@200双向布置。
- 楼板配筋需要结合节点详图同时考虑。

导读

钢筋混凝土板：钢筋混凝土现浇板的结构详图包括配筋平面图和断面图。必要时也可加画断面图。每种规格的钢筋只需画一根并标出其规格、间距。断面图反映板的配筋形式、钢筋位置及板厚。板的配筋有分离式和弯起式两种。如果板的上下钢筋分别单独配置，称为分离式；如果支座附近的上部钢筋是由下部钢筋弯起得到就称为弯起式。本图中的配筋即为分离式配筋。

图3-28　首层顶板配筋图讲解（一）

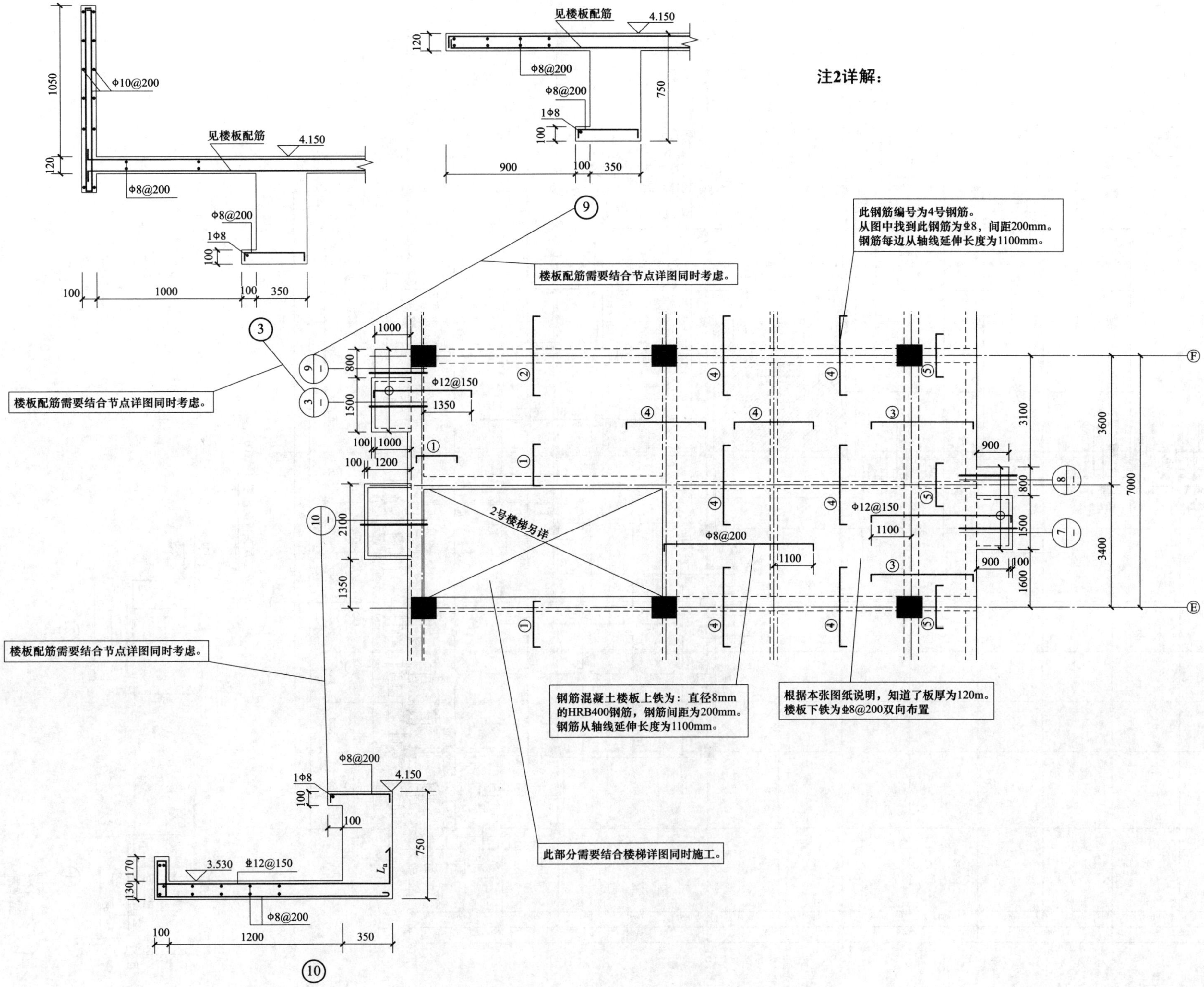

图 3-29 首层顶板配筋图讲解（二）

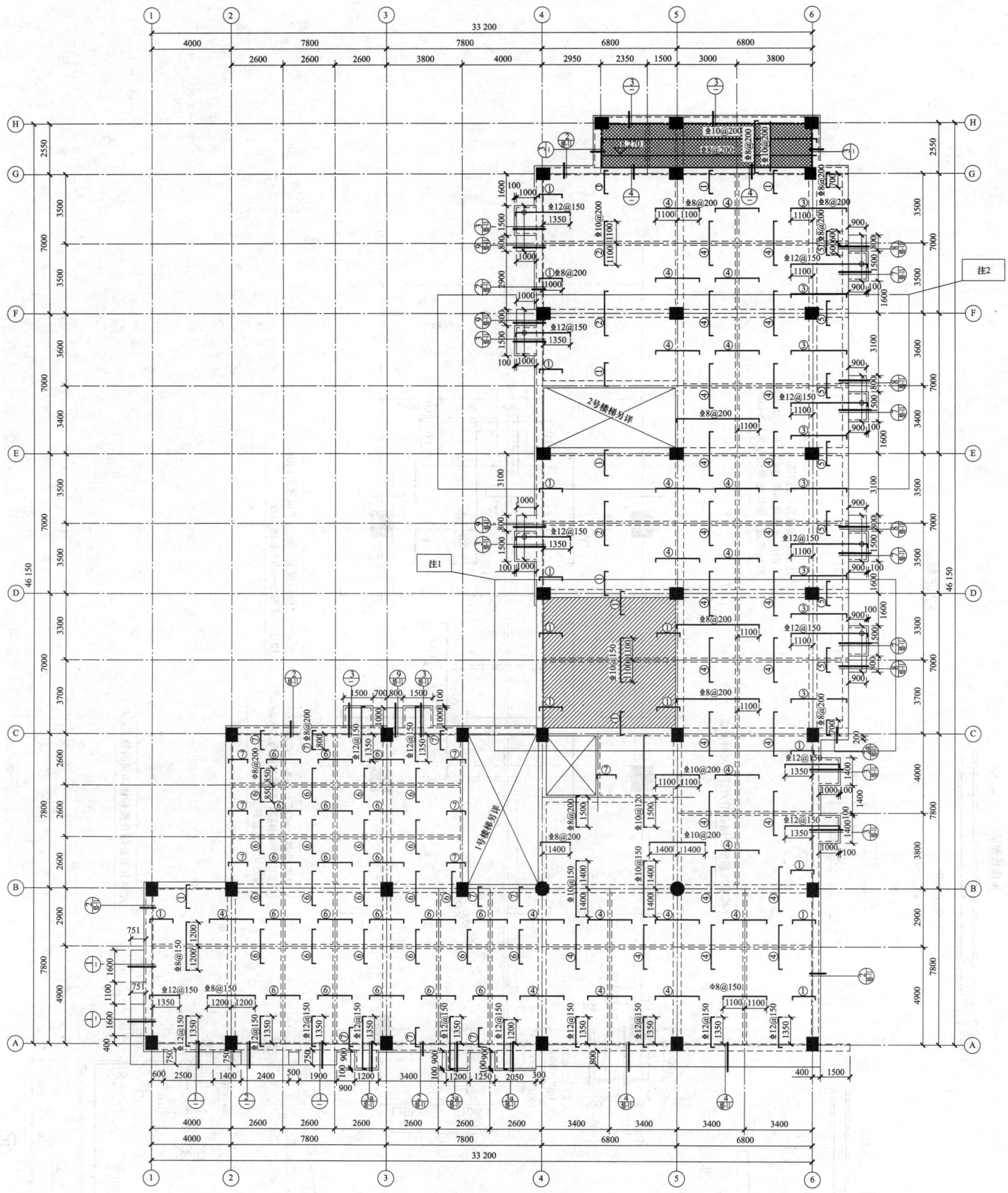

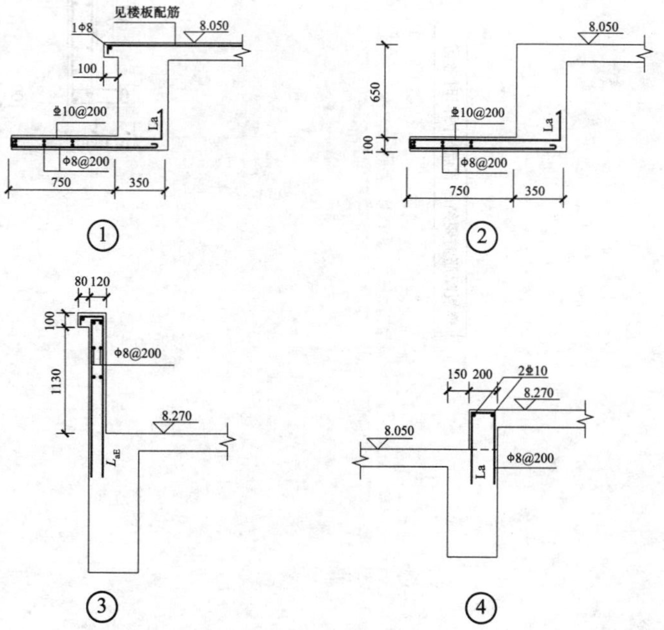

说明：
1. 除特殊注明外，板顶标高为 8.050m。
2. 除特殊注明外，板厚为 120mm。
3. 未注明楼板下铁为φ8@200 双向布置。
4. 图示▨板顶标高 =（楼层结构标高-80mm）。
5. 板上留洞及墙身大样需与建筑图纸核对后施工。

二层顶板配筋图 1:100

图 3-30 二层顶板配筋图

注1详解：

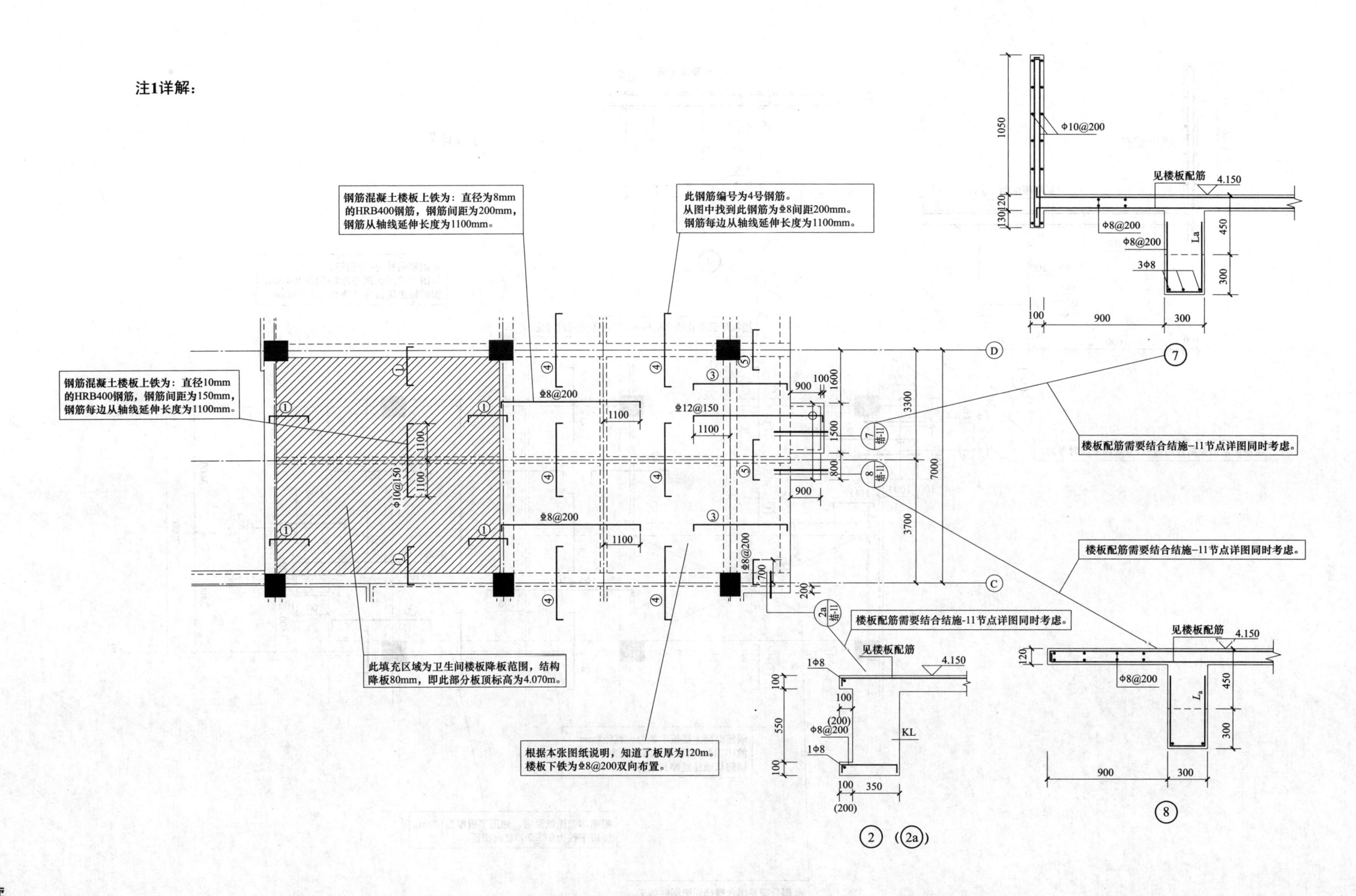

- 钢筋混凝土楼板上铁为：直径为8mm的HRB400钢筋，钢筋间距为200mm，钢筋从轴线延伸长度为1100mm。
- 钢筋混凝土楼板上铁为：直径10mm的HRB400钢筋，钢筋间距为150mm，钢筋每边从轴线延伸长度为1100mm。
- 此钢筋编号为4号钢筋。从图中找到此钢筋为⌀8间距200mm。钢筋每边从轴线延伸长度为1100mm。
- 楼板配筋需要结合结施-11节点详图同时考虑。
- 此填充区域为卫生间楼板降板范围，结构降板80mm，即此部分板顶标高为4.070m。
- 根据本张图纸说明，知道了板厚为120m。楼板下铁为⌀8@200双向布置。

导读

钢筋混凝土板：钢筋混凝土现浇板的结构详图包括配筋平面图和断面图。必要时也可加画断面图。每种规格的钢筋只需画一根并标出其规格、间距。断面图反映板的配筋形式、钢筋位置及板厚。板的配筋有分离式和弯起式两种：如果板的上下钢筋分别单独配置，称为分离式；如果支座附近的上部钢筋是由下部钢筋弯起得到就称为弯起式。本图中的配筋即为分离式配筋。

图 3-31 二层顶板配筋图讲解（一）

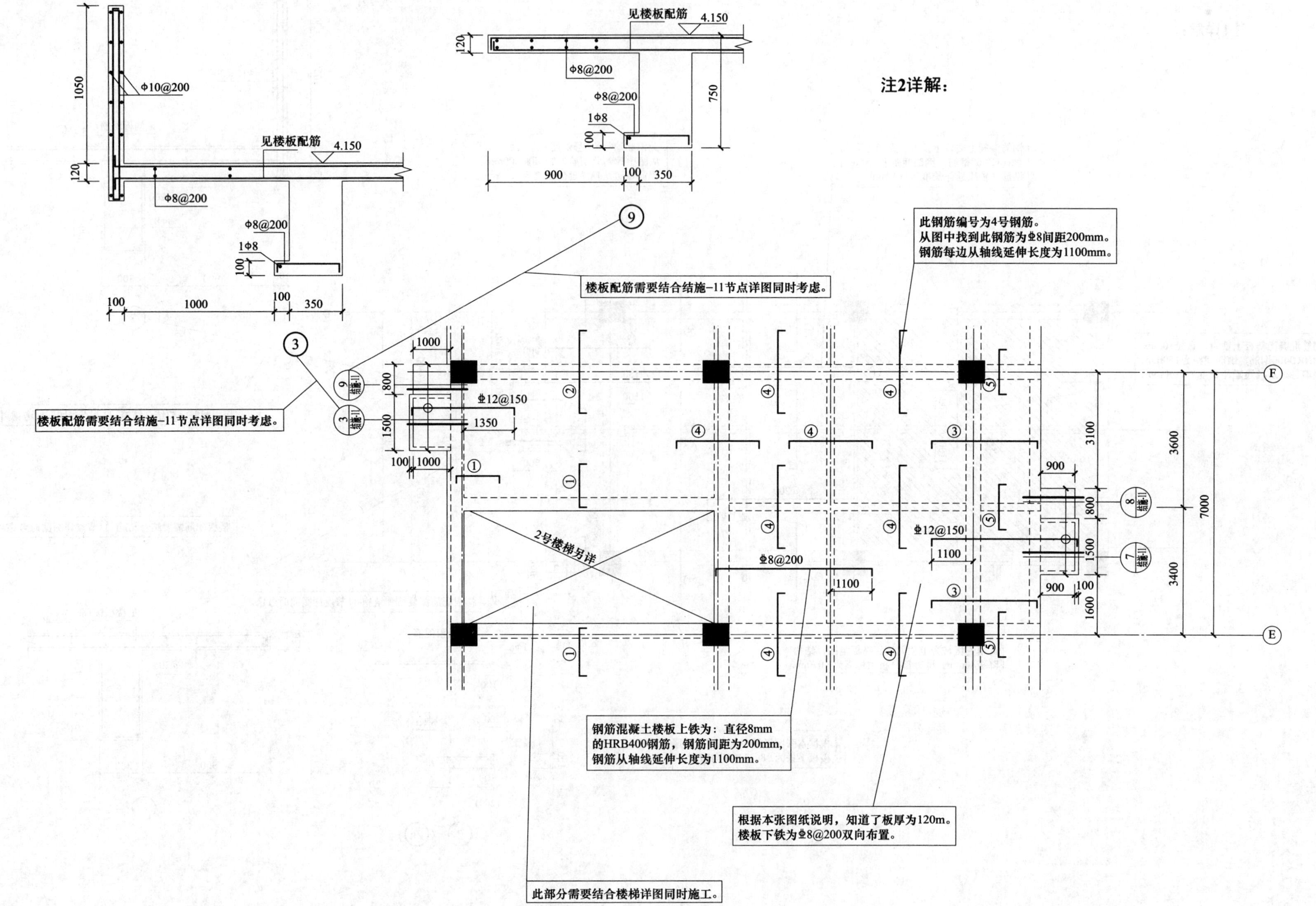

图 3-32 二层顶板配筋图讲解（二）

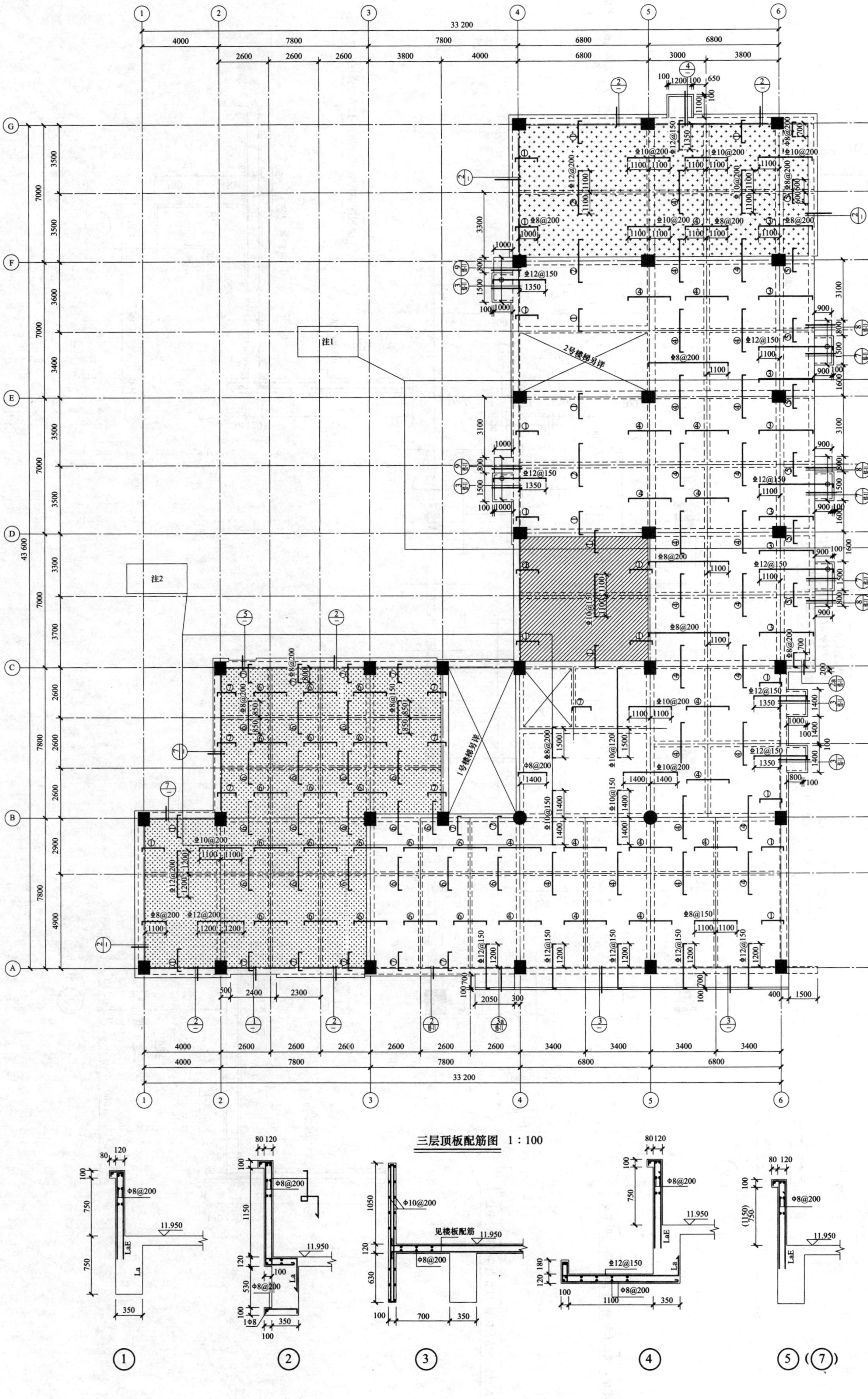

说明：
1. 除特殊注明外，板顶标高为 11.950m。
2. 除特殊注明外，板厚为 120mm。
3. 未注明楼板下铁为 ⌀8@200 双向布置。
4. 图示 ▨ 为板结构高 =（楼层结构标高-80mm）。
5. 板，板面无负筋处加配 ⌀8@200 温度负筋，与板身受力负筋搭接。
6. 板上留洞及墙身大样需与建筑图纸核对后施工。

图 3-33 三层顶板配筋图

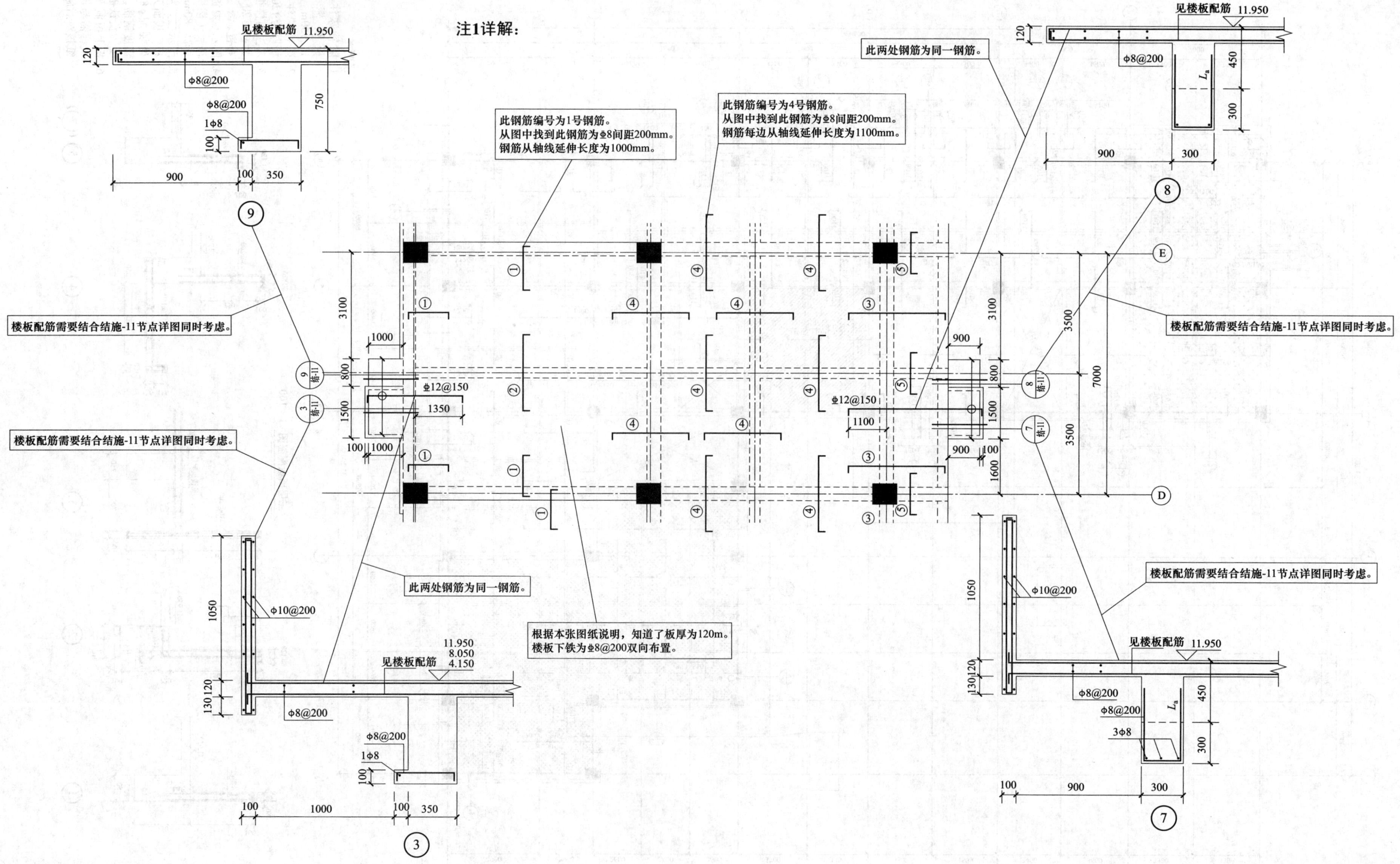

图 3-34 三层顶板配筋图讲解（一）

注2详解：

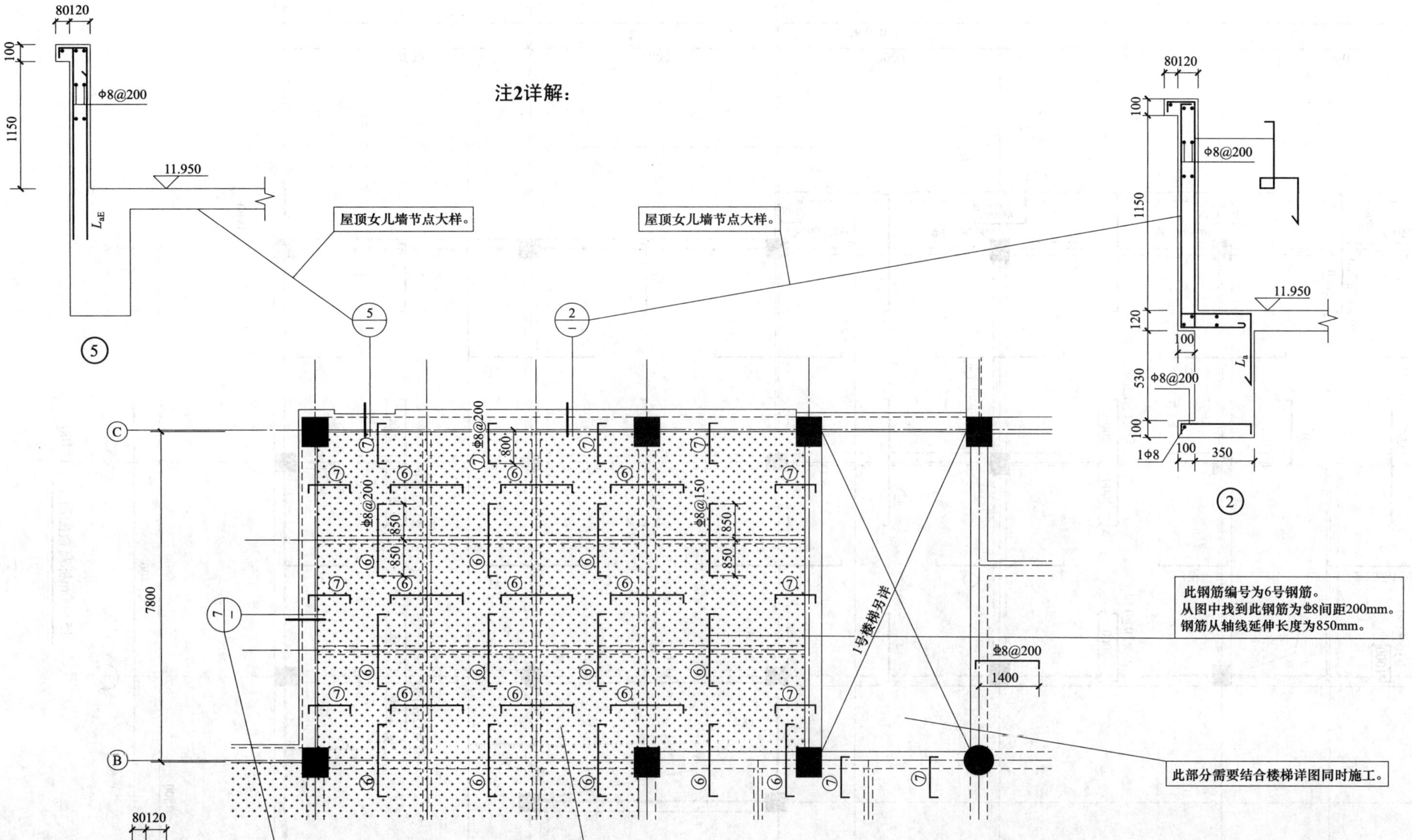

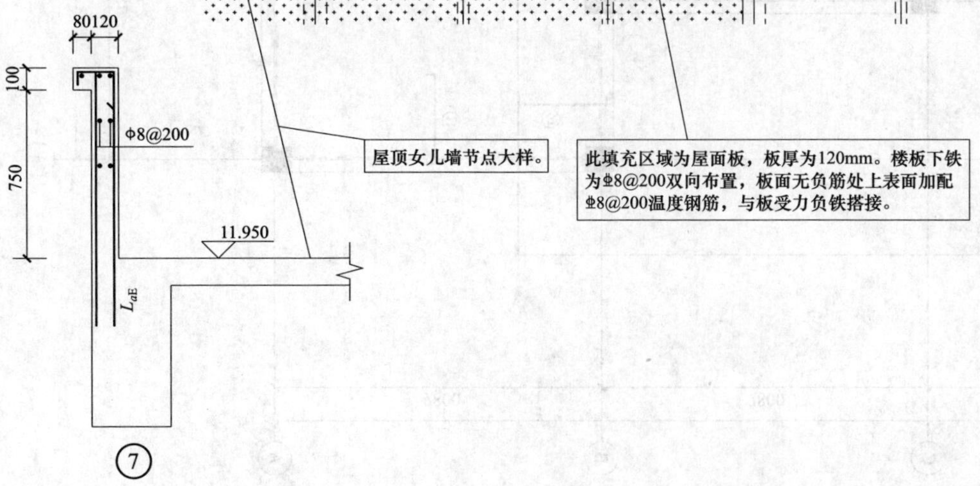

导读

在温度收缩应力较大的现浇板区域内，应在板表面双向配置防裂构造钢筋，配筋率不小于0.10%，间距也不宜大于200mm。防裂构造钢筋可利用原有钢筋贯通配置，也可另行设置钢筋并与原有钢筋按受拉钢筋的要求搭接或在周边构件中锚固。同时一般在双柱或者多柱之间表面时也设置。

图 3-35　三层顶板配筋图讲解（二）

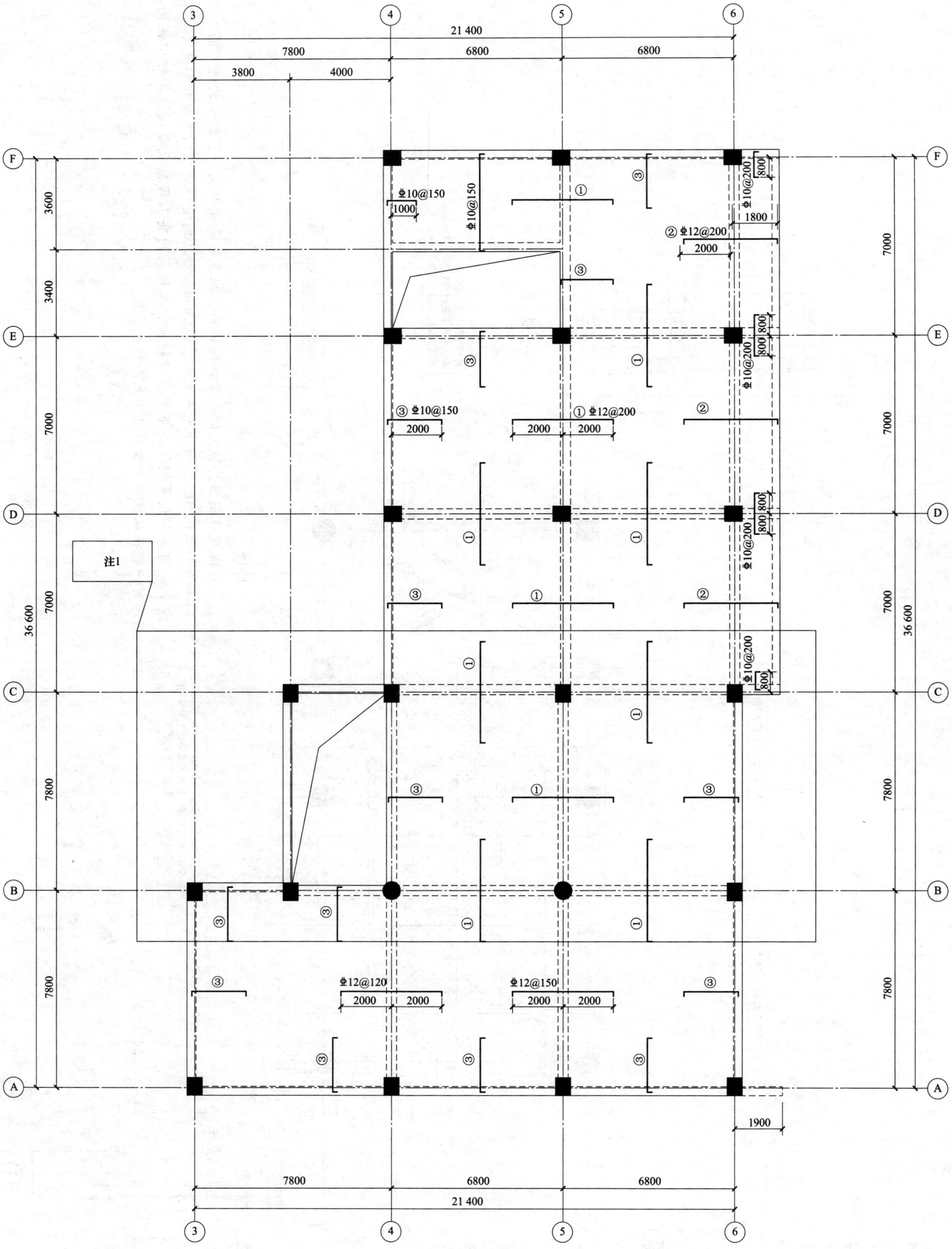

图 3-36 15.900m 标高板配筋图

注1详解：

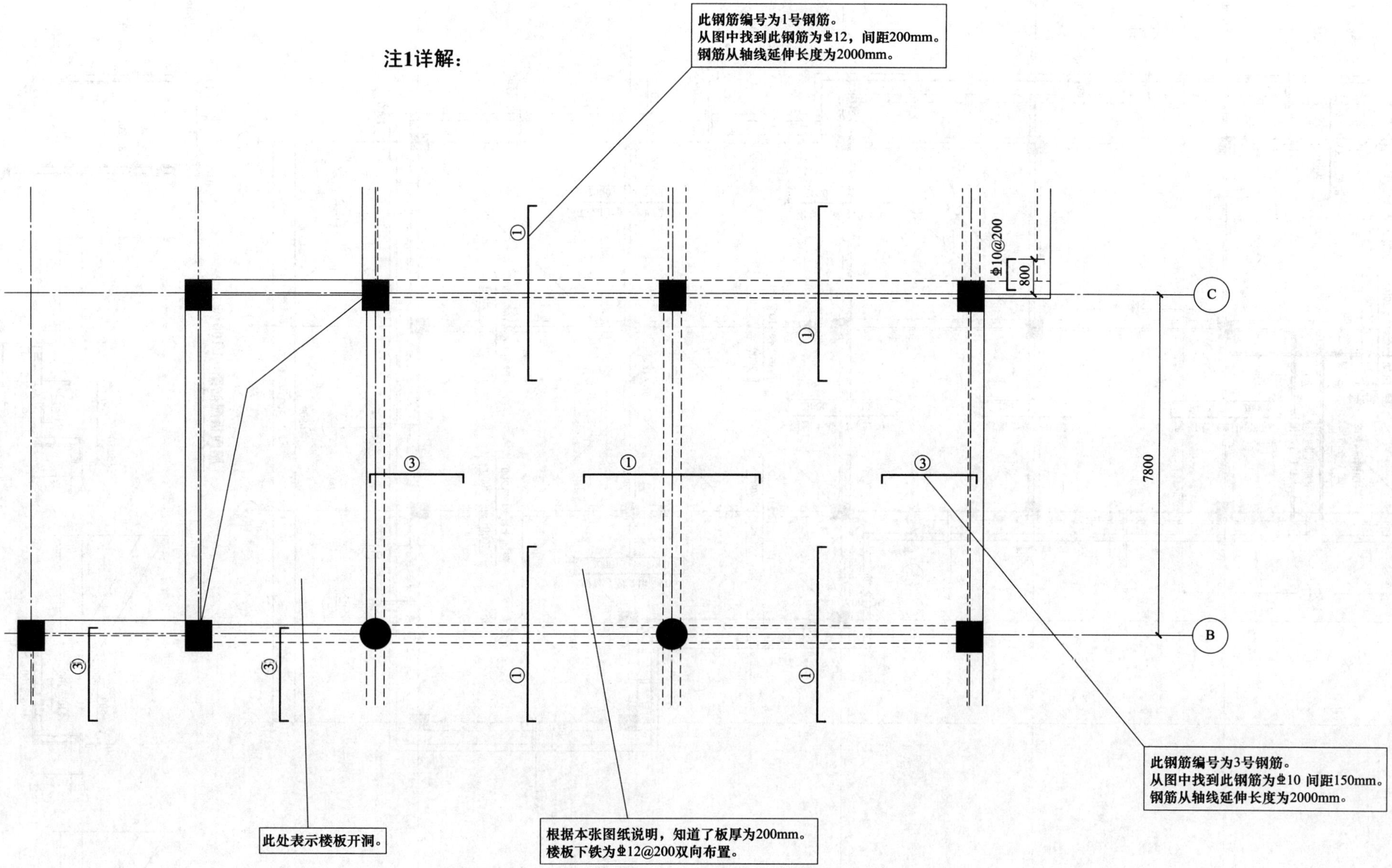

此钢筋编号为1号钢筋。
从图中找到此钢筋为⌀12，间距200mm。
钢筋从轴线延伸长度为2000mm。
①
⌀10@200
800
C
①
③
①
③
7800
①
①
③
③
B
此钢筋编号为3号钢筋。
从图中找到此钢筋为⌀10 间距150mm。
钢筋从轴线延伸长度为2000mm。
此处表示楼板开洞。
根据本张图纸说明，知道了板厚为200mm。
楼板下铁为⌀12@200双向布置。

图 3-37　15.900m 标高板配筋图讲解

屋面板配筋图 1:100

说明：
1. 除特殊注明外，板顶标高随建筑坡屋面。
2. 除特殊注明外，板厚为200mm。
3. 未注明楼板上下筋为$\phi12@200$双向布置。
4. 板上留洞及墙身大样与建筑图纸常与建筑图纸核对后施工。

屋面上人孔大样

图 3-38 屋面板配筋图

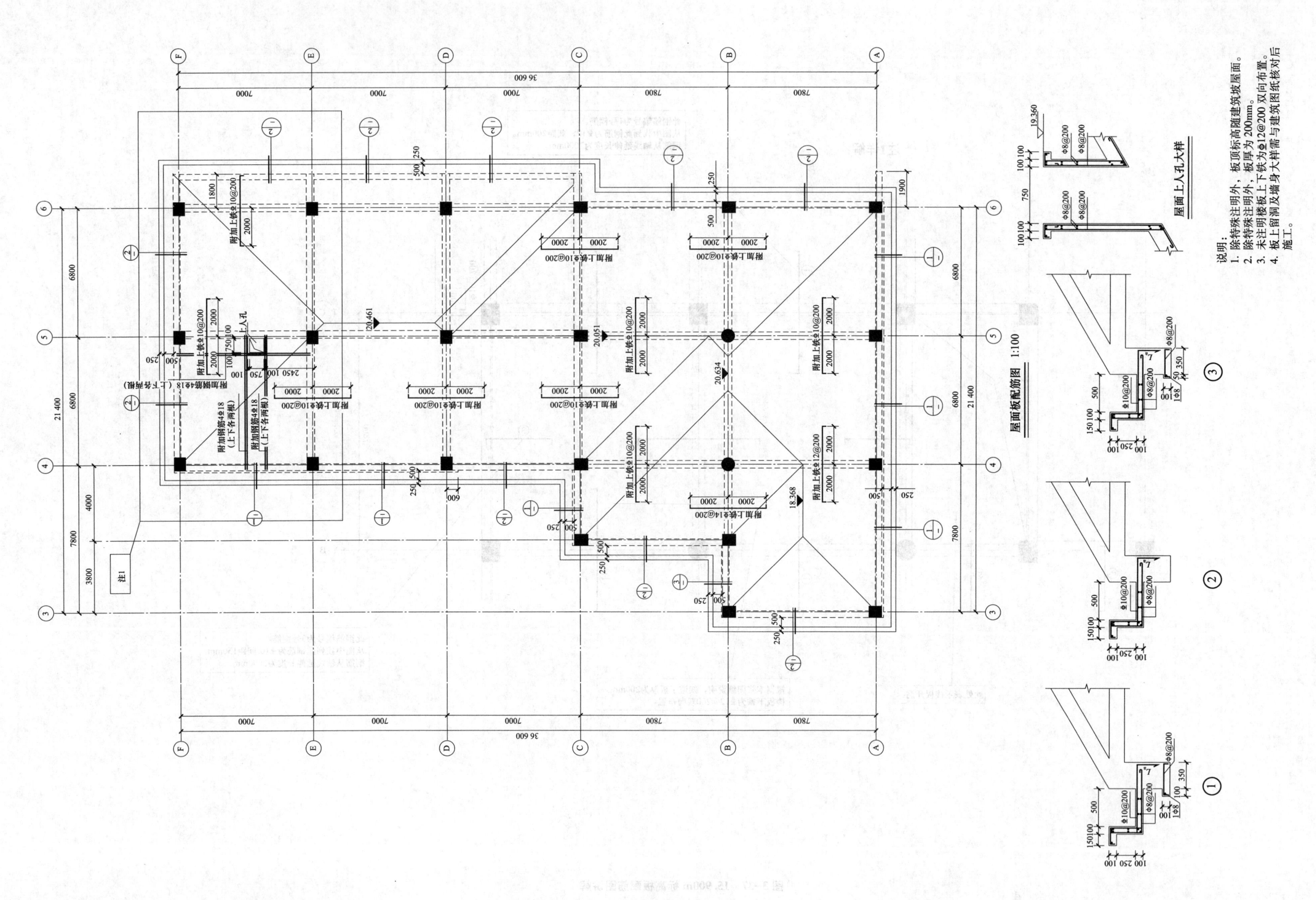

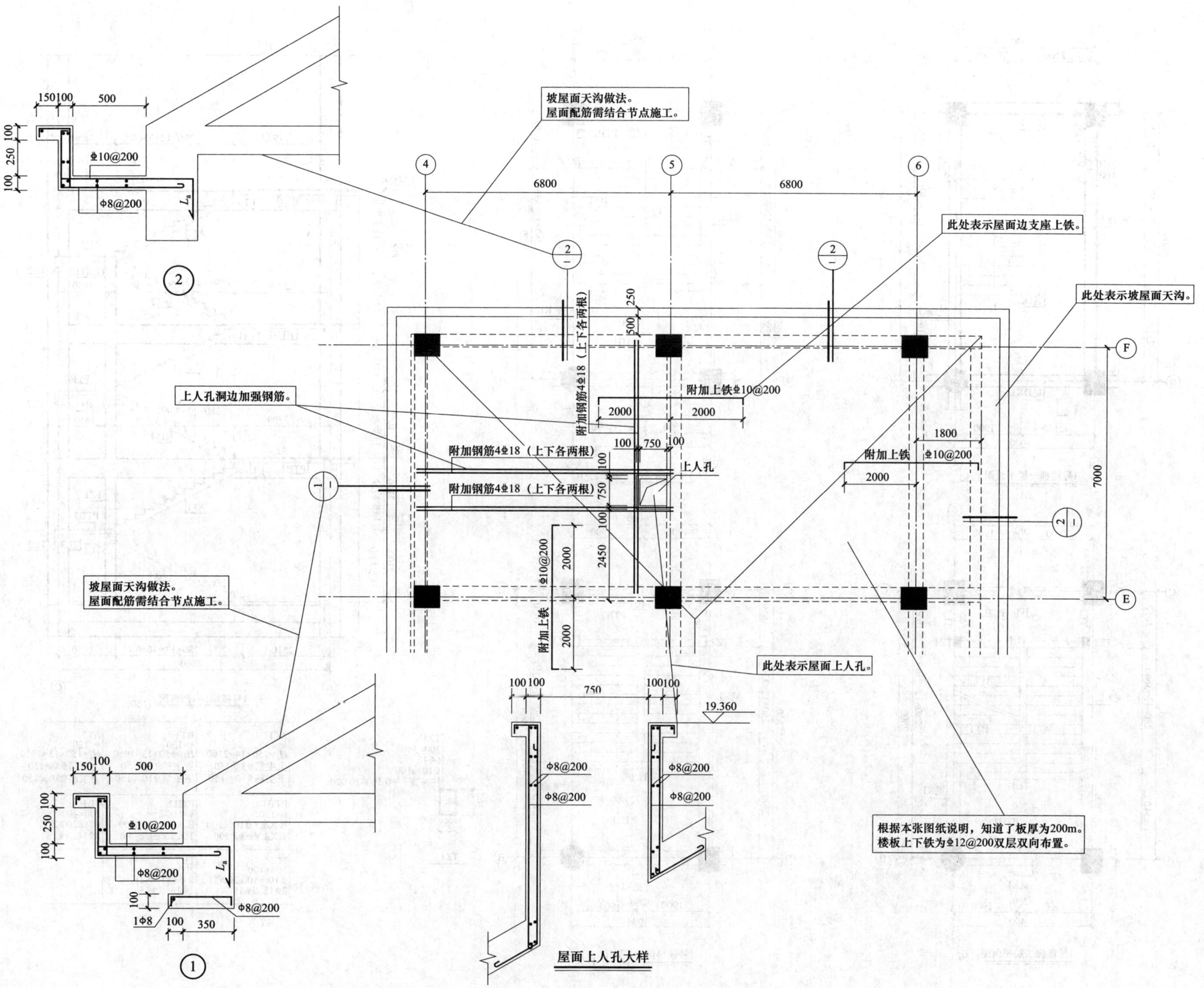

图 3-39 屋面板配筋图讲解

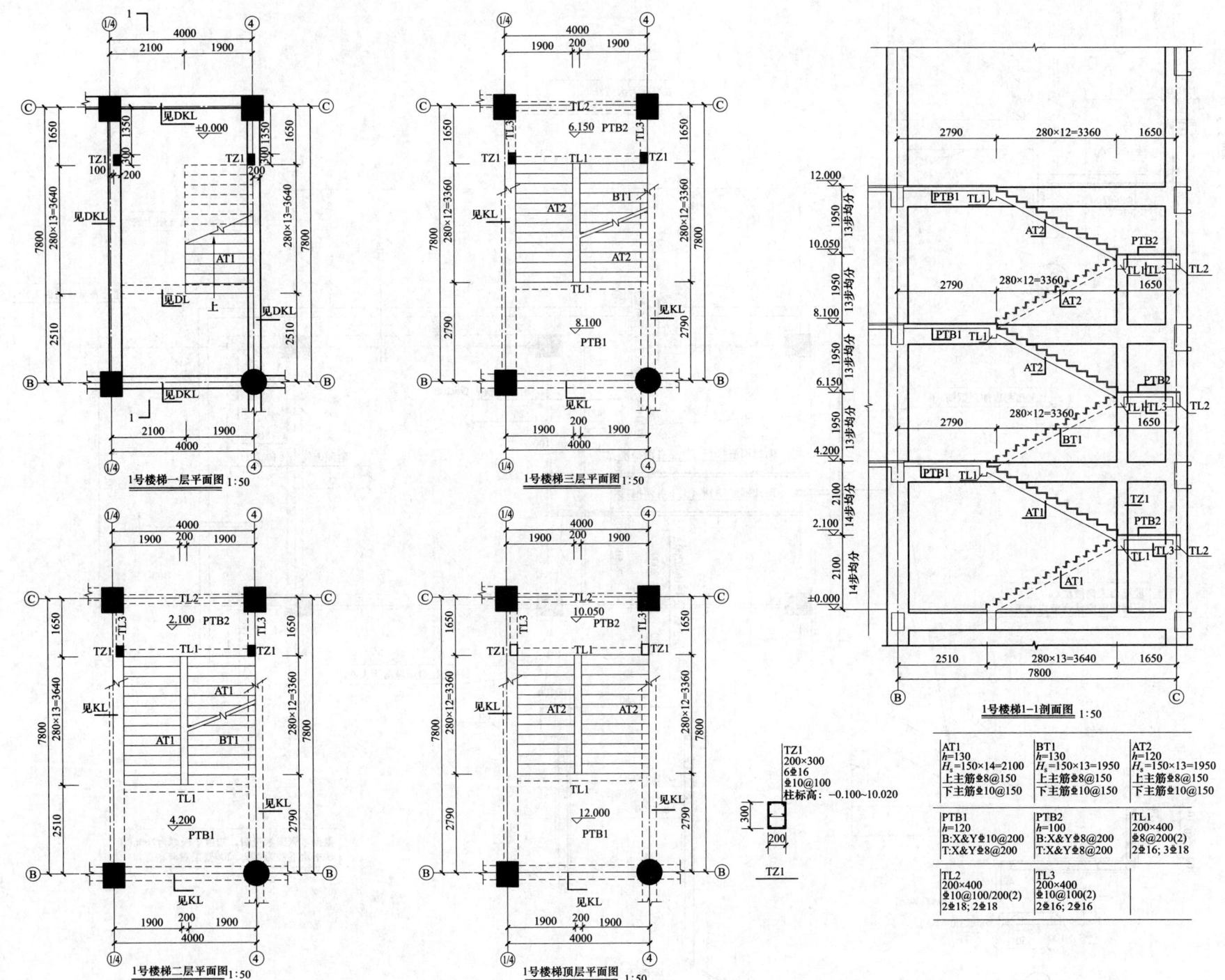

图 3-40　1号楼梯详图

AT1	BT1	AT2
$h=130$	$h=130$	$h=120$
$H_s=150\times14=2100$	$H_s=150\times13=1950$	$H_s=150\times13=1950$
上主筋⌀8@150	上主筋⌀8@150	上主筋⌀8@150
下主筋⌀10@150	下主筋⌀10@150	下主筋⌀10@150

PTB1	PTB2	TL1
$h=120$	$h=100$	200×400
B:X&Y⌀10@200	B:X&Y⌀8@200	⌀8@200(2)
T:X&Y⌀8@200	T:X&Y⌀8@200	2⌀16; 3⌀18

TL2	TL3
200×400	200×400
⌀10@100/200(2)	⌀10@100(2)
2⌀18; 2⌀18	2⌀16; 2⌀16

AT1代表楼梯板代号
$h=130$代表楼梯板厚度为130mm。
$H_s=150mm\times14=2100mm$代表楼梯踏步高为150mm，每段共14踏步。
上主筋⌀8@150代表楼梯板上部钢筋为直径8mm的HRB 400钢筋，间距为150mm。
下主筋⌀10@150代表楼梯板下部钢筋为直径10mm的HRB 400钢筋，间距为150mm。

PTB1代表休息平台板代号
$h=120$代表休息平台板厚度为120mm。
B:X&Y⌀10@200代表休息平台板下部钢筋为直径10mm的HRB 400钢筋，间距为200mm。双向布置。
T:X&Y⌀8@200代表休息平台板下部钢筋为直径8mm的HRB 400钢筋，间距为200mm。双向布置。

TL2代表楼梯梁代号
200×400代表楼梯梁截面宽度为200mm，截面高度为400mm。
⌀10@100/200(2)代表梁箍筋直径为10mm，加密区箍筋间距为100mm。非加密区为200mm。箍筋为双肢箍。
2⌀18; 2⌀18代表梁上下铁均为两根直径为18mm的钢筋。

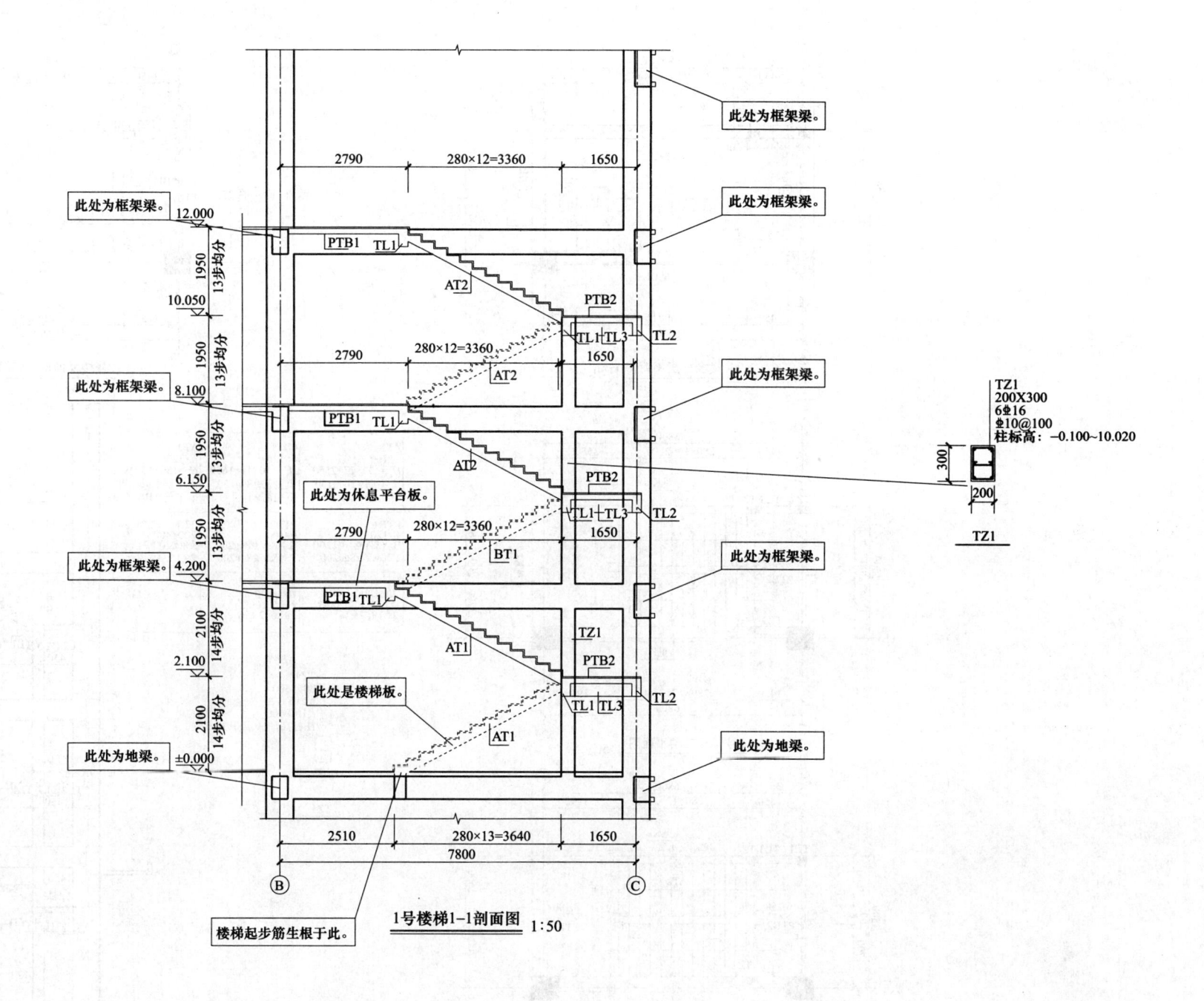

1号楼梯1-1剖面图 1:50

导读

板式楼梯就是由混凝土板直接浇筑而成，梁式楼梯就是在楼梯板下有梁的板式楼梯，因此又叫梁板楼梯。板式楼梯纵向荷载由板承担，但梁式楼梯纵向荷载由梁承担。不过现在一般建筑中梁式楼梯已很少用的了。板式楼梯可把梯段踏步板看成一块大的单向板。板式楼梯就是梯段踏步板直接支撑在两端的楼梯梁上。梁板式楼梯是梯段踏步板直接搁置在斜梁上，斜梁搁置在梯段两端的楼梯梁上。

图3-41 1号楼梯详图讲解

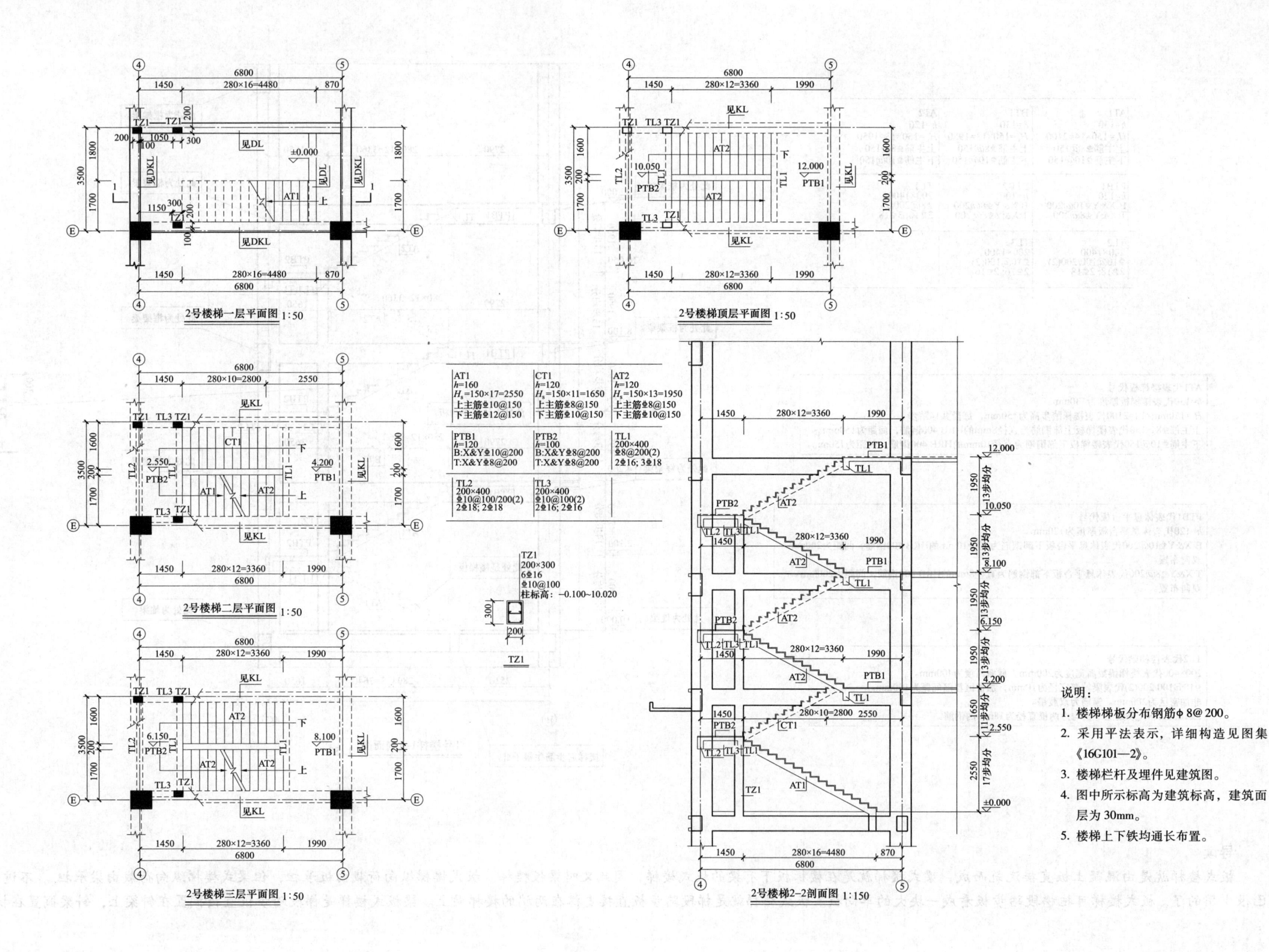

图 3-42 2号楼梯详图

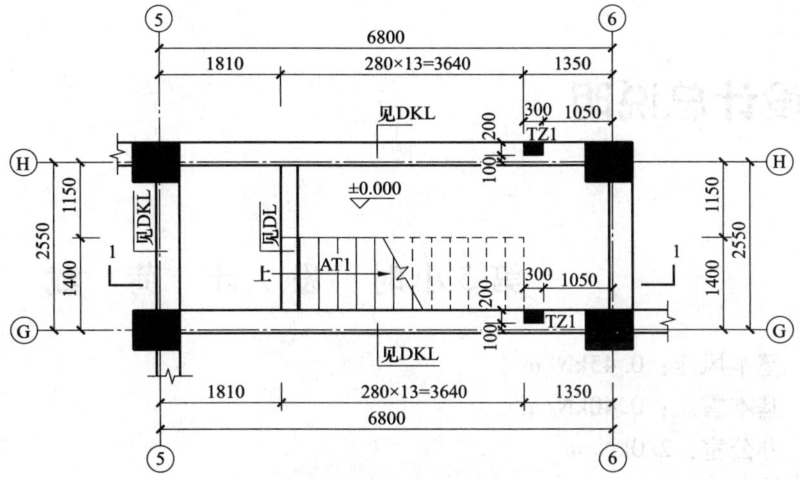

图 3-43 3号楼梯详图

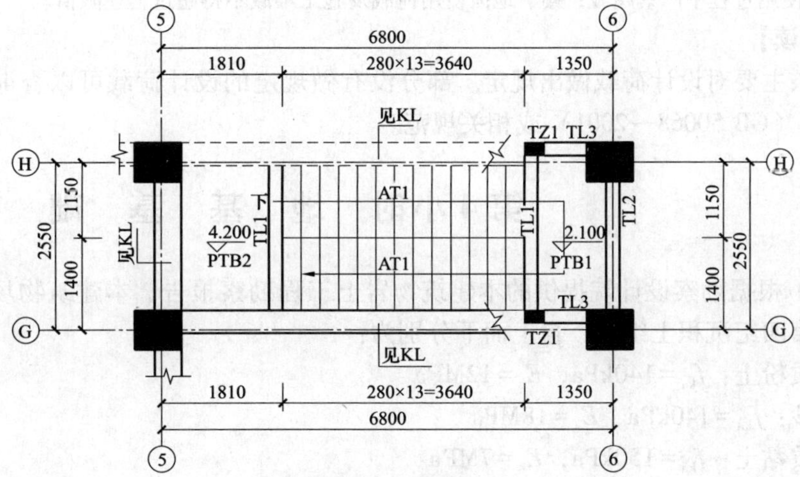

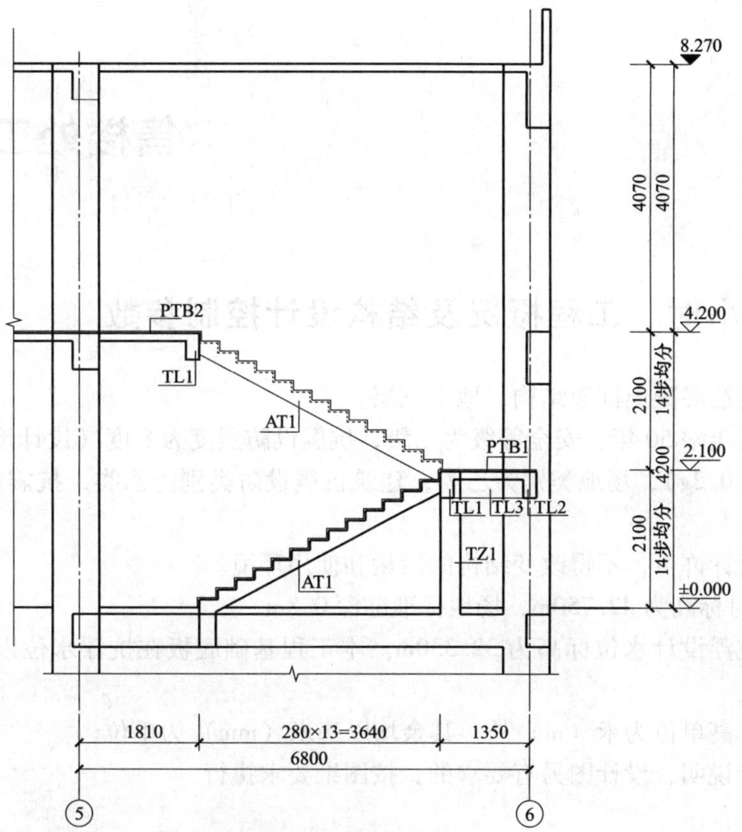

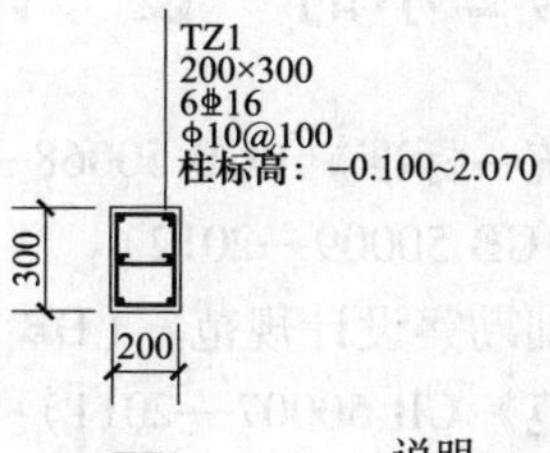

第4天

售楼处工程结构施工图设计总说明

第1小时　工程概况及结构设计控制参数

（1）本建筑物为现浇钢筋混凝土框架结构，地上三层。

（2）本建筑物结构使用年限50年，安全等级为二级，抗震设防烈度为8度（设计地震分组为第一组，设计地震基本加速度0.2g），场地类别为乙类，建筑抗震设防类别为乙类，抗震等级为一级，地基基础设计等级为三级。

（3）未经技术鉴定或设计许可，不得改变结构的用途和使用环境。

（4）±0.000相当于绝对标高为42.750m，场地标准冻深0.8m。

（5）根据地勘报告，抗浮设计水位标高为32.330m。本工程基础底板在抗浮水位以上，不考虑抗浮。

（6）本设计图中，除标高单位为米（m）外，其余均以毫米（mm）为单位。

（7）本说明为总体设计说明，设计图另有要求的，按图纸要求执行。

【解读】

通过工程概况，可以了解建筑物层数、结构使用年限、安全等级、场地冻土深度及±0.000绝对标高等。看图时，首先应了解这些内容。

第2小时　设　计　依　据

（1）《建筑结构可靠度设计统一标准》（GB 50068—2001）。

（2）《建筑结构荷载规范》（GB 50009—2012）。

（3）《北京地区建筑地基基础勘察设计规范》（DBJ11—501—2009）。

（4）《建筑地基基础设计规范》GB 50007—2011）。

（5）《建筑抗震设计规范》（GB 50011—2010）。

（6）《混凝土结构设计规范》（GB 50010—2010）。

（7）《地下工程防水技术规范》（GB 50108—2008）。

（8）《建筑工程抗震设防分类标准》（GB 50223—2008）。

【解读】

设计依据是设计人员进行结构设计遵循的规范及标准，是编制结构施工图的依据。也是注册结构工程师考试的基本内容之一。

第3小时　设　计　荷　载

（1）基本风压：0.45kN/m^2。

（2）基本雪压：0.40kN/m^2。

（3）办公室：2.0kN/m^2。

（4）诊断室：2.0kN/m^2。

（5）卫生间：2.0kN/m^2。

（6）阳台及平台：3.5kN/m^2。

（7）楼梯：3.5kN/m^2。

（8）不上人屋面：0.5kN/m^2。

（9）上人屋面：2.0kN/m^2。

注：使用过程中严禁超载；楼、地面使用荷载及施工堆载不得超过上述限值。

【解读】

本条主要对设计荷载做出规定。部分没有做规定的设计荷载可以查询《建筑结构可靠度设计统一标准》（GB 50068—2001）或相关规范。

第4小时　地　基　基　础

（1）根据勘察设计院提供的本建筑物岩土工程勘察报告，本建筑物场地地基土主要由新近沉积和一般第四纪沉积土组成，自上而下分别为：

砂质粉土：$f_{ka}=140$kPa，$E_s=12$MPa

粉砂：$f_{ka}=140$kPa，$E_s=18$MPa

粉质黏土：$f_{ka}=150$kPa，$E_s=7$MPa

黏质粉土：$f_{ka}=160$kPa，$E_s=9$MPa

粉质黏土：$f_{ka}=140$kPa，$E_s=6$MPa

细砂：$f_{ka}=200$kPa，$E_s=25$MPa

本建筑物基础持力层为粉砂层，地基承载力特征值为：$f_{ka}=140$kPa。

（2）基坑开挖采用机械开挖时，挖至基底设计标高以上300mm时即应停止，由人工挖掘整平。基础施工后，应及时回填土，回填土应分层回填压实。

（3）基坑开槽后应会同各有关单位验槽，确认地基实际情况与设计取值相符后方可继续施工。

(4) 基础采用柱下独立基础。

【解读】

地勘报告是结构设计人员进行基础形式设计的依据，也是地基验槽时的依据。看地勘报告主要看以下几点：第一，直接看结语和建议中的持力层土质、地基承载力特征值和地基类型及基础建议砌筑标高；第二，结合钻探点看懂地质剖面图，并进一步确定基础埋深；第三，重点看结束语中存在饱和砂土和饱和粉土的地基，是否有液化判别；第四，重点看两个水位，即历年来地下水的最高水位和抗浮水位；第五，特别扫读一下结语或建议中定性的警示语句，并且必要时把它加到基础说明中去；第六，特别扫读一下结语中场地类型、覆土厚度。

第5小时　主　要　材　料

(1) 本工程地面以下及地上外露构件环境类别为二 b 类，地面以上（外露构件除外）环境类别为一类，混凝土耐久性应满足相应规范要求。

(2) 混凝土强度等级见表 4-1。

表 4-1　　　　　　　　　　　混凝土强度等级表

楼层 构件	地上各层
	强度等级
框架柱	C30
框架梁	C30
楼梯及其他	C30
基础及基础梁	C30
垫层	C10

(3) 钢筋：钢筋采用 HPB300（Φ）、HRB335（Φ）、HRB400（Φ）。

1) 钢筋抗拉、抗压强度设计值分别为：HPB300—210N/mm²；HRB335—300N/mm²；HRB400—360N/mm²。

2) 钢筋抗拉、抗压强度标准值分别为：HPB300—235N/mm²；HRB335—335N/mm²；HRB400—400N/mm²。

框架结构中纵向受力钢筋的选用，除符合以上两条外，其检验所得强度实测值尚应符合下列要求：钢筋的抗拉强度实测值与屈服强度实测值的比值不应小于 1.25；钢筋的屈服强度实测值与钢筋的强度标准值的比值不应大于 1.3；且钢筋在最大拉力下的总伸长率实测值不应小于 9%。

钢筋的检验方法应符合国家现行标准《混凝土结构工程施工质量验收规范》（GB 50204—2002）的规定。

3) 吊钩均采用 HPB300（Φ）钢筋，且严禁使用冷加工钢筋。

4) 焊条：HPB300 钢筋之间焊接采用 E43 系列，HRB335、HRB400 钢筋之间焊接采用 E50 系列，钢板与钢筋之间采用 E43 系列，型钢与钢筋之间焊接采用 E50 系列。

【解读】

本条主要对结构所用材料做出规定。

第6小时　钢筋混凝土构造

钢筋混凝土构造如图 4-1 所示。

(1) 钢筋的混凝土保护层厚度见表 4-2。

表 4-2　　　　　钢筋的混凝土保护层厚度　　　　　（单位：mm）

名　称	厚　度
基础下部钢筋	40
基础梁钢筋	35
框架柱	地面以下：35；地面以上：30
框架梁及楼、屋面梁	地面以下：35；地面以上：25
楼板及楼梯板钢筋	15
雨篷挑板上部钢筋	25

注：以上钢筋的混凝土保护层厚度同时应不小于该受力钢筋的公称直径。

(2) 钢筋锚固及连接。

本工程中，钢筋直径>20mm 的钢筋应采用机械连接或焊接。钢筋直径 20mm 时除注明者外可采用搭接，钢筋锚固及搭接长度见图集 11G101-1，53 页。

(3) 柱下独立基础。

有关独立基础的构造要求，除图中注明者外，其余均见图集 06G101-6。

(4) 框架梁、柱。

1) 框架梁、柱的构造要求除图中注明者，均见图集 11G101-1。

2) 梁腹板预留孔洞时的加强做法，如图 4-1 图（一）所示。

3) 屋面折梁在转折处的做法，如图 4-1 图（二）所示。

4) 楼、屋面次梁与主梁连接处，除具体设计注明者外，其附加钢筋，如图 4-1 图（三）所示。

(5) 现浇楼板。

1) 现浇楼板内钢筋搭接时，连接区段长度为 1.3 倍搭接长度；采用焊接连接或机械连接时，连接区段为 35d。板内钢筋连接时，下层钢筋连接在支座，上层钢筋连接在跨中，同一连接区段内钢筋接头数量不得超过该区段受拉钢筋总数的 25%，且相邻接头距离错开不得小于相应连接区段长度。

2) 板内分布钢筋除图中注明者外均按表 4-3 选用。

表 4-3　　　　　　　　板内分布钢筋选用

板厚 h/mm	h≤90	90<h≤170	170<h≤220	220<h≤260
分布钢筋	Φ6@200	Φ8@200	Φ8@150	Φ10@200

3) 墙及楼板上的预留洞及预埋管件除图中注明者外，其余均应配合各专业图纸预留或预埋，不得后剔凿。预留洞口边长或直径≤300mm 时，板或墙内钢筋不得切断，可绕过洞口。预留洞口边长或直径 300mm<b≤800mm 时，应按图 4-1 图（四）、图（五）及具体图纸中的做法在洞边附加钢筋。

4) 管道井内局部楼板混凝土可后浇（钢筋不断），待管道安装完毕后，所有洞口均应用与本层同强度混凝土将洞口填实。

5）墙体阳角处的各层楼板（即墙体凸入楼板内的地方），应设置放射状上铁，如图 4-1 图（六）所示。

6）屋面折板在转折处的做法，如图 4-1 图（七）所示。

7）屋面挑檐板转角处的上部受力钢筋做法，如图 4-1 图（八）所示。

【解读】

表 4-3 是楼板分布钢筋的表格，分布钢筋的直径及间距与楼板厚度一一对应。看图时，不同的板厚根据此表找相应的钢筋即可。

第 7 小时 隔墙、填充墙

（1）砌体结构施工质量控制等级不应低于 B 级。

（2）建筑隔墙或填充墙所用砌块为大孔轻集料砌块，其容重应不大于 $10kN/m^3$。

（3）后砌隔墙或填充墙做法见图集 88J218 及 11G329-1《建筑物抗震构造详图》。

（4）钢筋混凝土构造柱、芯柱应先砌墙后浇筑，构造柱、芯柱、水平系梁及过梁的混凝土强度等级不应低于 C20。

（5）隔墙或填充墙洞口上部设置过梁的做法见图集 88J218，内外墙过梁配筋见过梁表。

1）内隔墙或内填充墙洞口上部过梁与现浇的水平系梁结合设置。

2）外填充墙洞口上部如需设置过梁可与通长的水平系梁结合设置。

建筑隔墙及填充墙均属于二次结构范畴。重点应看设计人员选用的图集标准，很多构造做法，设计人员在图纸中是不注明的，需要查图集才能明白。填充墙不属于结构受力构件，只承担自重及自身的稳定性。墙体中需要设置构造柱及拉结筋等构造措施。

【解读】

本条对隔墙、填充墙的质量控制等级、所用材料、做法等均做了规定。

第 8 小时 其 他

（1）楼梯所需预埋件均详见建筑图。

（2）本建筑物防雷做法配合电气图纸施工。

（3）设备基础应待设备定货并与相关设计图纸核对无误后方可施工。未定设备的基础做法应待设备确定后另行补充设计图纸。

（4）现浇钢筋混凝土挑檐或女儿墙每隔 12m 设置温度缝，如图 4-1（九）所示。

【解读】

结构施工时，应结合建筑施工图和电气图纸进行施工。

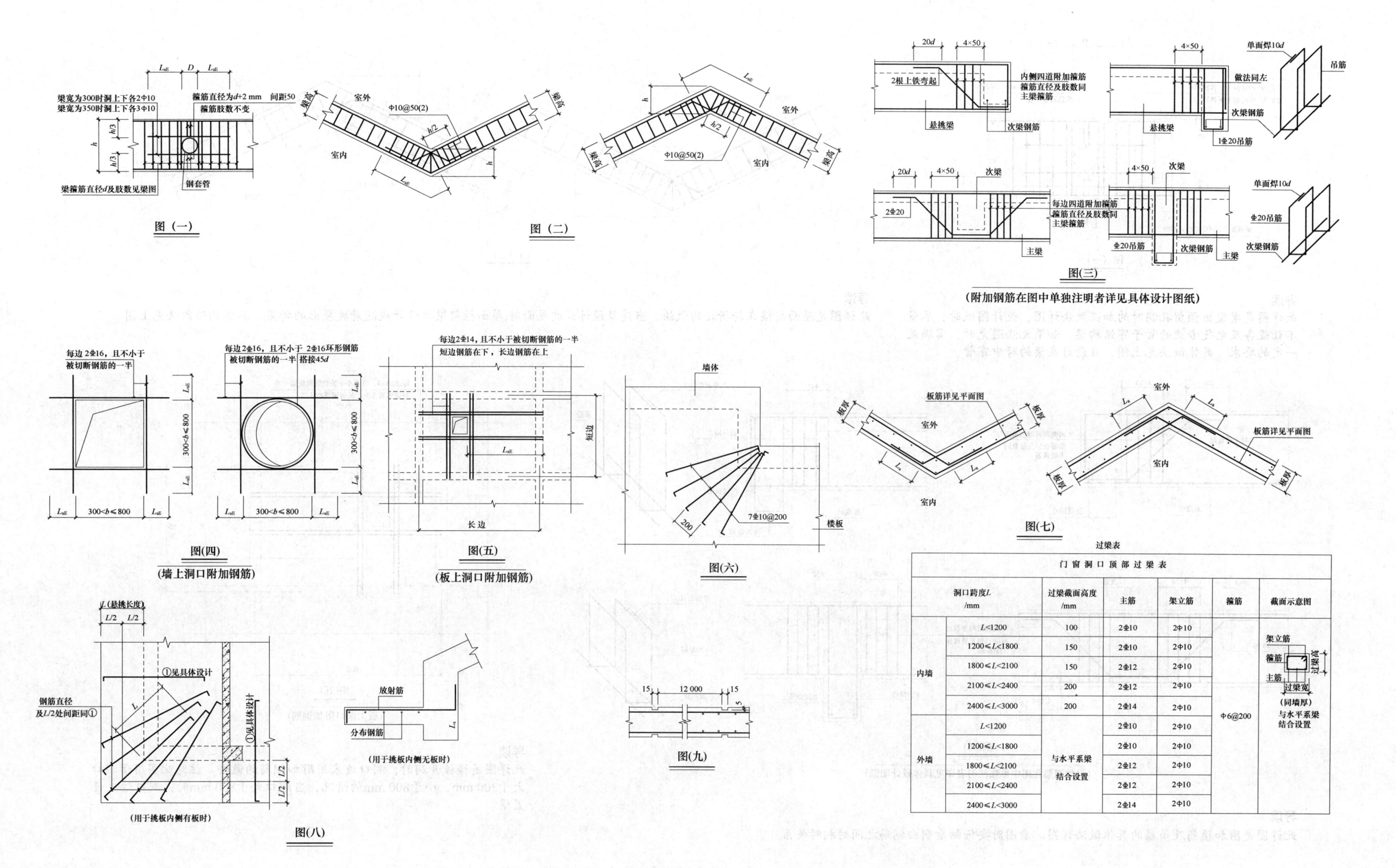

图 4-1 钢筋混凝土构造

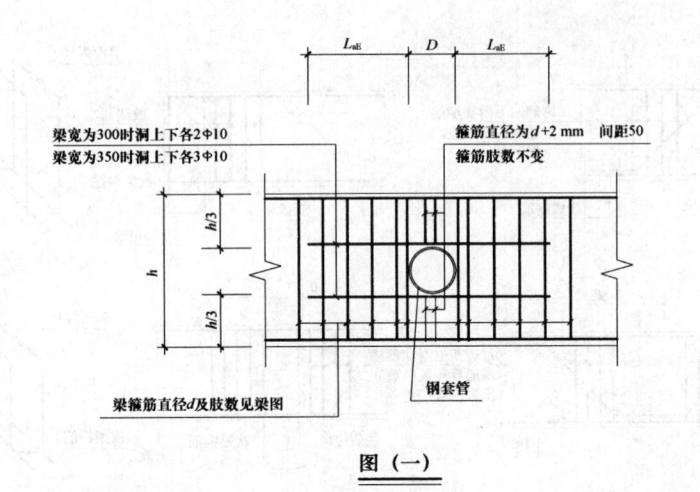

图(一)

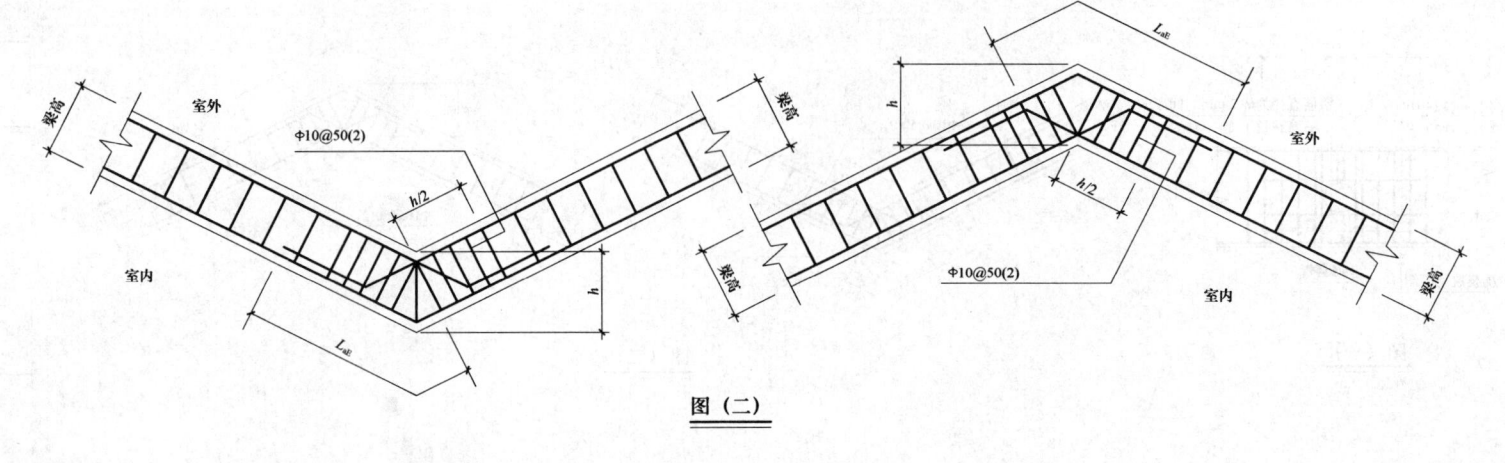

导读
此详图是梁腹板预留孔洞时的加强做法详图，设计图纸时，尽量不让设备及电气专业的管子穿结构梁。如果无法避免时，需满足一定的要求。具体做法见上图，且最好在梁的跨中穿管。

图(二)

导读
此详图是屋面折梁在转折处的做法。当建筑设计成坡屋面时，屋面框架梁要设计成随着坡屋面的折梁。具体构造做法见上图。

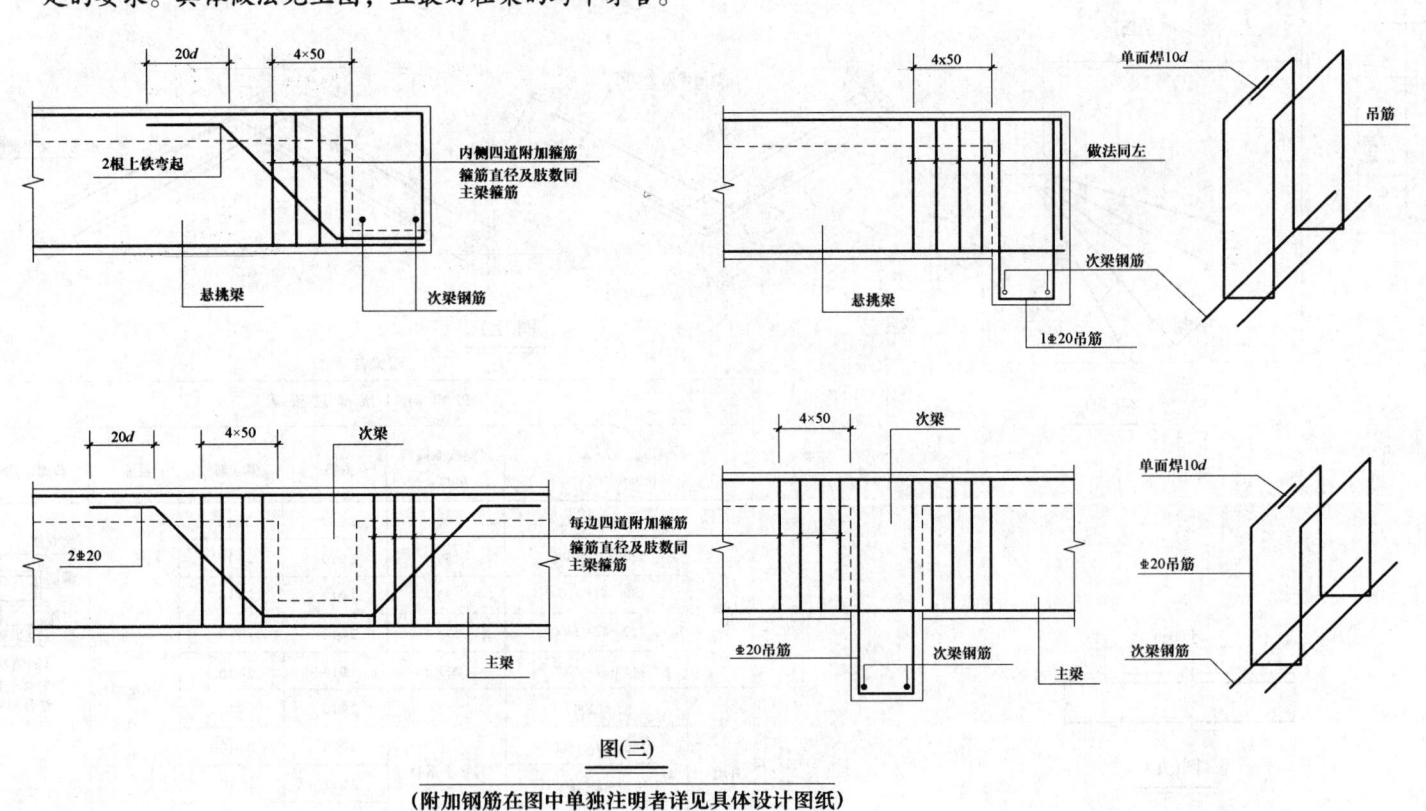

图(三)
(附加钢筋在图中单独注明者详见具体设计图纸)

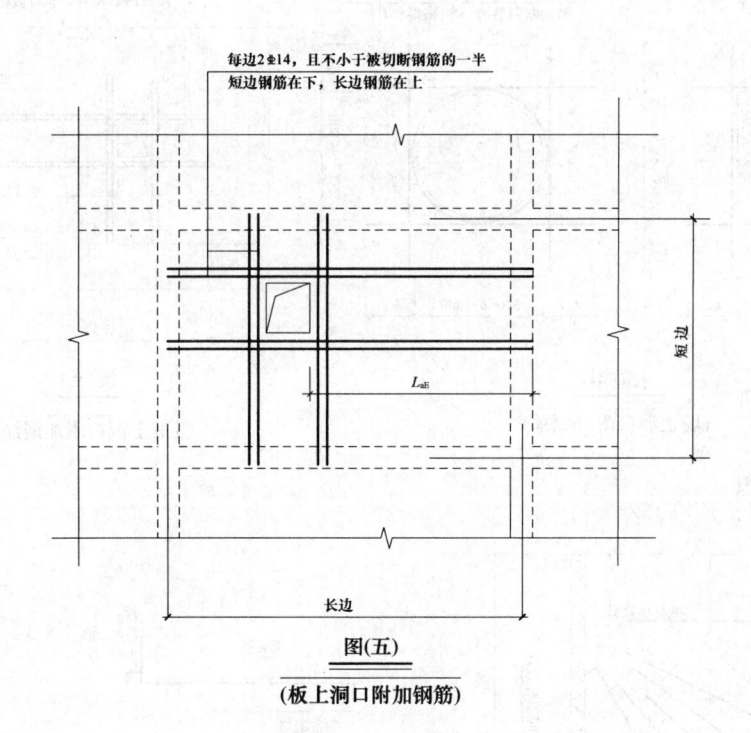

导读
此详图是附加箍筋及吊筋的具体做法详图。看图时要仔细看明白钢筋之间的相对关系。

图(五)
(板上洞口附加钢筋)

导读
此详图是楼板开洞时，洞口边采用附加钢筋的做法。注意此图用于洞口大于300 mm，小于800 mm的情况，当洞口大于800 mm时，洞口边应设置梁。

续图 4-1　钢筋混凝土构造

第 5 天

售楼处工程结构施工图识读详解

第 1 小时 详解基础平面布置图

售楼处基础平面布置图及配筋图及其讲解，如图 5-1～图 5-3 所示。

第 2 小时 详解拉梁配筋图

售楼处基础拉梁配筋图及其讲解，如图 5-4～图 5-7 所示。

第 3 小时 详解柱平法施工图

售楼处柱平法施工图及其讲解，如图 5-8～图 5-10 所示。

第 4 小时 详解首层梁、顶板配筋图

售楼处首层梁、首层顶板配筋图及其讲解，如图 5-11～图 5-16 所示。

第 5 小时 详解二层梁、顶板配筋图

售楼处二层梁、二层顶板配筋图及其讲解，如图 5-17～图 5-21 所示。

第 6 小时 详解三层梁、顶板配筋图

售楼处三层梁、顶板配筋图及其讲解，如图 5-22～图 5-25 所示。

第 7 小时 详解 1 号楼梯详图

售楼处楼梯、各部件做法详图及其讲解，如图 5-26、图 5-27 所示。

第 8 小时 详解 2 号楼梯详图

售楼处楼梯、各部件做法详图及其讲解，如图 5-28、图 5-29 所示。

基础平面布置图 1:100

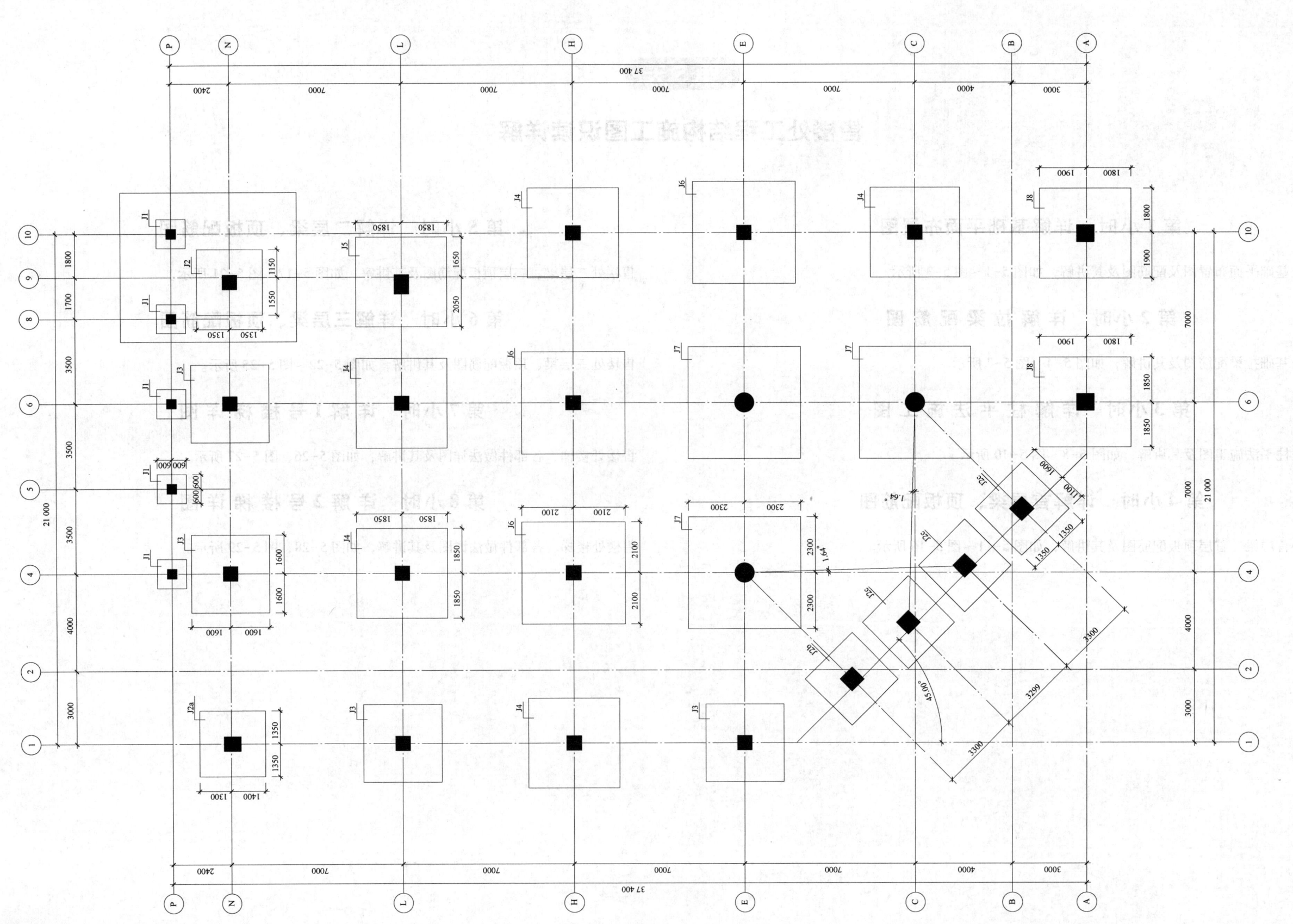

图 5-1 基础平面布置图

注1详解：

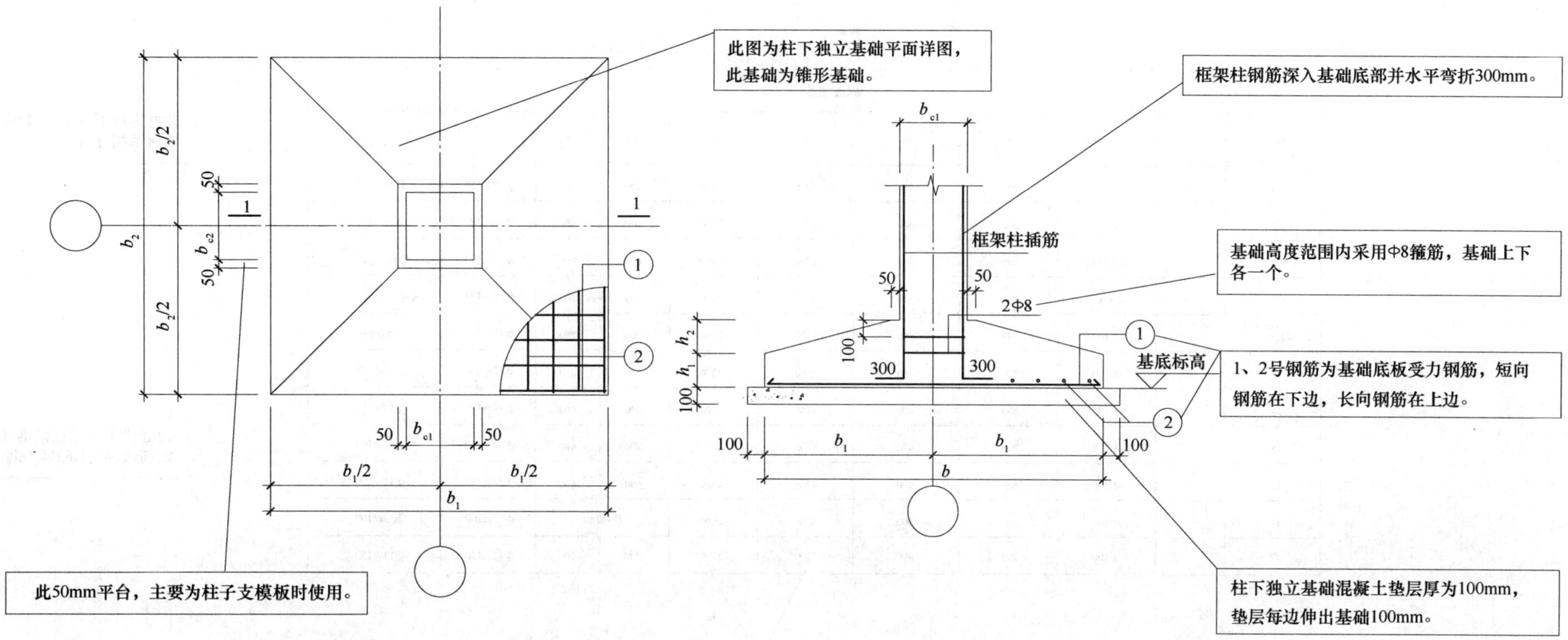

此图为柱下独立基础平面详图，此基础为锥形基础。

框架柱钢筋深入基础底部并水平弯折300mm。

基础高度范围内采用Φ8箍筋，基础上下各一个。

1、2号钢筋为基础底板受力钢筋，短向钢筋在下边，长向钢筋在上边。

此50mm平台，主要为柱子支模板时使用。

柱下独立基础混凝土垫层厚为100mm，垫层每边伸出基础100mm。

独立基础大样类型一 1:30

1—1 1:30

注2详解：

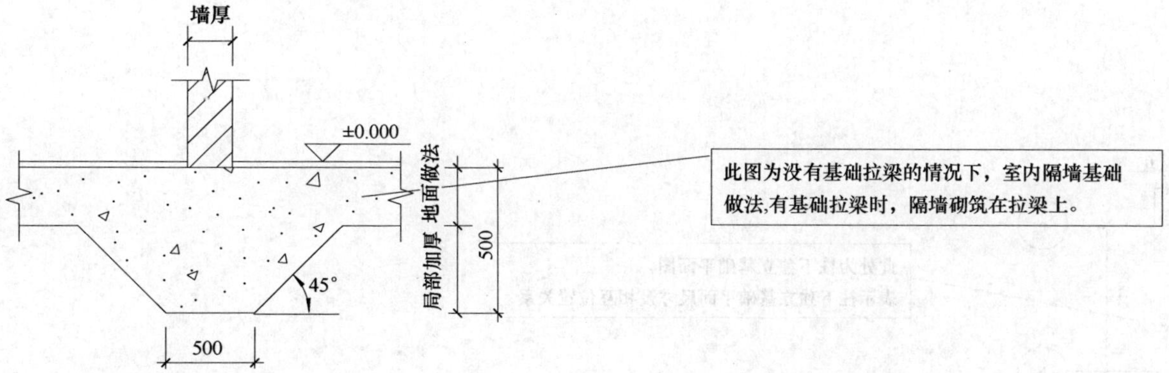

此图为没有基础拉梁的情况下，室内隔墙基础做法，有基础拉梁时，隔墙砌筑在拉梁上。

内墙隔墙基础

导读

独立基础是整个或局部结构物下的无筋或配筋基础。一般是指结构柱基，独立基础分阶形基础、坡形基础和杯形基础三种。独立基础的特点是一般只坐落在一个十字轴线交点上，有时也跟其他条形基础相连，但是截面尺寸和配筋不尽相同。独立基础如果坐落在几个轴线交点上承载几个独立柱，叫做联合独立基础。

图 5-2 基础平面布置图讲解（一）

注3详解：

- 此处为柱下独立基础编号，需要与平面图相互对应。
- 此处代表独立基础第一阶高400mm，第二阶高100mm。
- 此处代表基础底板钢筋直径为12mm，钢筋级别为HRB400钢筋，间距为150mm。
- 此处为柱下独立基础编号，需要与平面图相互对应。

基础配筋表

编号	类型	基底标高	h_1	h_2	b_1	b_2	b_{c1}	b_{c2}	①	②
J1	→	−1.100	400	100	1200	1200	400	400	⏀12@150	⏀12@150
J2	→	−1.100	300	300	2700	2700	600	600	⏀12@200	⏀12@200
J2a	→	−1.100	300	300	2700	2700	600	700	⏀12@200	⏀12@200
J2b	→	−2.600	300	300	2700	2700	700	700	⏀12@200	⏀12@200
J2c	→	−1.100	300	300	2700	2700	700	700	⏀12@200	⏀12@200
J3	→	−1.100	200	400	3200	3200	600	600	⏀12@200	⏀12@200
J4	→	−1.100	200	400	3700	3700	600	600	⏀12@140	⏀12@140
J5	→	−1.100	200	400	3700	3700	800	600	⏀12@140	⏀12@140
J6	→	−1.100	200	400	4200	4200	600	600	⏀12@100	⏀12@100
J7	→	−1.100	300	400	4600	4600	$D=800$		⏀12@100	⏀12@100
J8	→	−1.100	200	400	3700	3700	700	700	⏀12@150	⏀12@150

- 此处为柱下独立基础编号，需要与平面图相互对应。
- 此处代表独立基础长短边尺寸。
- 此处代表柱子直径为800mm。
- 此处代表基础底板钢筋直径为12mm，钢筋级别为HRB400钢筋，间距为100mm。

注4详解：

此处为柱下独立基础平面图，表示柱下独立基础平面尺寸及相互位置关系。

导读

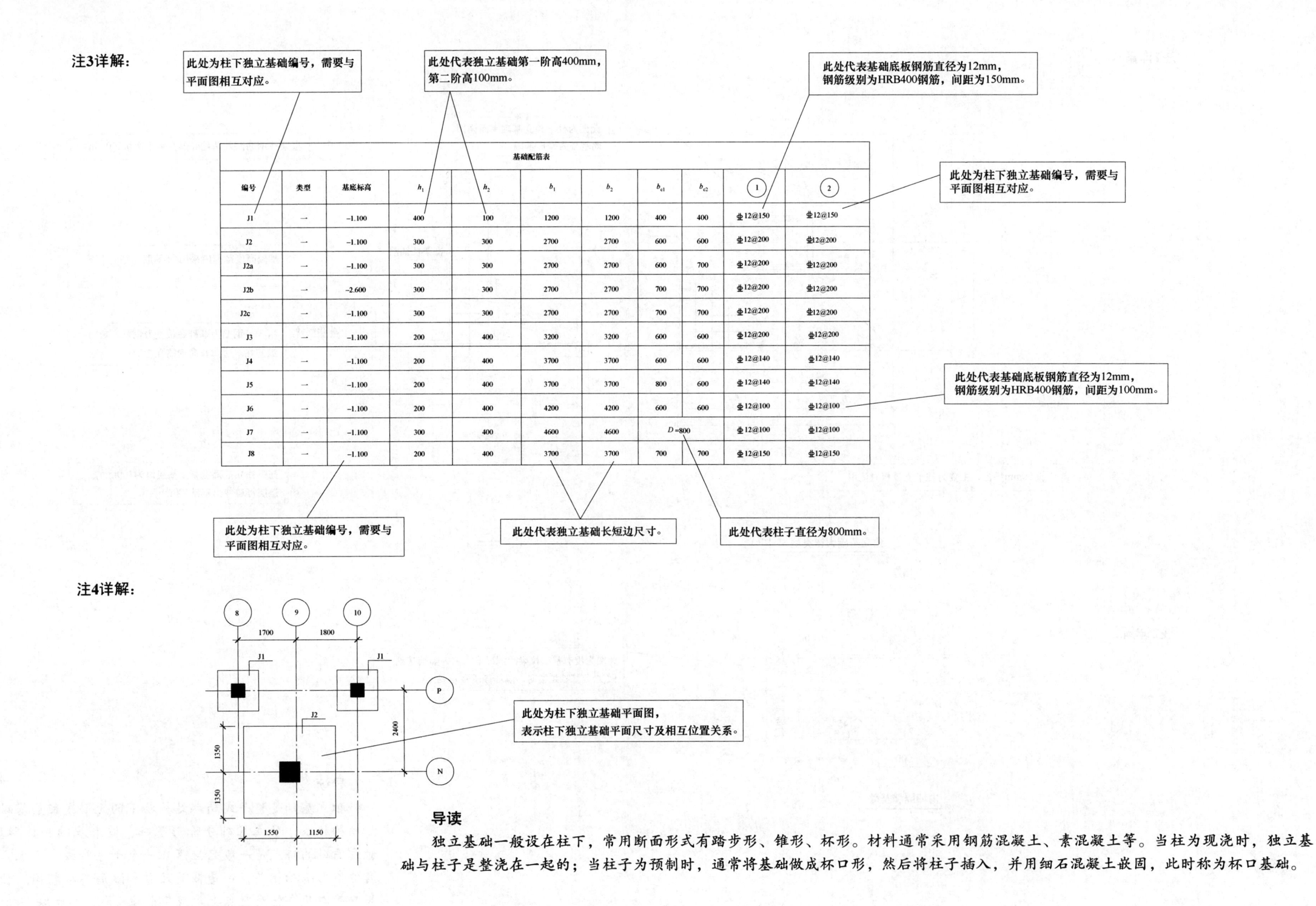

独立基础一般设在柱下，常用断面形式有踏步形、锥形、杯形。材料通常采用钢筋混凝土、素混凝土等。当柱为现浇时，独立基础与柱子是整浇在一起的；当柱子为预制时，通常将基础做成杯口形，然后将柱子插入，并用细石混凝土嵌固，此时称为杯口基础。

图 5-3 基础平面布置图讲解（二）

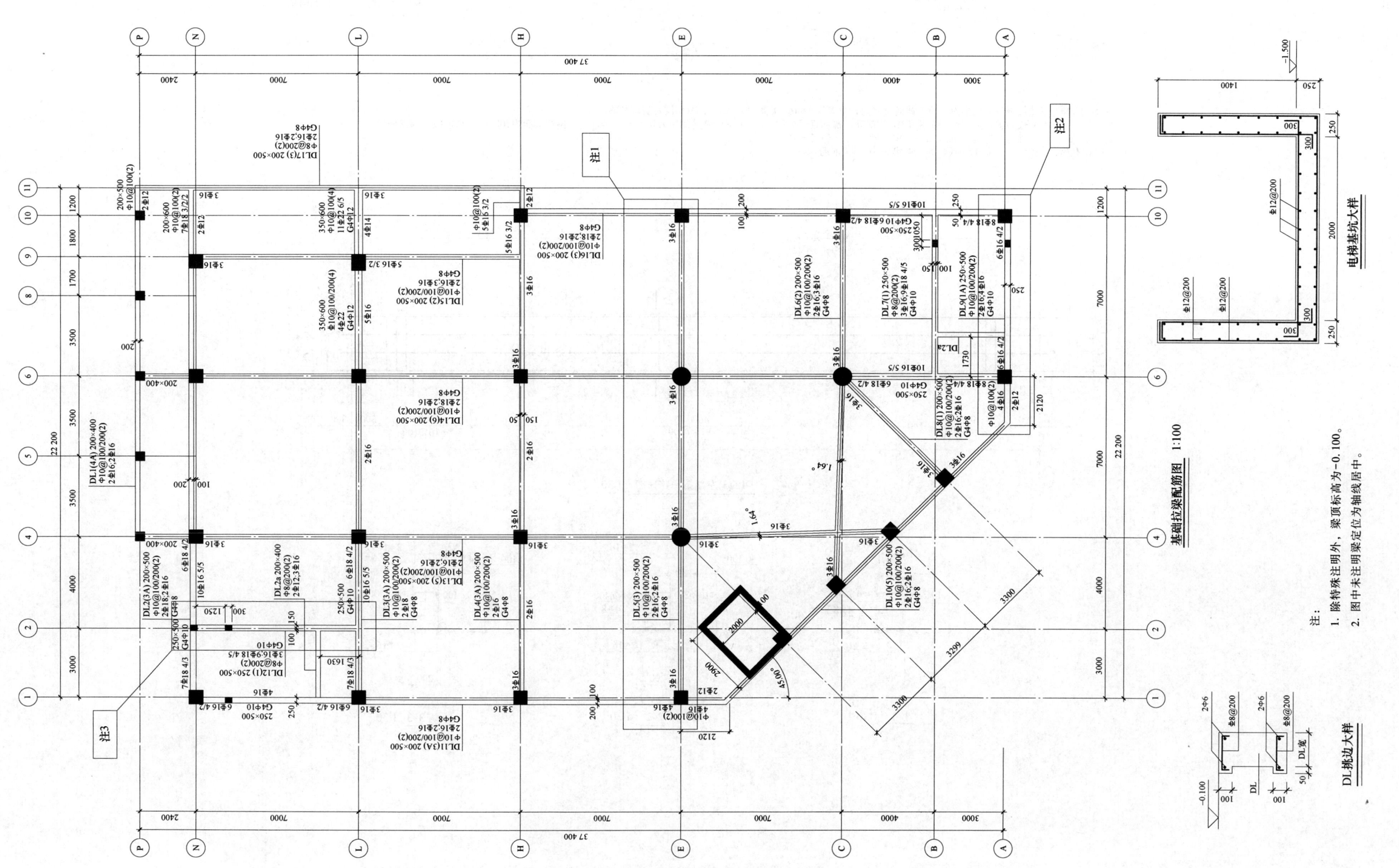

图 5-4 基础拉梁配筋图

注1详解：

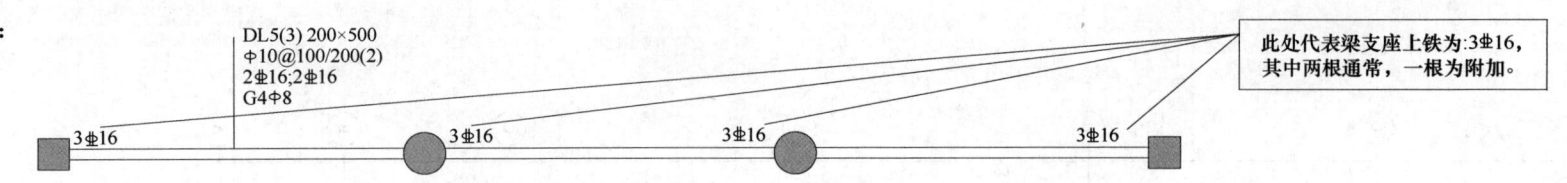

此处代表梁支座上铁为:3⊥16，其中两根通常，一根为附加。

DL5(3) 200×500：代表基础拉梁为三跨。截面尺寸为：梁宽200mm，梁高500mm。其中DL代表基础拉梁。
Φ10@100/200(2)：代表梁箍筋钢筋级别为HPB300钢筋，箍筋直径为10mm。加密区箍筋间距为100mm。非加密区箍筋间距为200mm。箍筋肢数为双肢箍。
2⊥16; 2⊥16：代表梁上铁为2⊥16通长布置，梁下铁为2⊥16通长布置。
G4Φ8：代表腰筋为4Φ8，每侧两根，其中Φ代表HPB300钢筋。

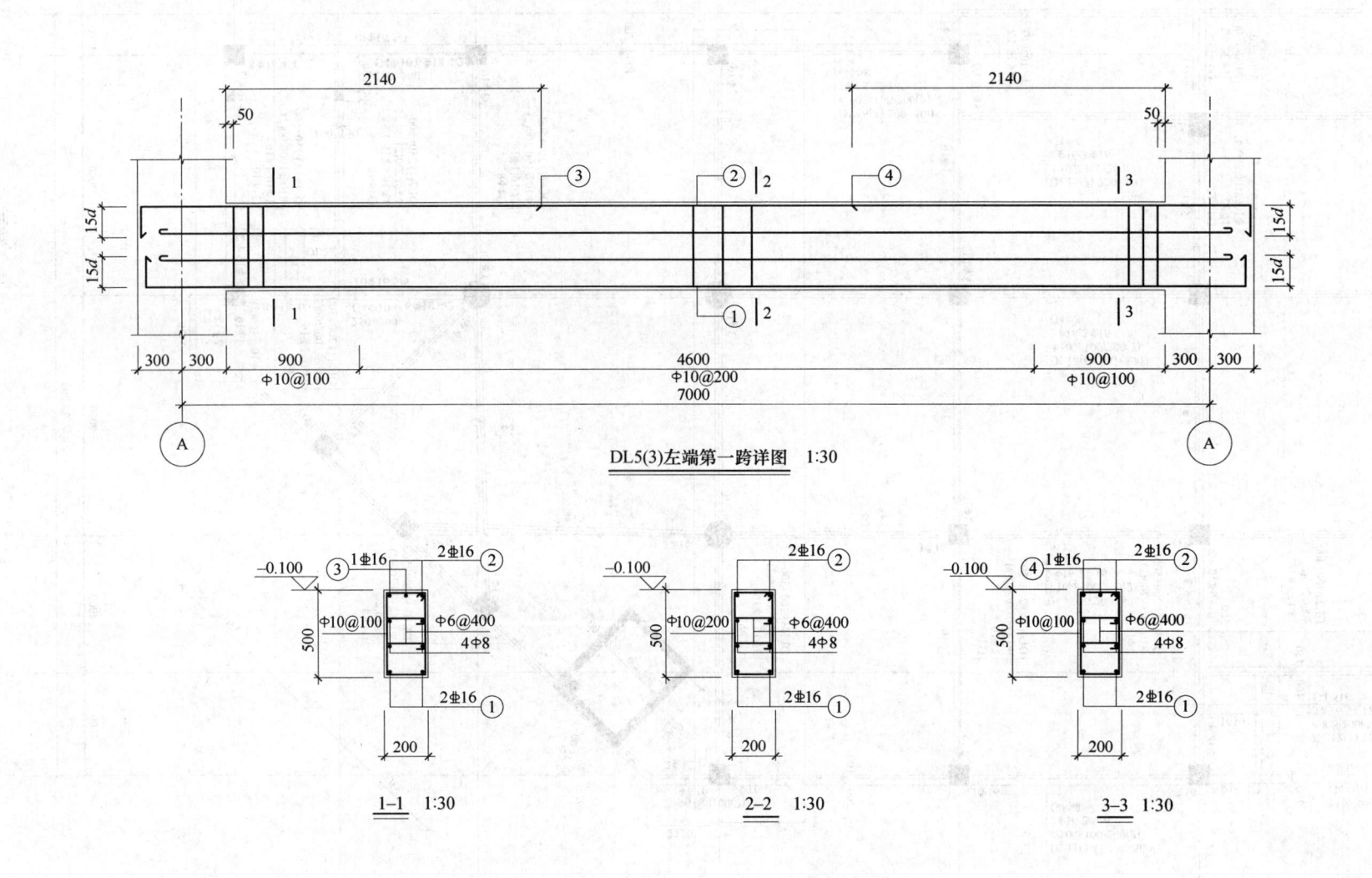

图 5-5　基础拉梁配筋图讲解（一）

注2详解：

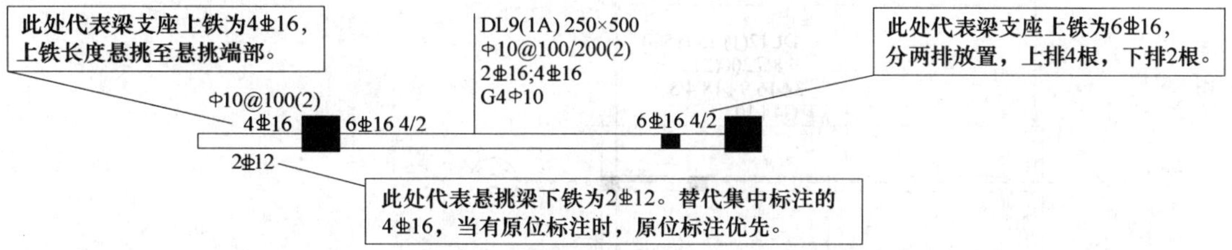

- 此处代表梁支座上铁为4⊈16，上铁长度悬挑至悬挑端部。
- DL9(1A) 250×500
  Φ10@100/200(2)
  2⊈16;4⊈16
  G4Φ10
- 此处代表梁支座上铁为6⊈16，分两排放置，上排4根，下排2根。
- 此处代表悬挑梁下铁为2⊈12。替代集中标注的4⊈16，当有原位标注时，原位标注优先。

DL9(1A) 250×500：代表基础拉梁为一跨且一端悬挑。截面尺寸为：梁宽250mm，梁高500mm。其中DL代表基础拉梁。
Φ10@100/200(2)：代表梁箍筋钢筋级别为HPB300钢筋。箍筋直径为10mm。加密区箍筋间距为100mm。非加密区箍筋间距为200mm。箍筋肢数为双肢箍。
2⊈16；4⊈16：代表梁上铁为2⊈16通长布置。梁下铁为4⊈16通长布置。
G4Φ10：代表腰筋为4Φ10，每侧两根，其中Φ代表HPB300钢筋。

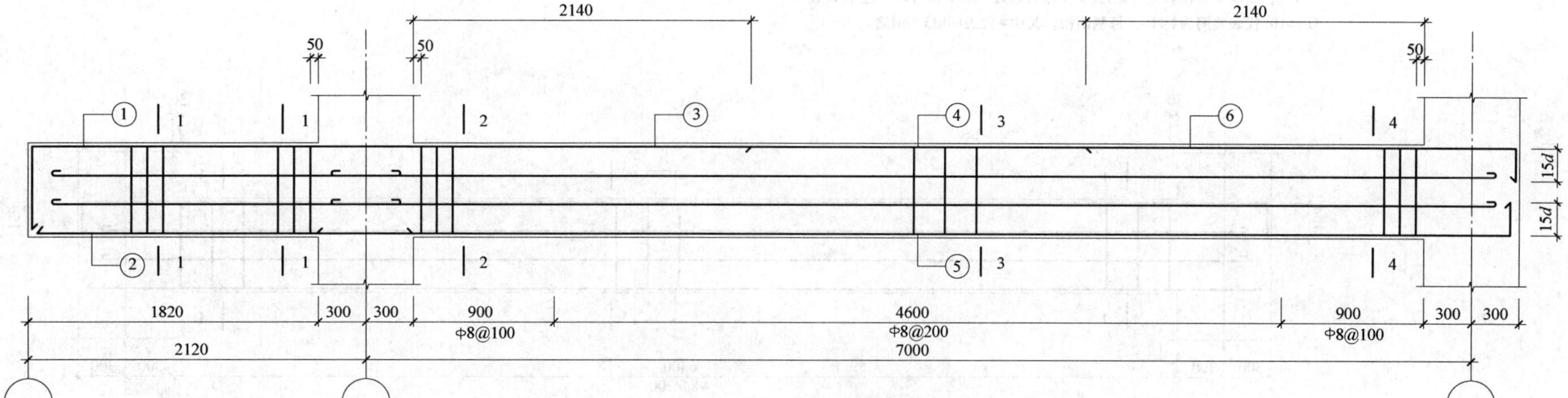

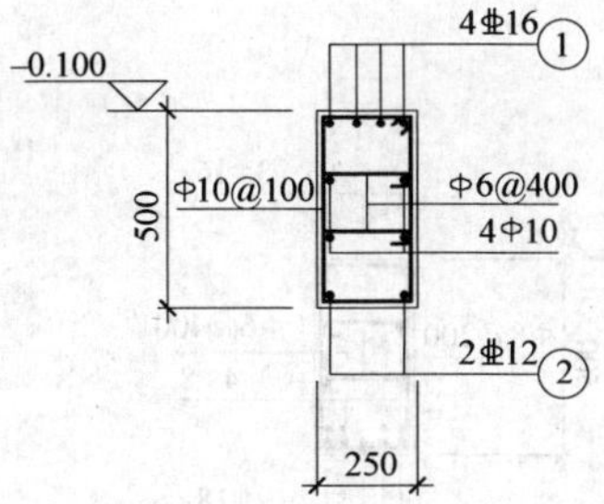

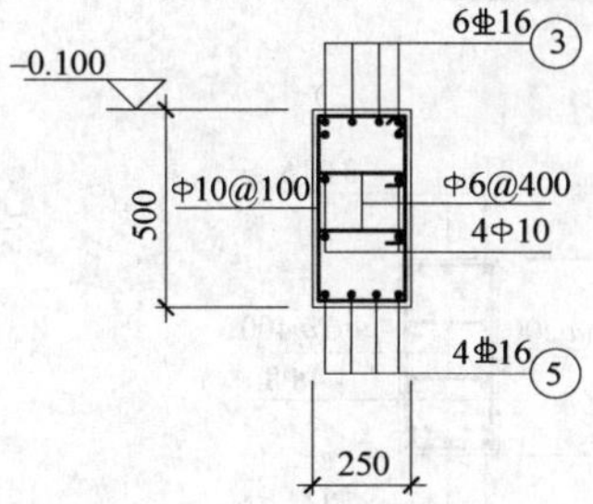

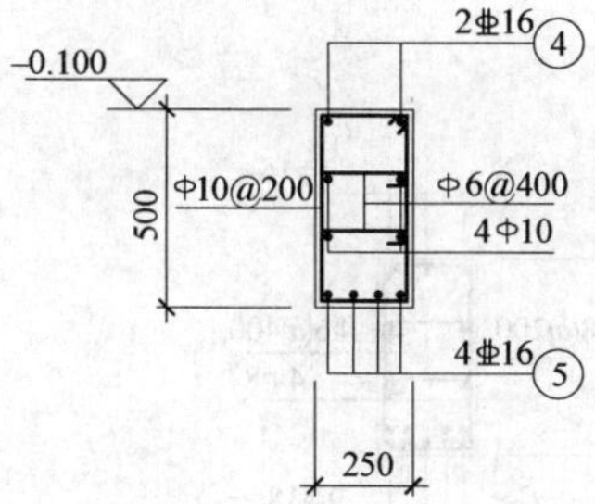

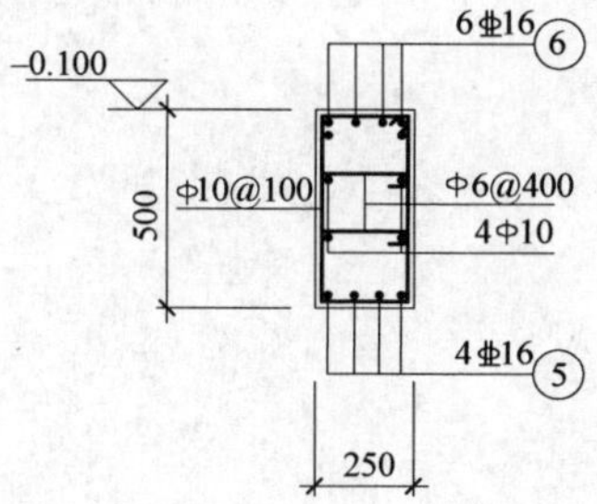

图5-6 基础拉梁配筋图讲解（二）

注3详解：

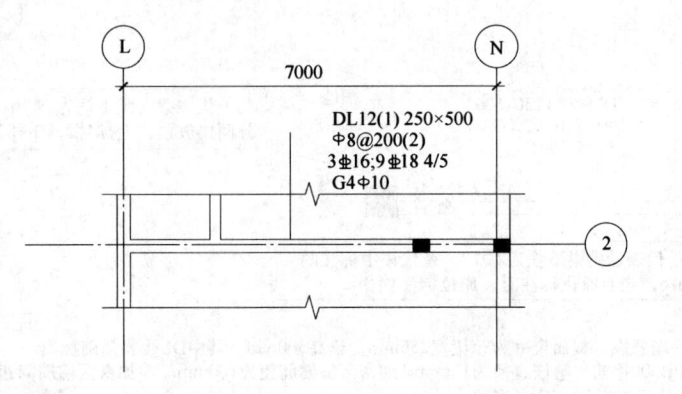

DL12(1) 250×500：代表基础拉梁为一跨。截面尺寸为：梁宽250mm，梁高500mm。其中DL代表基础拉梁。
Φ8@200(2)：代表梁箍筋钢筋级别为一级钢筋。箍筋直径为8mm。箍筋间距为200mm。箍筋肢数为双肢箍。
3⊥16; 9⊥18 4/5：代表梁上铁为3⊥16通长布置。梁下铁为9⊥18通长布置。
G4Φ10：代表腰筋为4Φ10，每侧两根，其中Φ代表HPB300钢筋。

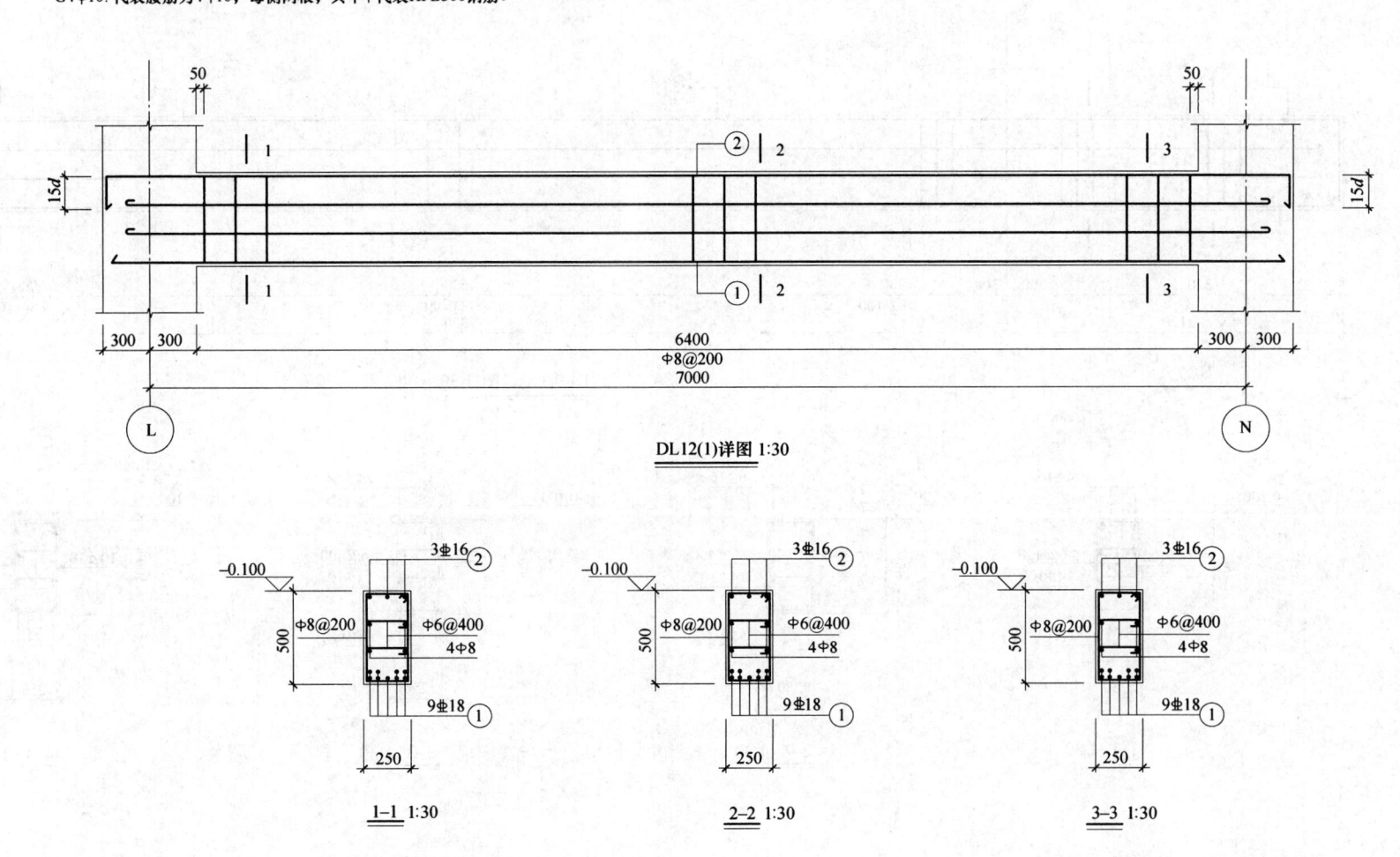

图5-7 基础拉梁配筋图讲解（三）

图 5-8 柱平法施工图

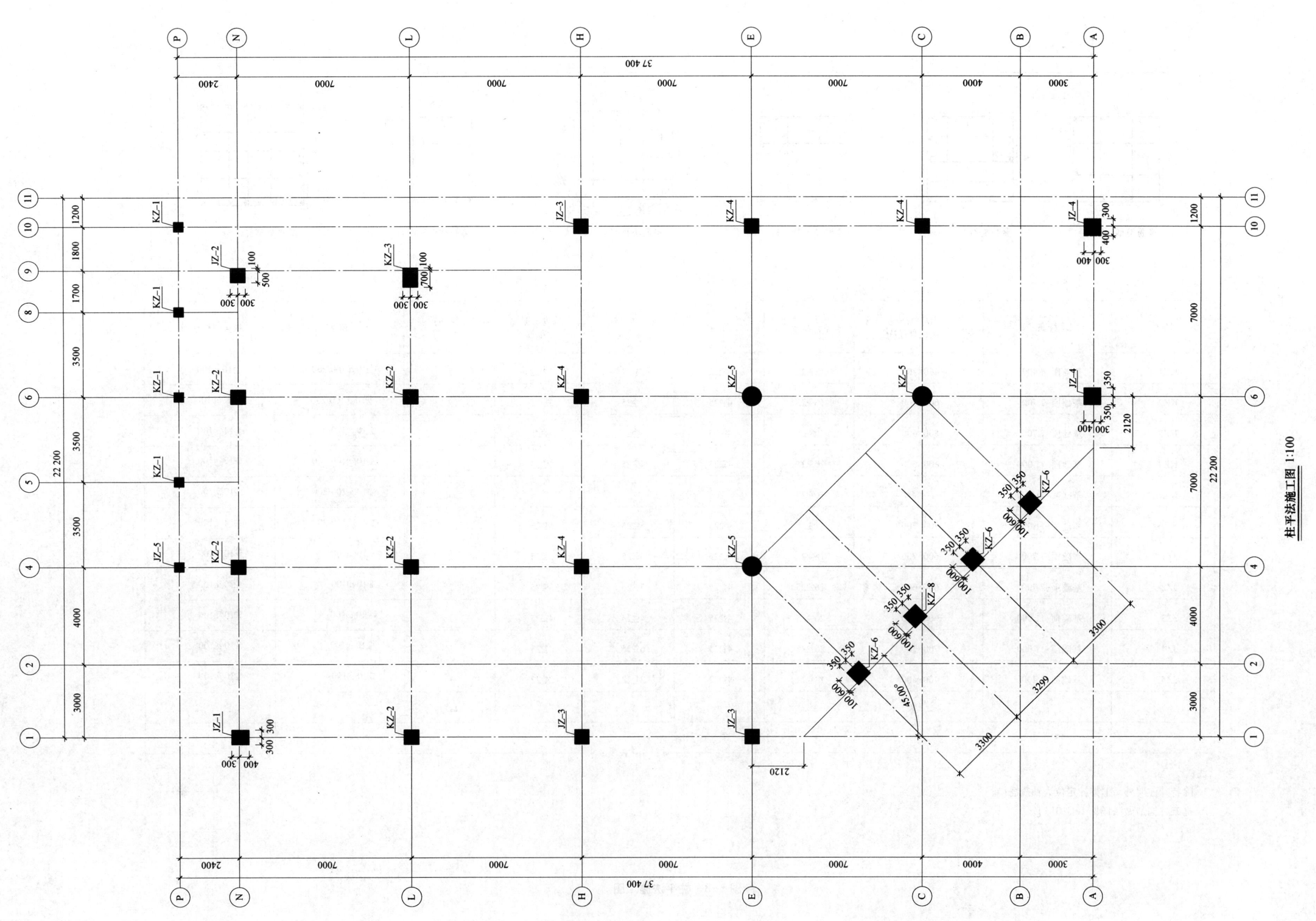

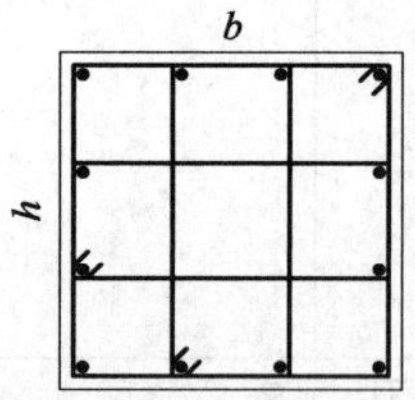

箍筋类型1(4×4) 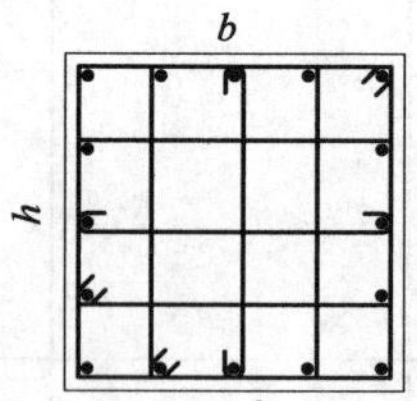　　箍筋类型2(5×5) 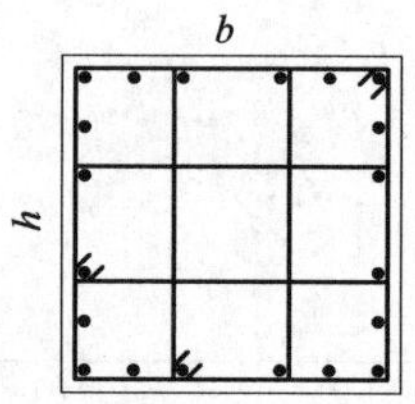　　箍筋类型3(4×4) 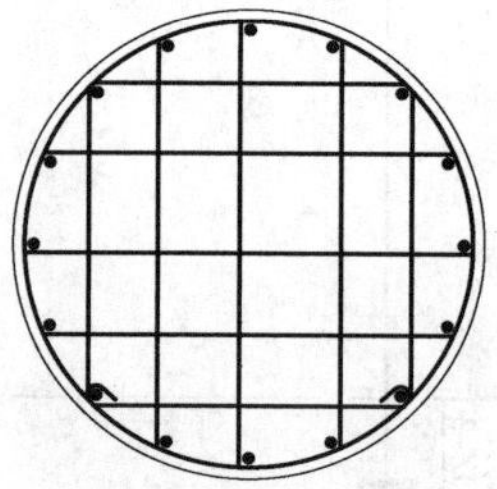　　箍筋类型4(7×7) 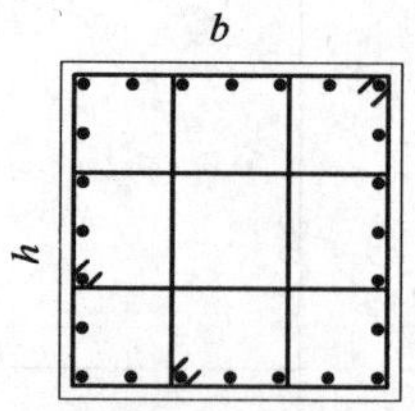　　箍筋类型5(4×4) 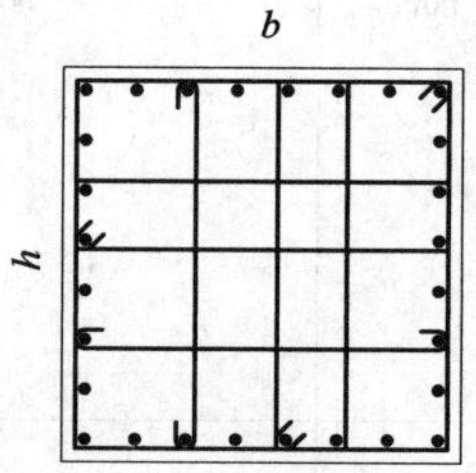　　箍筋类型6(5×5)

柱号	标高	$b \times h$ (圆柱直径D)	全部纵筋	角筋	b边一侧 中部筋	h边一侧 中部筋	箍筋 类型号	箍筋	核心区箍筋
KZ1	基础顶~4.400	400×400	12⊕22	4⊕22	2⊕22	2⊕22	1	⊕10@100/200	⊕10@100
KZ2	基础顶~7.700	600×600	16⊕25	4⊕25	3⊕25	3⊕25	2	⊕10@100/200	⊕12@100
KZ3	基础顶~7.700	800×600	20⊕25	4⊕25	4⊕25	4⊕25	3	⊕10@100/200	⊕14@100
KZ4	基础顶~11.000	600×600	20⊕25	4⊕25	4⊕25	4⊕25	3	⊕10@100/200	⊕12@100
KZ5	基础顶~11.000	D=800	16⊕25				4	⊕10@100/200	⊕12@100
KZ6	基础顶~11.000	700×700	24⊕25	4⊕25	5⊕25	5⊕25	5	⊕10@100/200	⊕14@100
JZ1	基础顶~7.700	600×700	16⊕25	4⊕25	3⊕25	3⊕25	2	⊕10@100	⊕10@100
JZ2	基础顶~7.700	600×600	16⊕25	4⊕25	3⊕25	3⊕25	2	⊕10@100	⊕10@100
JZ3	基础顶~11.000	600×600	20⊕25	4⊕25	4⊕25	4⊕25	3	⊕10@100	⊕10@100
JZ4	基础顶~11.000	700×700	28⊕25	4⊕25	6⊕25	6⊕25	6	⊕10@100	⊕10@100
JZ5	基础顶~4.400	400×400	12⊕22	4⊕22	2⊕22	2⊕22	1	⊕10@100	⊕10@100

注：
1. 除特殊注明外，框架柱定位为轴线居中；
2. 框架柱构造做法详见16G101-1。

续图 5-8　柱平法施工图

注1详解：

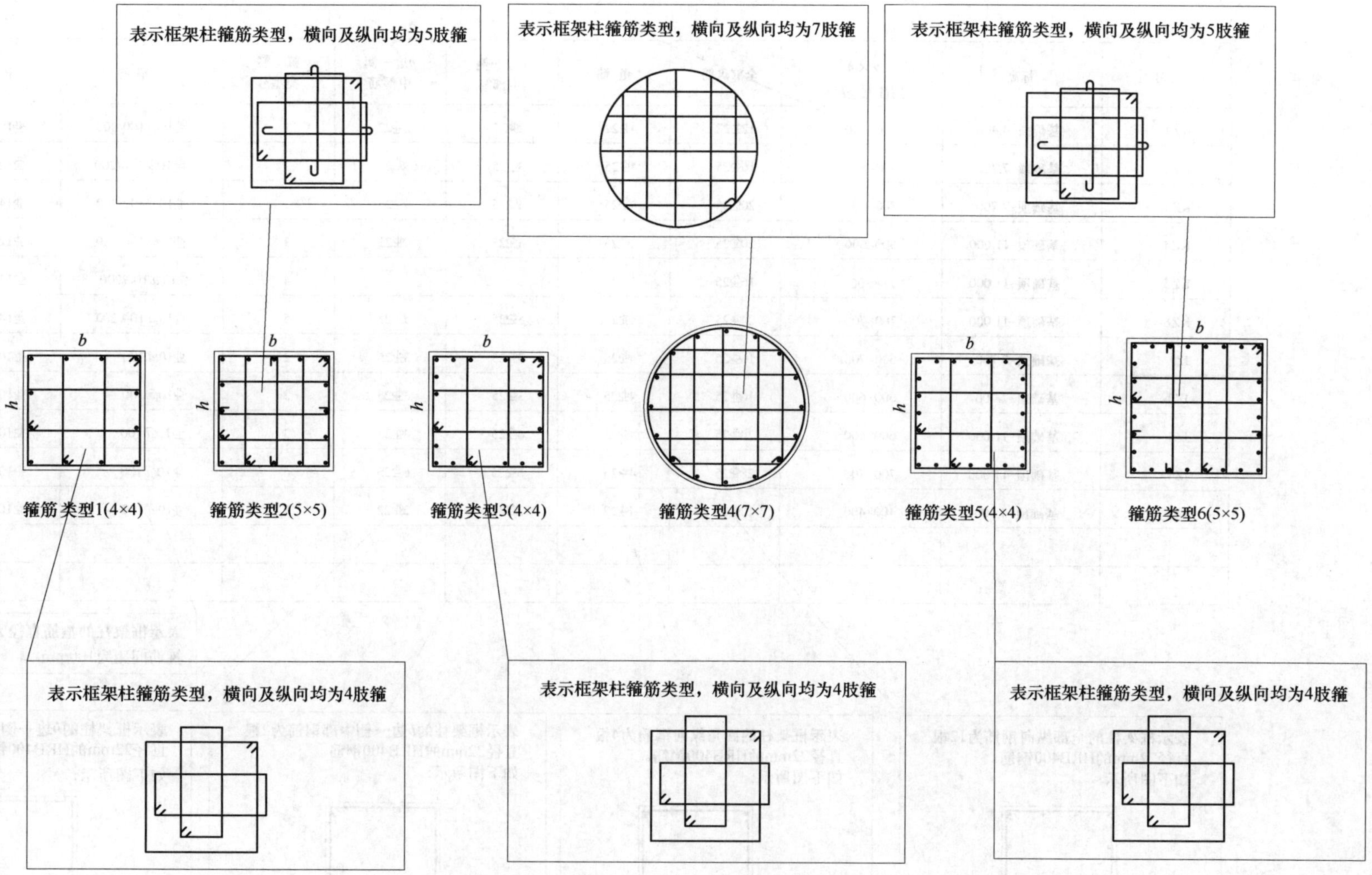

表示框架柱箍筋类型，横向及纵向均为5肢箍

表示框架柱箍筋类型，横向及纵向均为7肢箍

表示框架柱箍筋类型，横向及纵向均为5肢箍

箍筋类型1(4×4)　箍筋类型2(5×5)　箍筋类型3(4×4)　箍筋类型4(7×7)　箍筋类型5(4×4)　箍筋类型6(5×5)

表示框架柱箍筋类型，横向及纵向均为4肢箍

表示框架柱箍筋类型，横向及纵向均为4肢箍

表示框架柱箍筋类型，横向及纵向均为4肢箍

图 5-9　柱平法施工图讲解（一）

注2详解:

此处为框架柱编号,需要与平面图相互对应。

表示框架柱的高度为从基础顶面到4.4m。

表示框架柱的截面尺寸,宽度和高度均为400mm。

柱号	标高	b×h (圆柱直径D)	全部纵筋	角筋	b边一侧 中部筋	h边一侧 中部筋	箍筋 类型号	箍筋	核心区箍筋
KZ1	基础顶~4.400	400×400	12⊕22	4⊕22	2⊕22	2⊕22	1	⊕10@100/200	⊕10@100
KZ2	基础顶~7.700	600×600	16⊕25	4⊕25	3⊕25	3⊕25	2	⊕10@100/200	⊕12@100
KZ3	基础顶~7.700	800×600	20⊕25	4⊕25	4⊕25	4⊕25	3	⊕10@100/200	⊕14@100
KZ4	基础顶~11.000	600×600	20⊕25	4⊕25	4⊕25	4⊕25	3	⊕10@100/200	⊕12@100
KZ5	基础顶~11.000	D=800	16⊕25				4	⊕10@100/200	⊕12@100
KZ6	基础顶~11.000	700×700	24⊕25	4⊕25	5⊕25	5⊕25	5	⊕10@100/200	⊕14@100
JZ1	基础顶~7.700	600×700	16⊕25	4⊕25	3⊕25	3⊕25	2	⊕10@100	⊕10@100
JZ2	基础顶~7.700	600×600	16⊕25	4⊕25	3⊕25	3⊕25	2	⊕10@100	⊕10@100
JZ3	基础顶~11.000	600×600	20⊕25	4⊕25	4⊕25	4⊕25	3	⊕10@100	⊕10@100
JZ4	基础顶~11.000	700×700	28⊕25	4⊕25	6⊕25	6⊕25	6	⊕10@100	⊕10@100
JZ5	基础顶~4.400	400×400	12⊕22	4⊕22	2⊕22	2⊕22	1	⊕10@100	⊕10@100

表示框架柱的箍筋直径为10mm。箍筋间距为100mm。

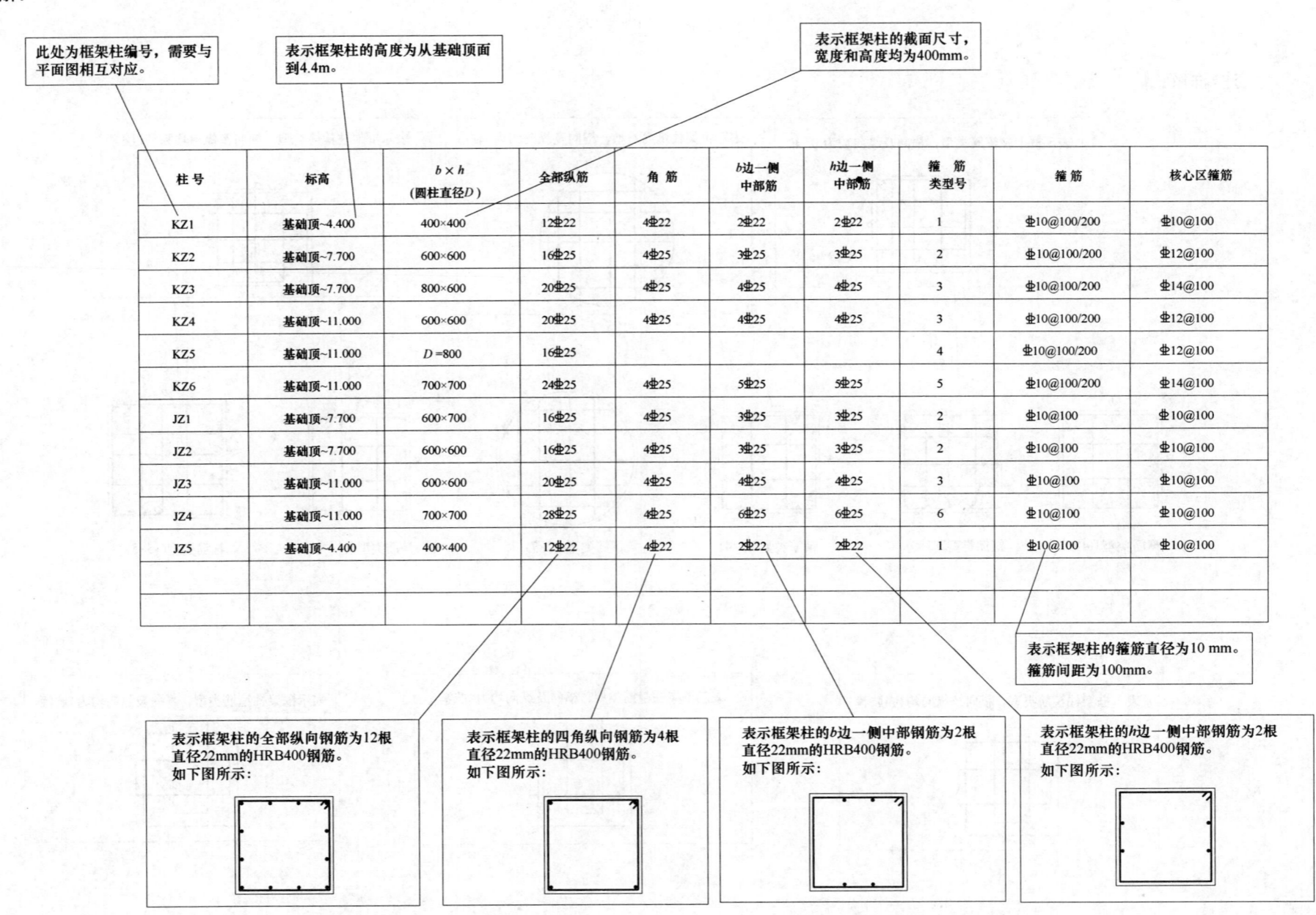

表示框架柱的全部纵向钢筋为12根直径22mm的HRB400钢筋。如下图所示:

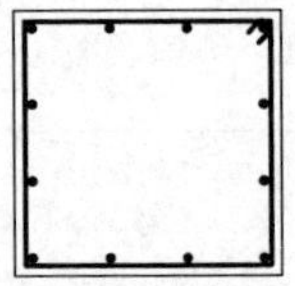

表示框架柱的四角纵向钢筋为4根直径22mm的HRB400钢筋。如下图所示:

表示框架柱的b边一侧中部钢筋为2根直径22mm的HRB400钢筋。如下图所示:

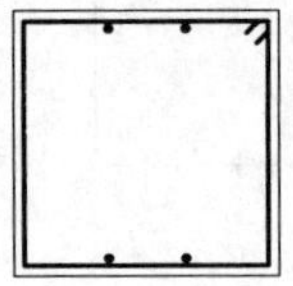

表示框架柱的h边一侧中部钢筋为2根直径22mm的HRB400钢筋。如下图所示:

图 5-10 柱平法施工图讲解(二)

首层梁配筋图 1:100

图 5-11 首层梁配筋图

注：
1. 除特殊注明外，梁顶标高为 4.400。
2. 图中未注明梁定位应在主梁上次梁轴线居中。
3. 主次梁相交处应在主梁两侧设附加箍筋，每侧 3 根，直径及肢数同主梁箍筋，主次梁交接处，附加吊筋、箍筋做法详见《16G101-1》。

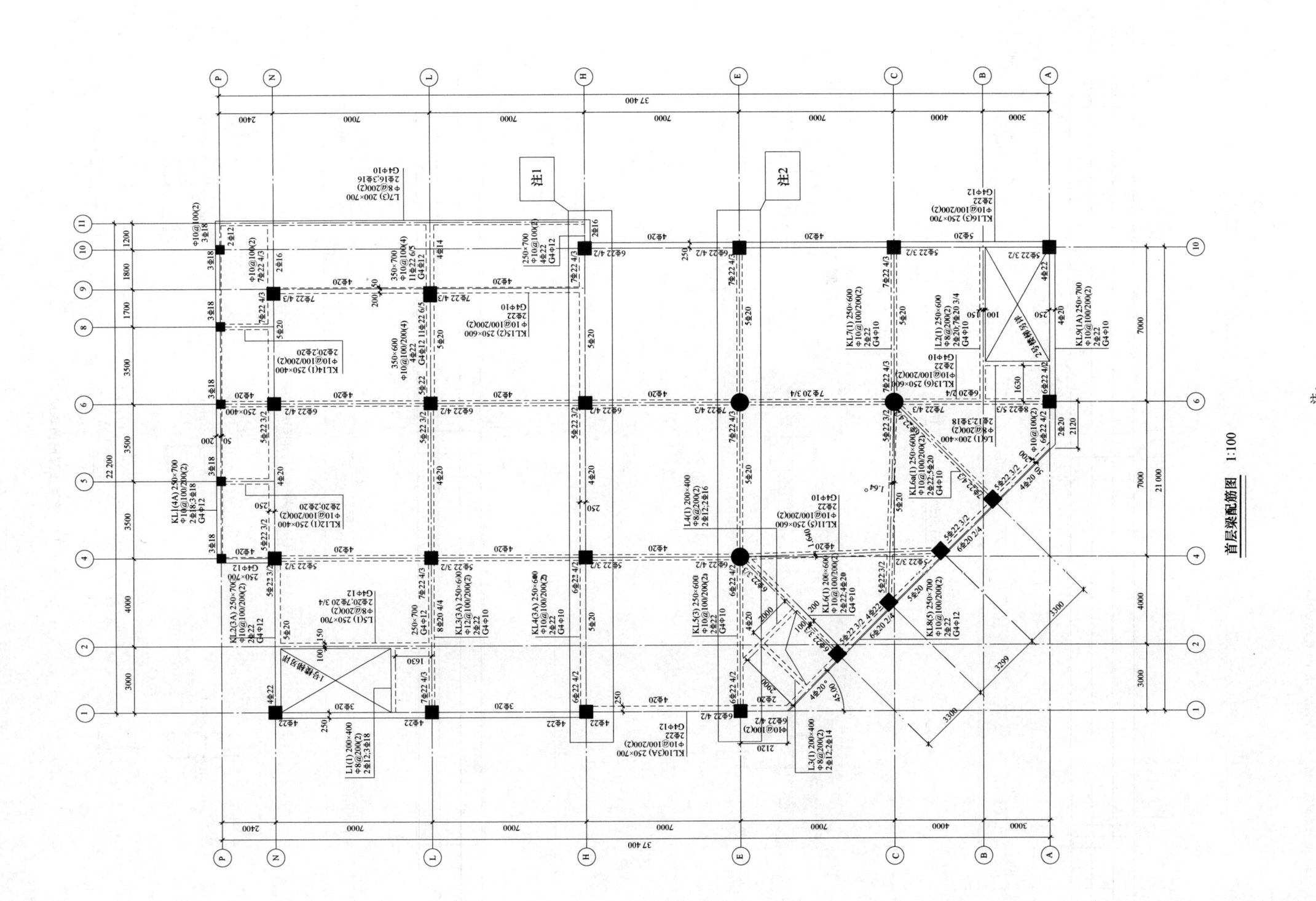

注1详解：

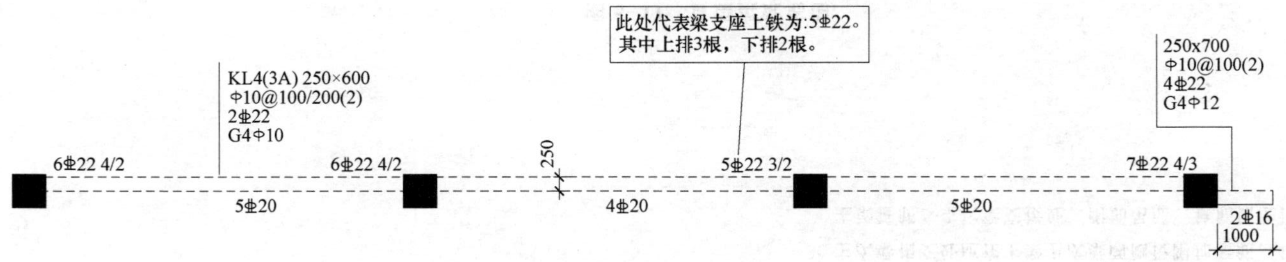

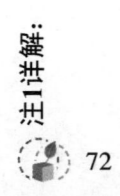

```
           6⊈22 4/2        6⊈22 4/2      5⊈22 3/2        7⊈22 4/3
                                                         2⊈16
KL4(3A)250×600                                          250×700
Φ10@100/200(2)                            250          Φ10@100(2)
2⊈22                                                   4⊈22
G4Φ10                       4⊈20          5⊈20          G4Φ12
           5⊈20                                         2⊈22
                                          此处代表梁支座上铁为5⊈22，
                                          其中上排3根，下排2根。
```

KL4(3A)250×600：代表框架梁为三跨其中一端悬挑，截面尺寸为：梁宽250mm，梁高600mm。其中KL代表框架梁。
Φ10@100/200(2)：代表箍筋钢筋级别为HPB300钢筋，箍筋直径为10mm，加密区箍筋间距为100mm，非加密区箍筋间距为200mm。
箍筋肢数为双肢箍。2⊈22：代表梁上铁为2⊈22通长布置。
G4Φ10：代表腰筋为4Φ10，每侧两根，其中Φ代表HPB300钢筋。

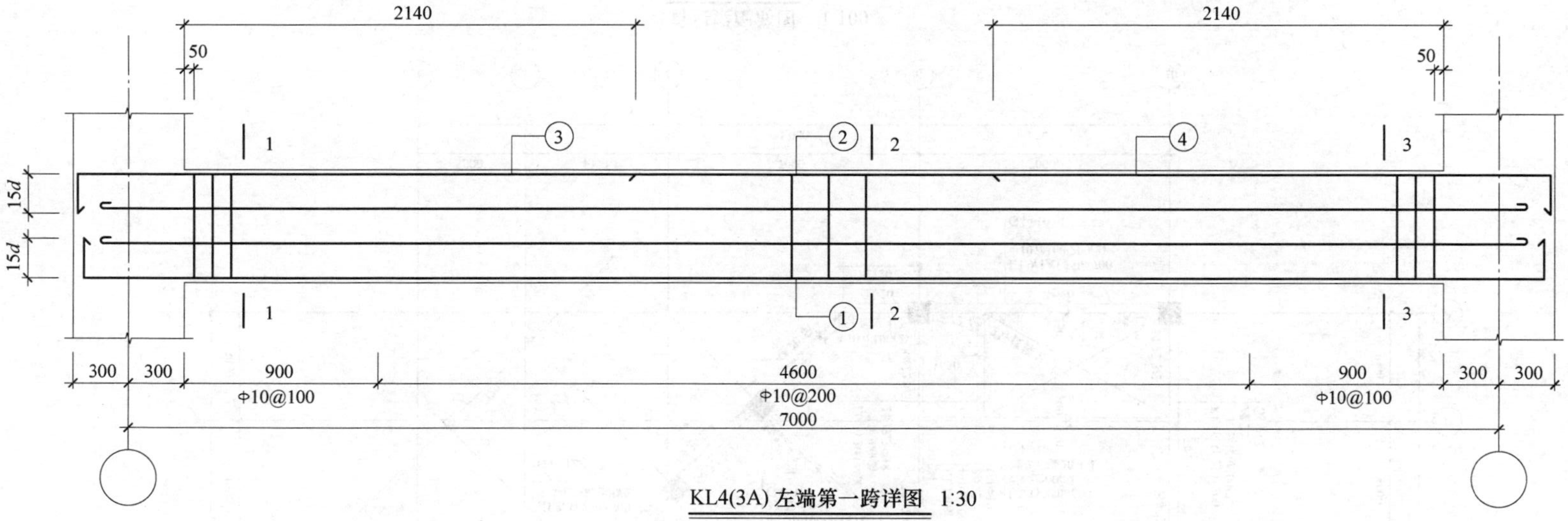

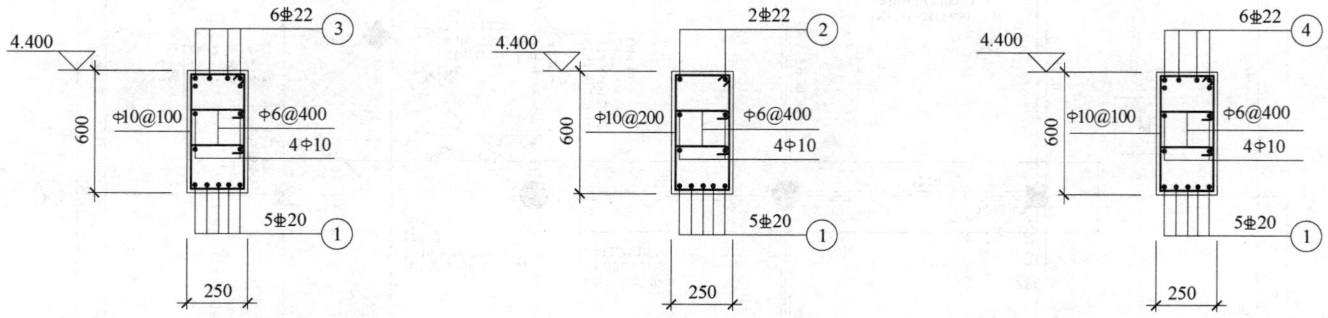

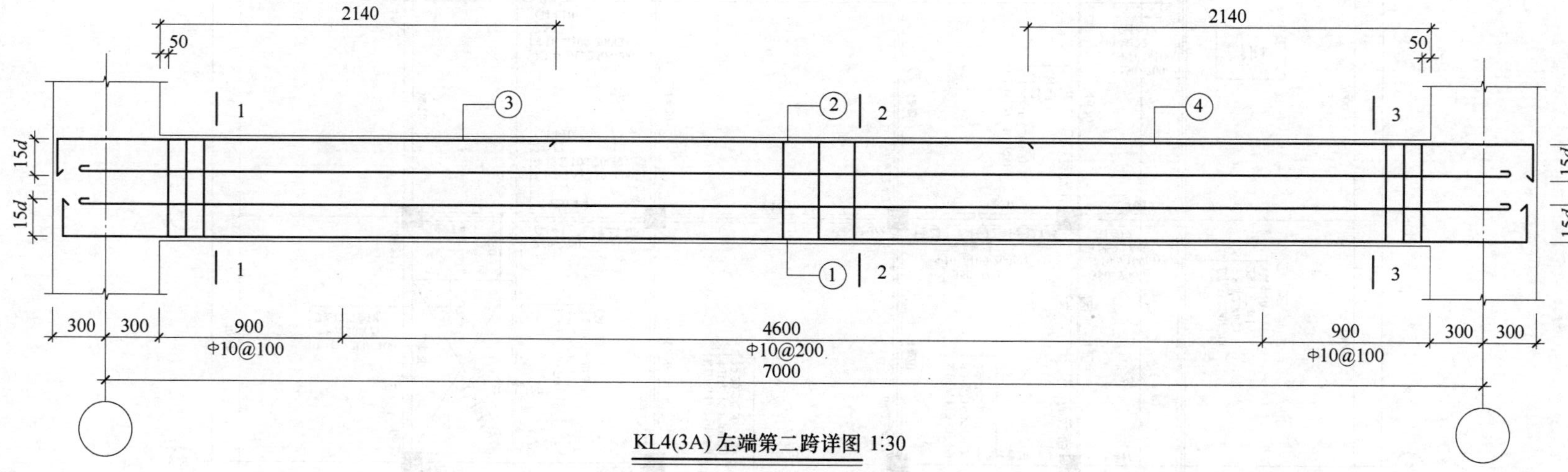

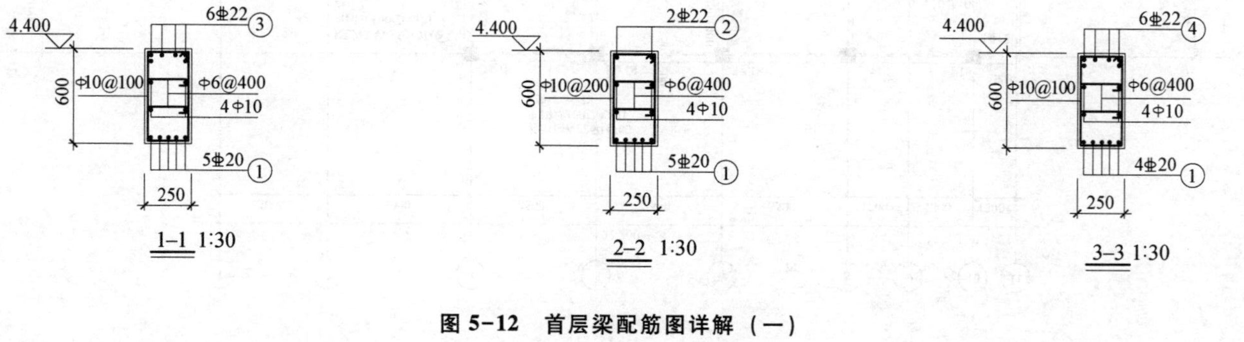

图 5-12 首层梁配筋图详解（一）

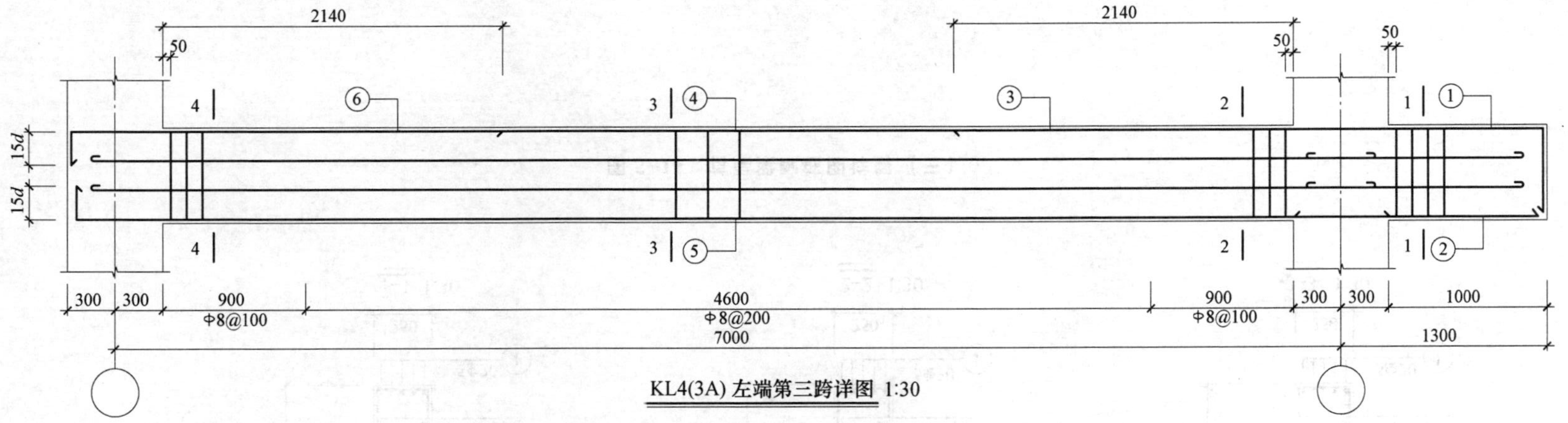

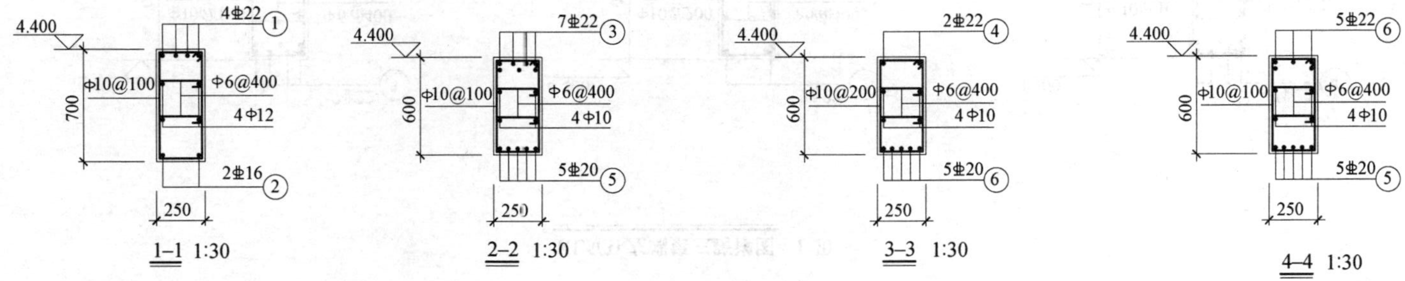

注2详解：

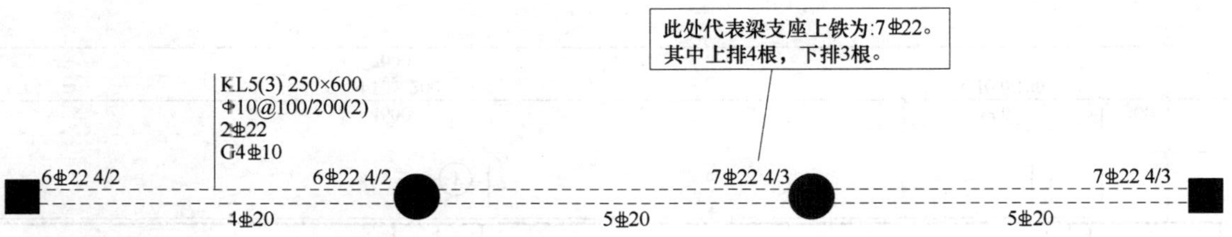

KL5(3) 250×600：代表框架梁为三跨，截面尺寸为：梁宽250mm，梁高600mm，其中KL代表框架梁。
Φ10@100/200(2)：代表梁箍筋钢筋级别为HPB300钢筋，箍筋直径为10mm。加密区箍筋间距为100mm，非加密区箍筋间距为200mm。箍筋肢数为双肢箍。
2Φ22：代表梁上铁为2Φ22通长布置。
G4Φ10：代表腰筋为4Φ10每侧两根，其中Φ代表HPB300钢筋。

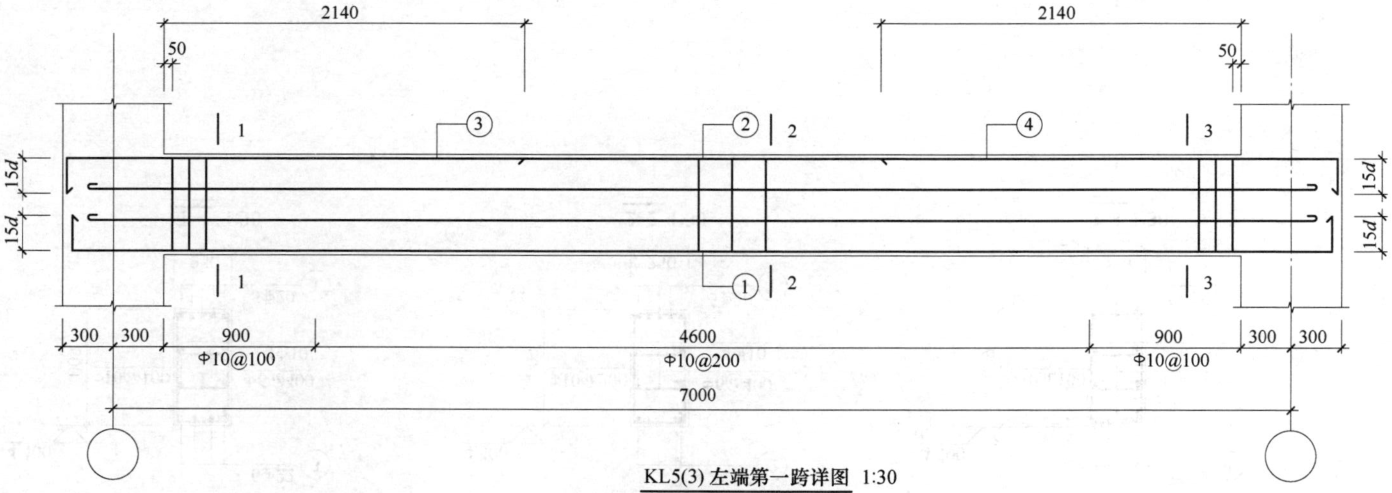

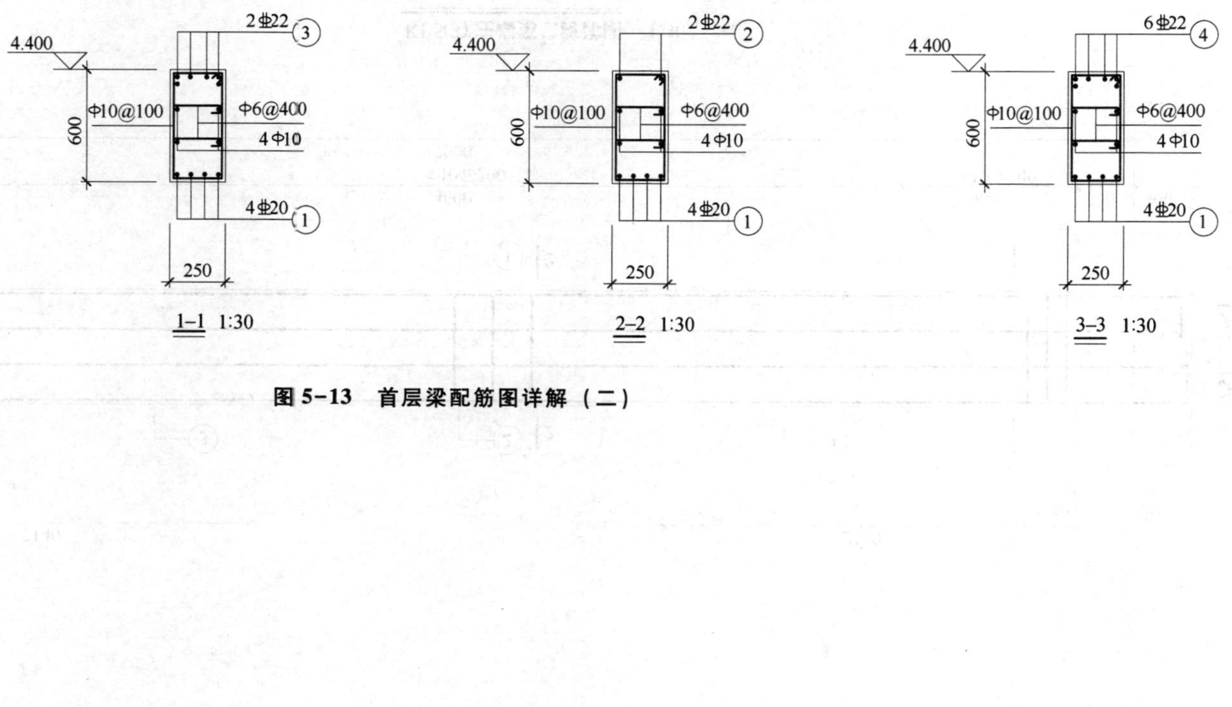

图5-13 首层梁配筋图详解（二）

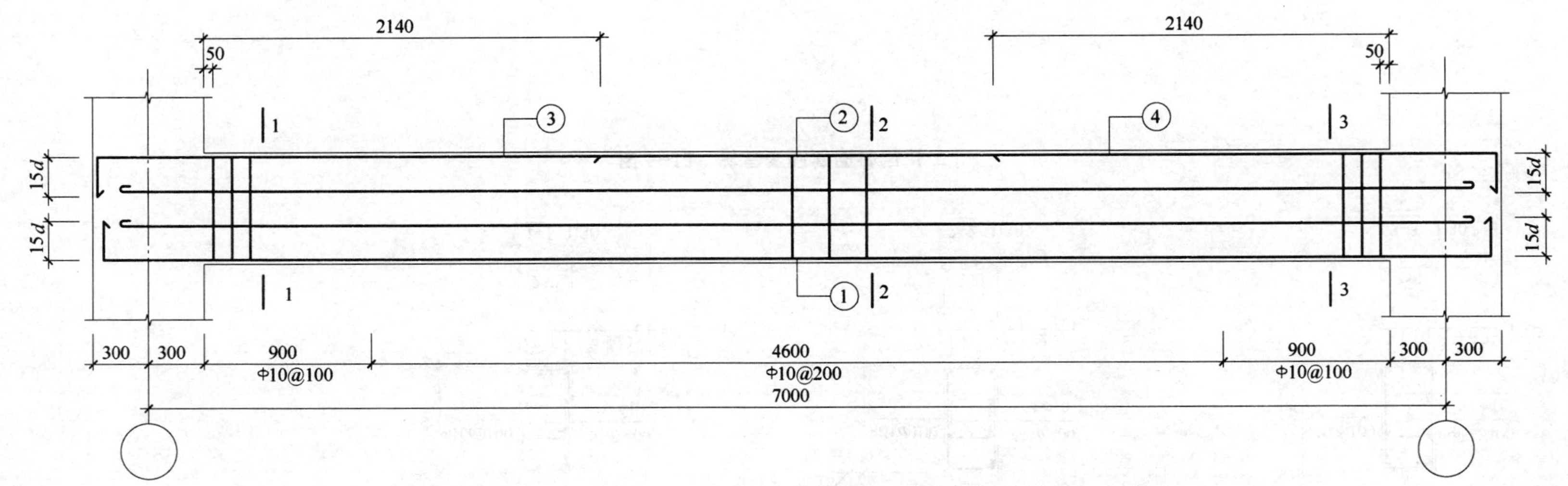

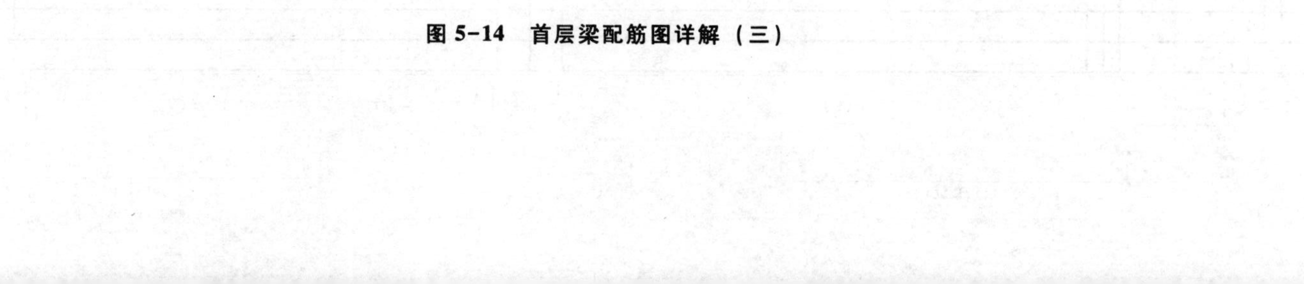

图 5-14 首层梁配筋图详解（三）

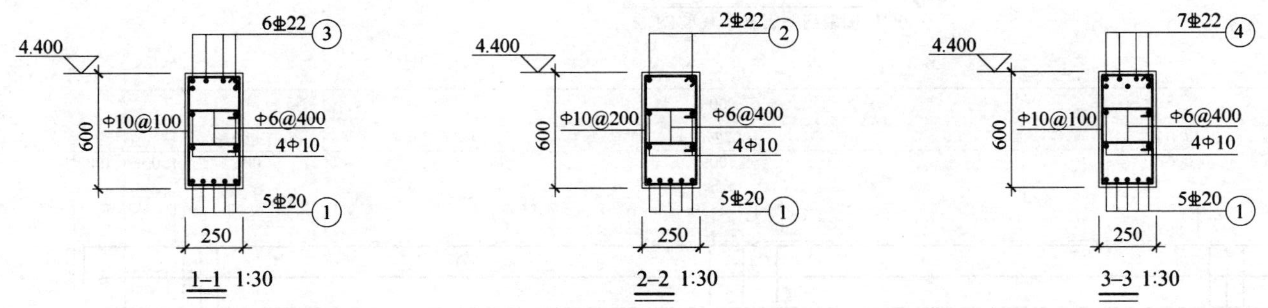

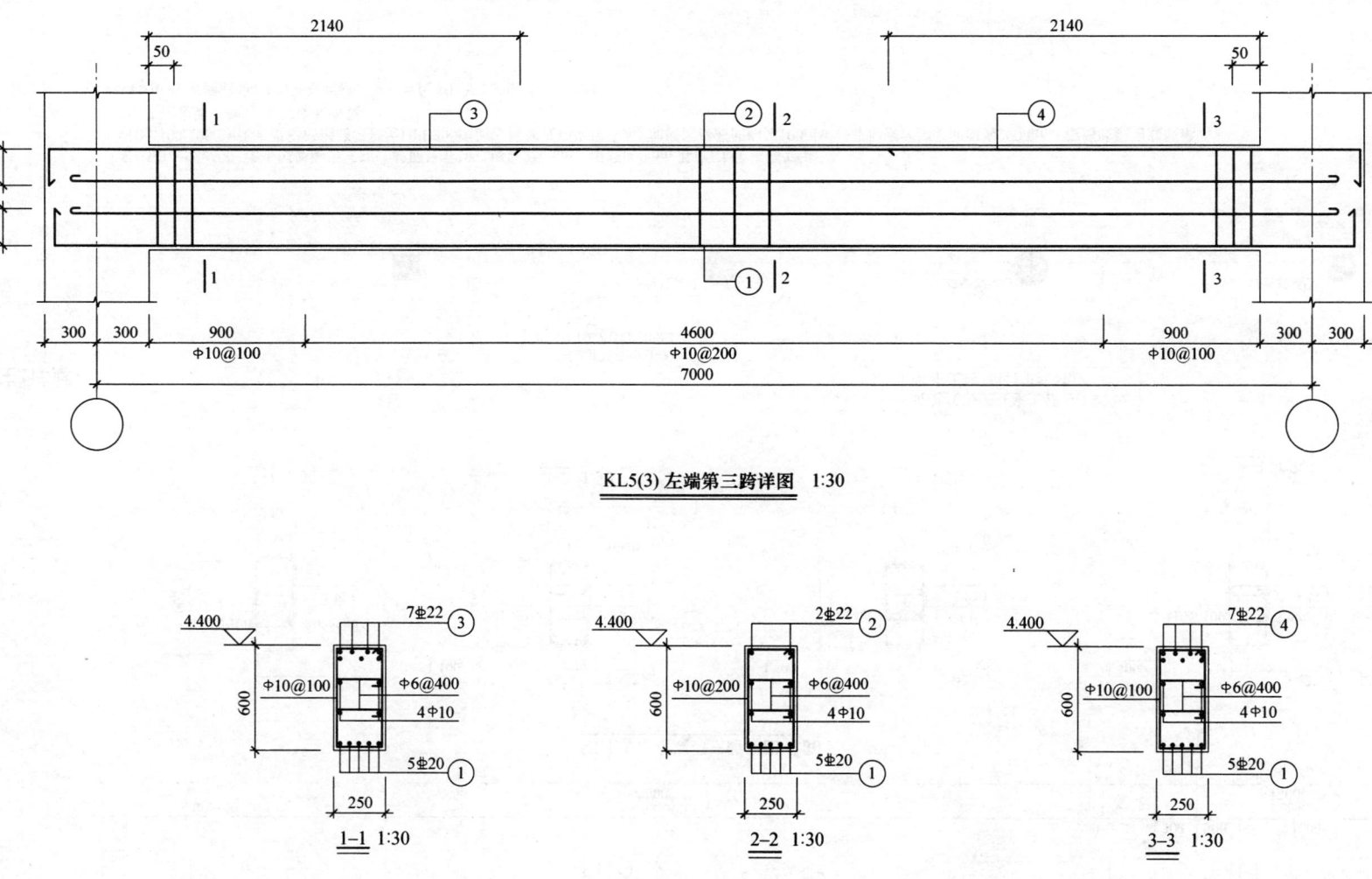

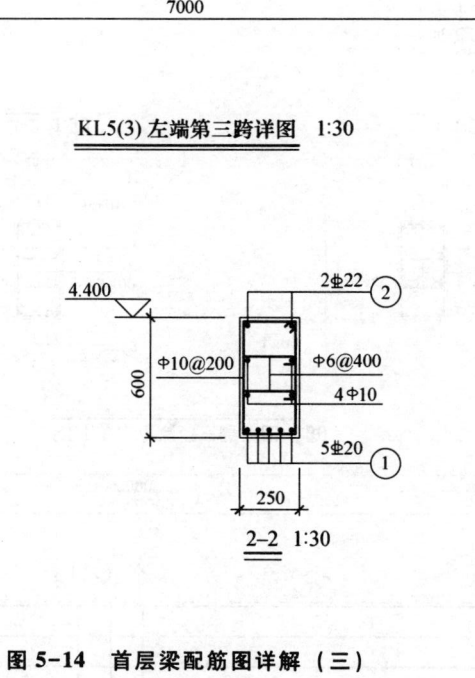

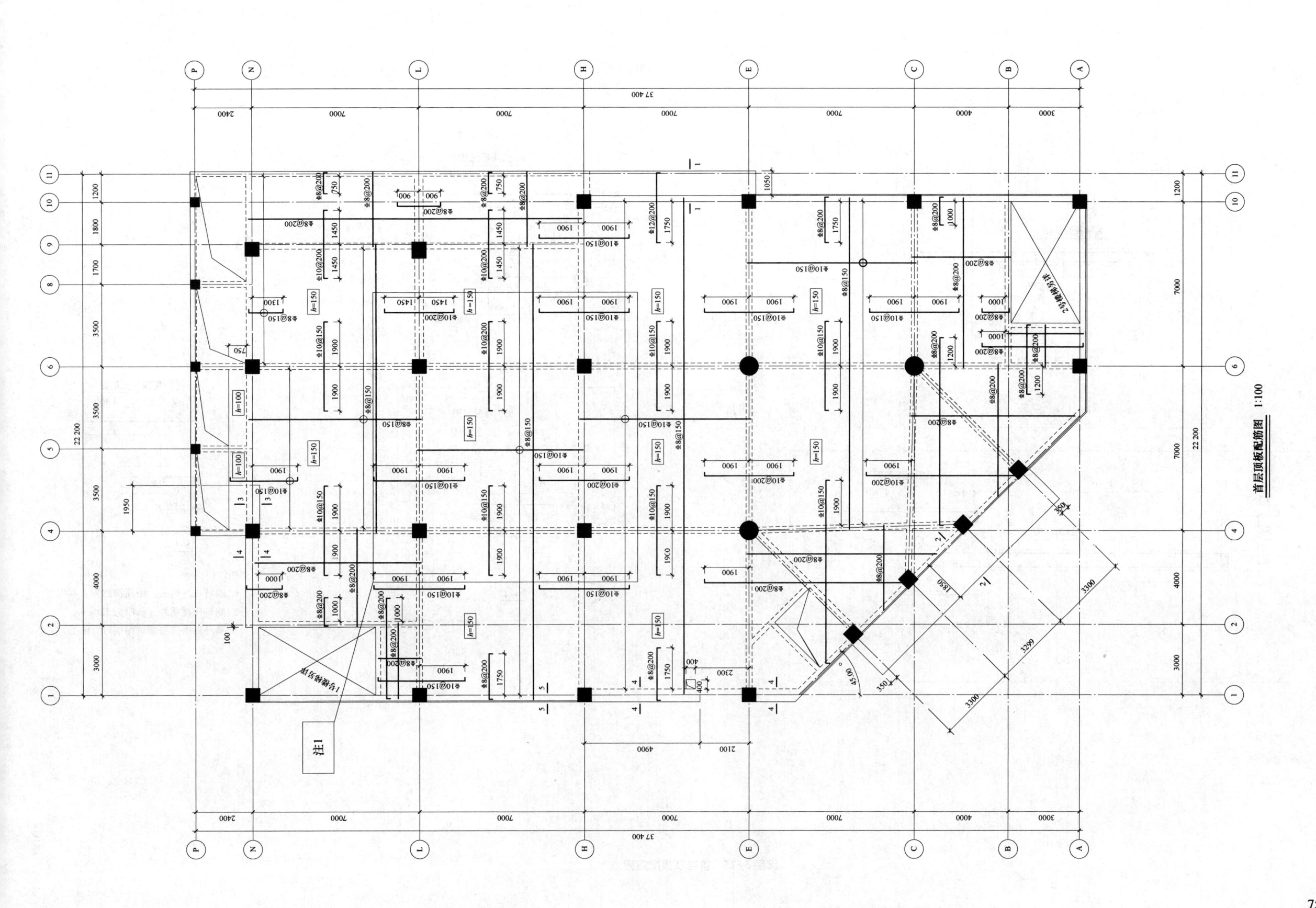

图 5-15 首层顶板配筋图

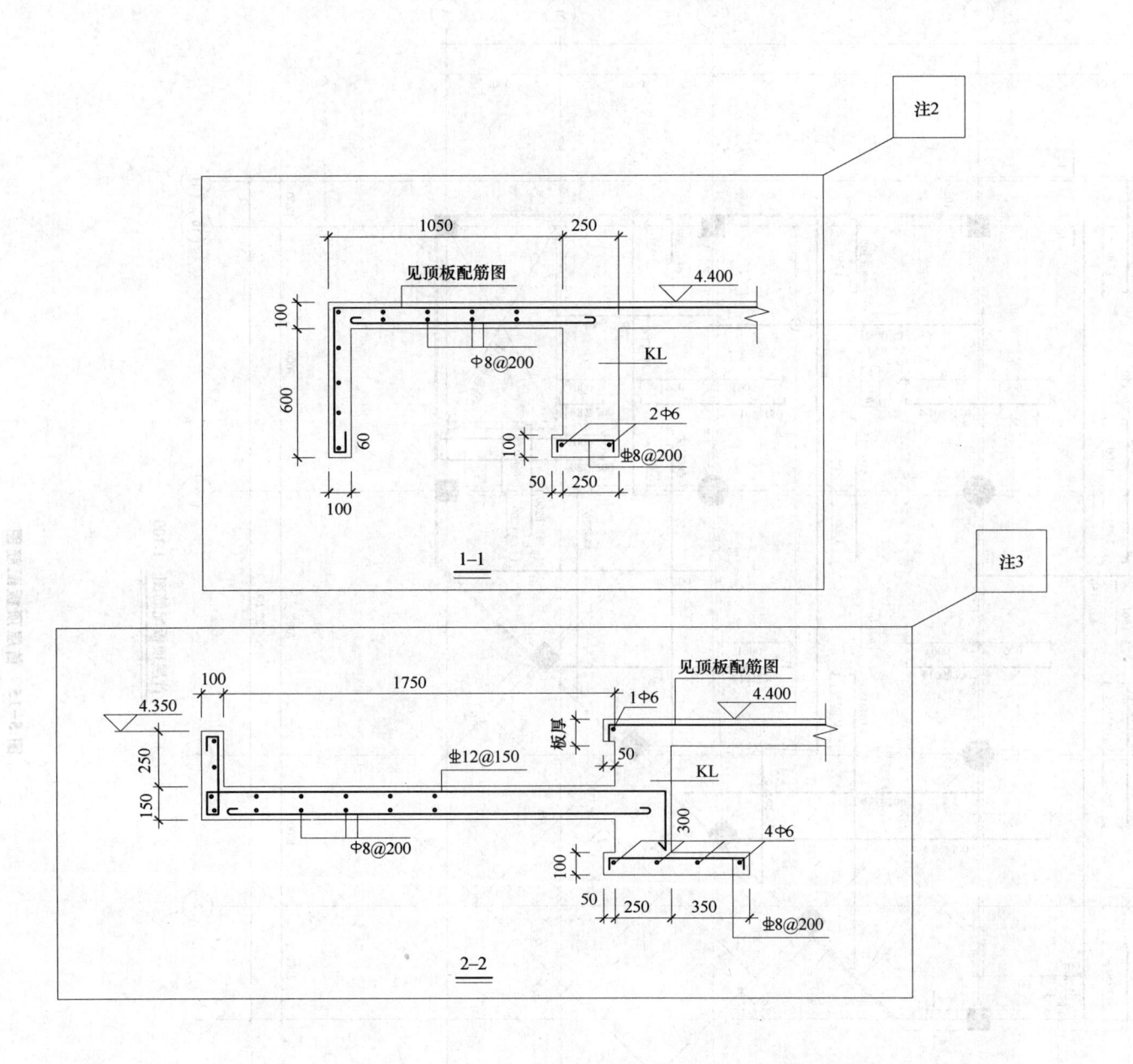

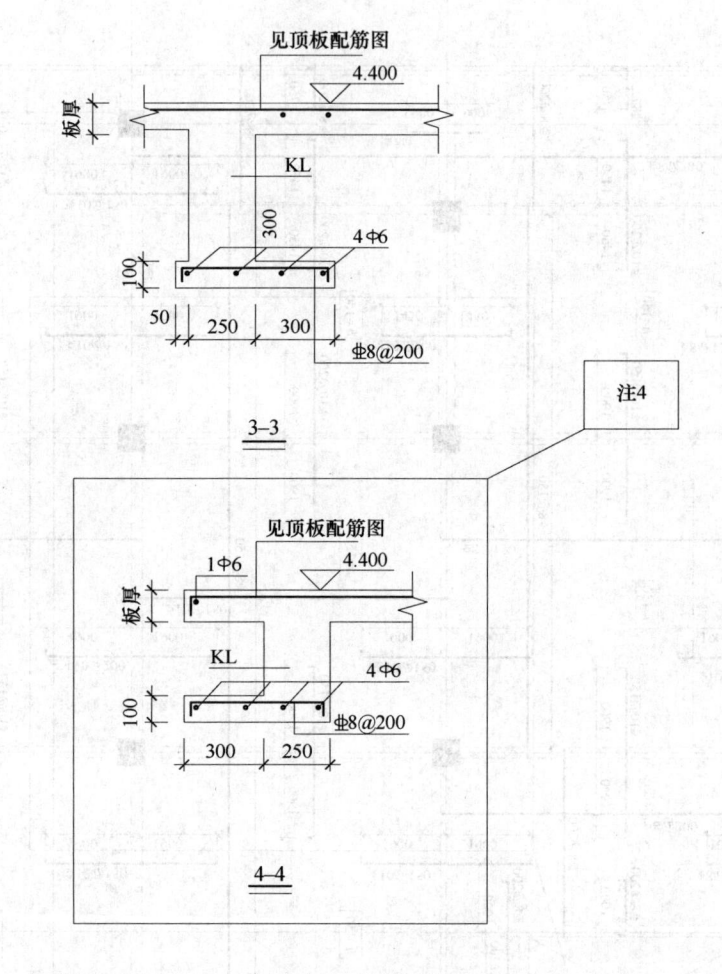

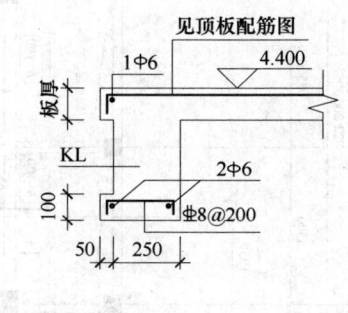

注:
1. 除特殊注明外,板顶标高为4.400。
2. 除特殊注明外,板厚为120mm。
3. 墙身做法应与建筑图核对后施工。

续图 5-15　首层顶板配筋图

注1详解：

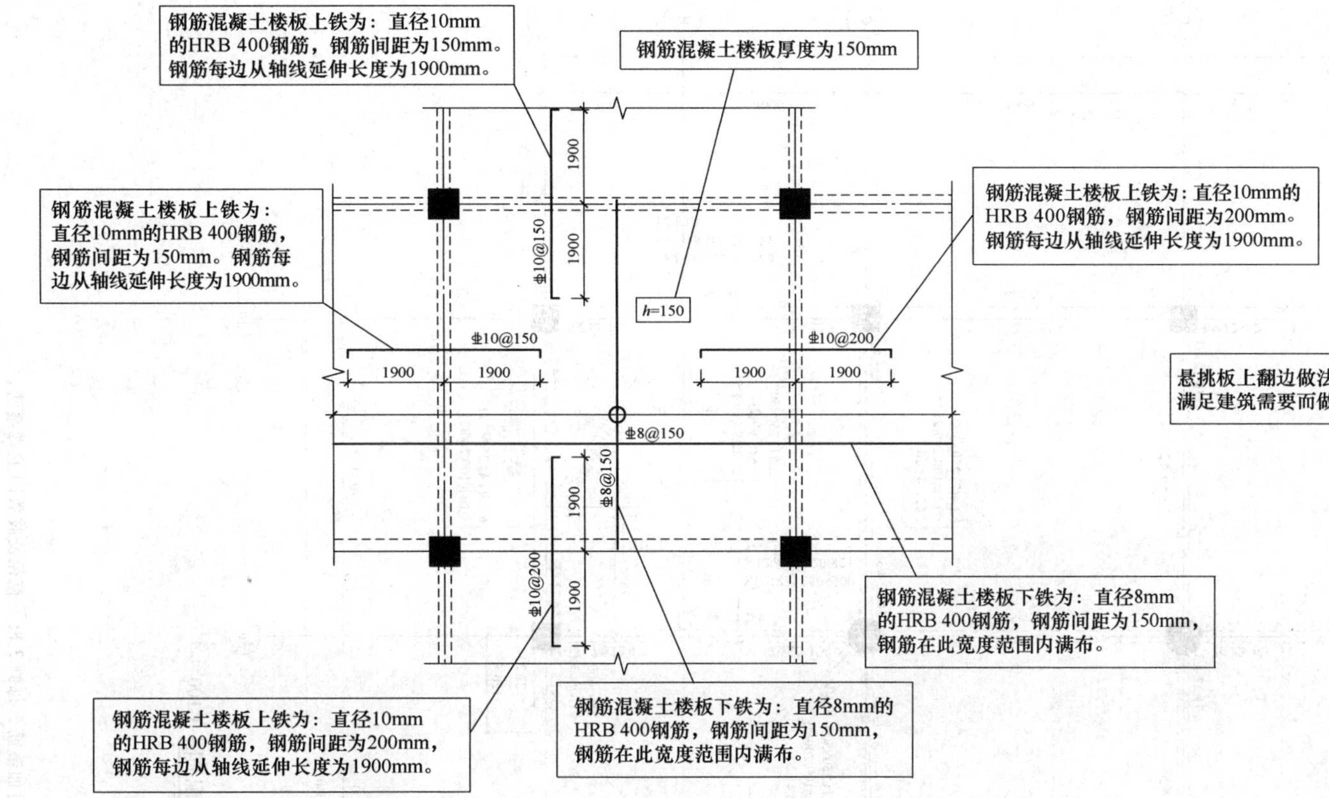

- 钢筋混凝土楼板上铁为：直径10mm的HRB 400钢筋，钢筋间距为150mm。钢筋每边从轴线延伸长度为1900mm。
- 钢筋混凝土楼板厚度为150mm
- 钢筋混凝土楼板上铁为：直径10mm的HRB 400钢筋，钢筋间距为150mm。钢筋每边从轴线延伸长度为1900mm。
- 钢筋混凝土楼板上铁为：直径10mm的HRB 400钢筋，钢筋间距为200mm。钢筋每边从轴线延伸长度为1900mm。
- 钢筋混凝土楼板下铁为：直径8mm的HRB 400钢筋，钢筋间距为150mm，钢筋在此宽度范围内满布。
- 钢筋混凝土楼板上铁为：直径10mm的HRB 400钢筋，钢筋间距为200mm，钢筋每边从轴线延伸长度为1900mm。
- 钢筋混凝土楼板下铁为：直径8mm的HRB 400钢筋，钢筋间距为150mm，钢筋在此宽度范围内满布。

注3详解：

- 悬挑板上部受力钢筋：钢筋直径12mm的HRB 400钢筋，间距为150mm。
- 悬挑板上翻边做法，为满足建筑需要而做。
- 悬挑板构造钢筋：钢筋直径8mm的HPB 300钢筋，间距为200mm。
- 钢筋直径为6mm的4根HPB 300钢筋，沿梁长度方向布置。
- 钢筋直径为8mm的HRB 400钢筋，间距为200mm，沿梁长度方向布置。

2—2

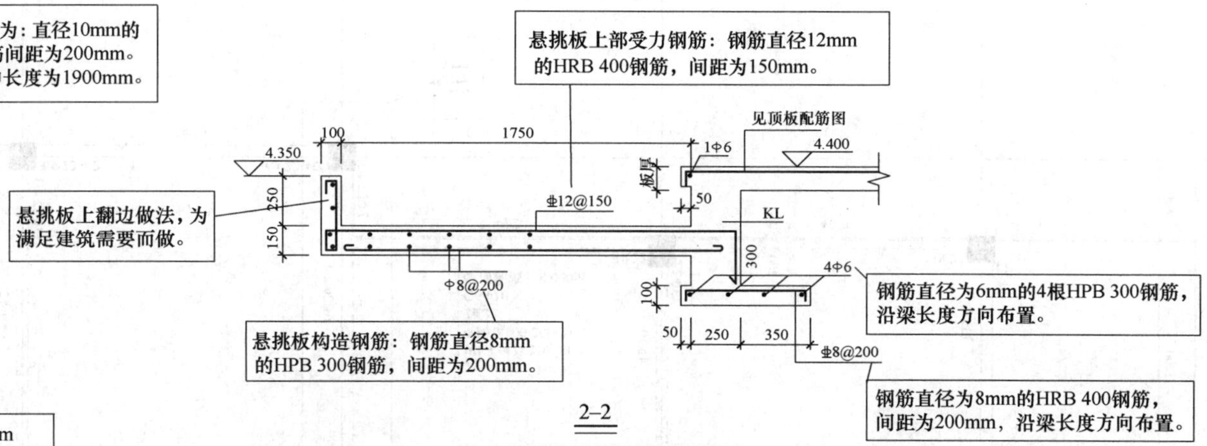

注：此详图为雨篷悬挑板大样图

注2详解：

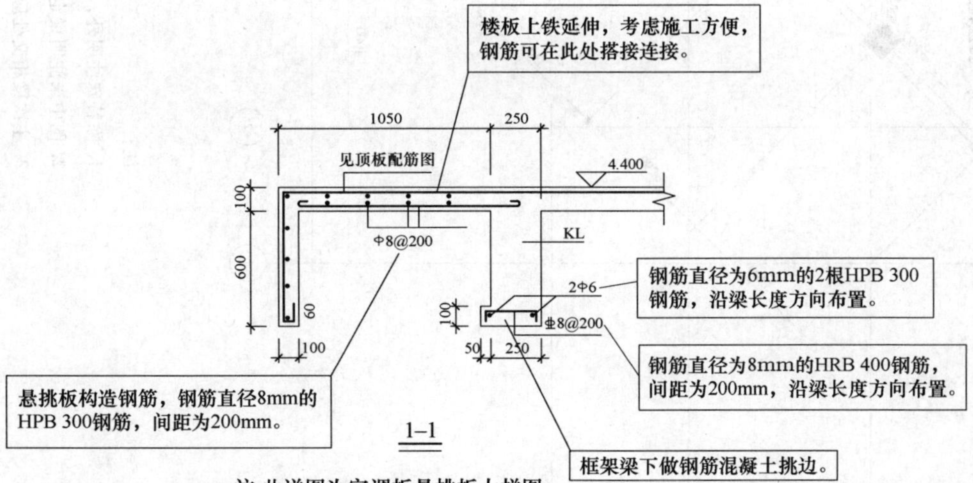

- 楼板上铁延伸，考虑施工方便，钢筋可在此处搭接连接。
- 悬挑板构造钢筋，钢筋直径8mm的HPB 300钢筋，间距为200mm。
- 钢筋直径为6mm的2根HPB 300钢筋，沿梁长度方向布置。
- 钢筋直径为8mm的HRB 400钢筋，间距为200mm，沿梁长度方向布置。
- 框架梁下做钢筋混凝土挑边。

1—1

注：此详图为空调板悬挑板大样图

注4详解：

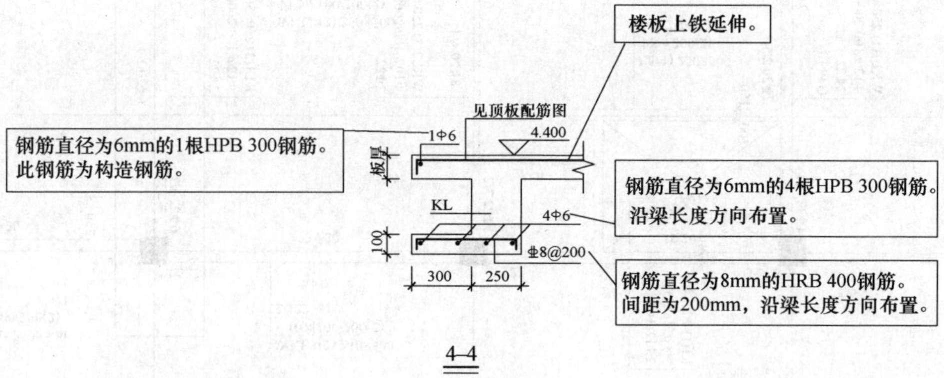

- 楼板上铁延伸。
- 钢筋直径为6mm的1根HPB 300钢筋。此钢筋为构造钢筋。
- 钢筋直径为6mm的4根HPB 300钢筋，沿梁长度方向布置。
- 钢筋直径为8mm的HRB 400钢筋，间距为200mm，沿梁长度方向布置。

4—4

注：为满足建筑功能需要所做详图，非结构本身需要。

图 5-16 首层顶板配筋图讲解

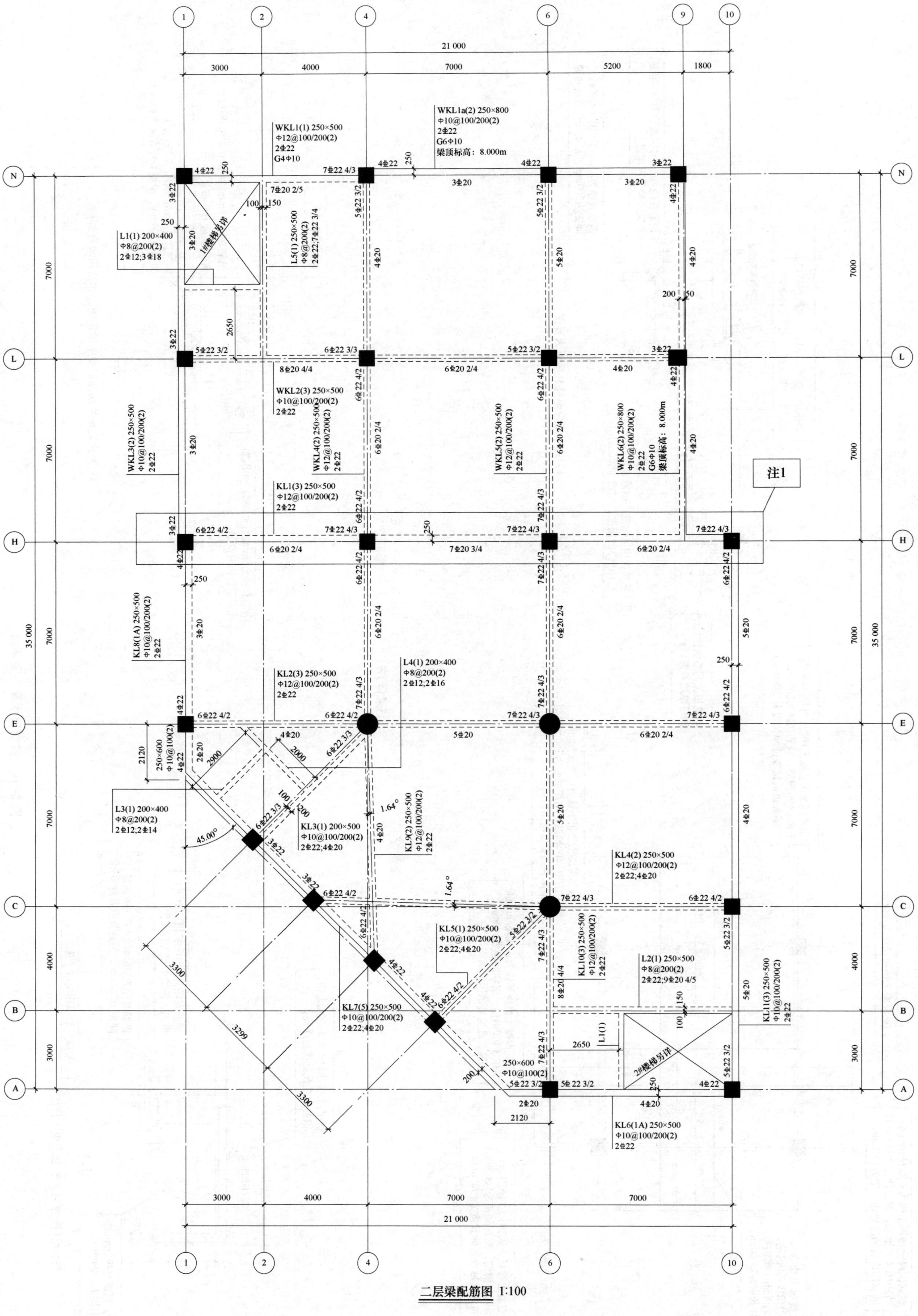

图 5-17 二层梁配筋图

注：
1. 除特殊注明外，梁顶标高为 7.700。
2. 图中未注明梁定位为轴线居中。
3. 主次梁相交处应在主梁上次梁两侧设附加箍筋，每侧 3 根，直径及肢数同主梁箍筋，主次梁交接处，附加吊筋、箍筋做法详见《16G101-1》。

注1详解：

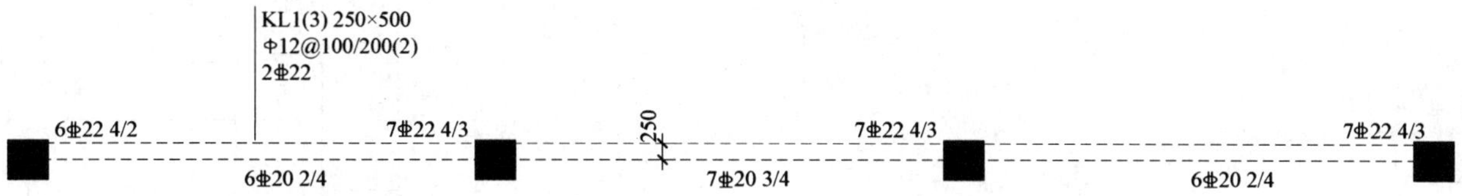

KL1(3) 250×500：代表框架梁为三跨。截面尺寸为：梁宽250mm，梁高500mm。其中KL代表框架梁。

Φ12@100/200(2)：代表梁箍筋钢筋级别为HPB300钢筋。箍筋直径为12mm。加密区箍筋间距为100mm。非加密区箍筋间距为200mm。箍筋肢数为双肢箍。

2⸺22：代表梁上铁为2⸺22通长布置。

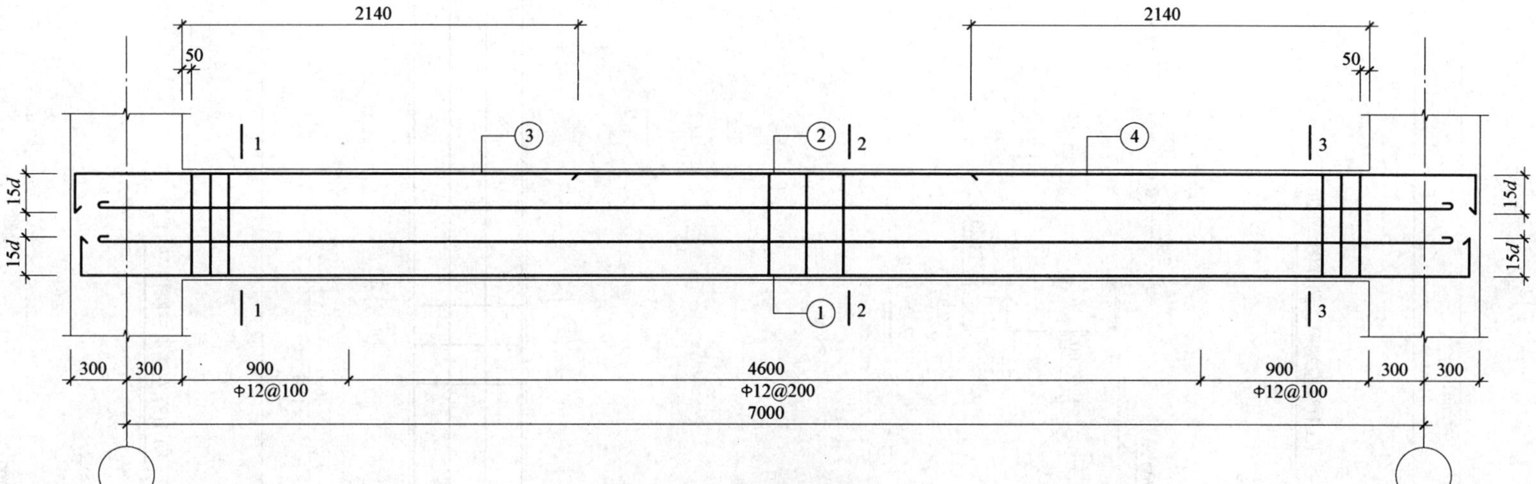

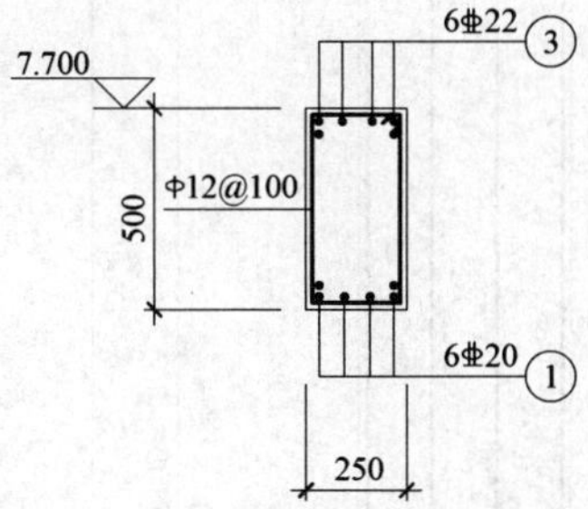

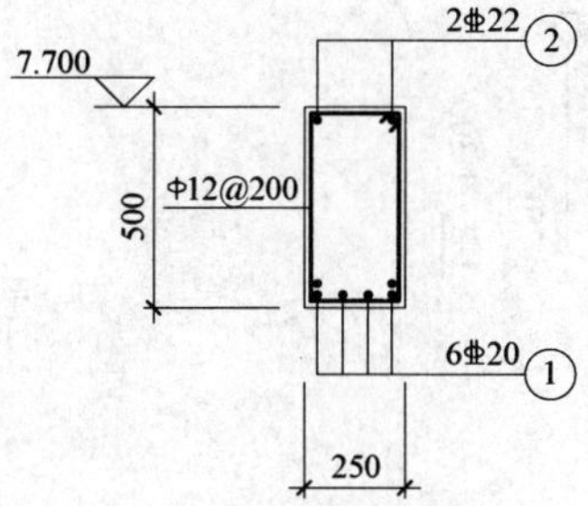

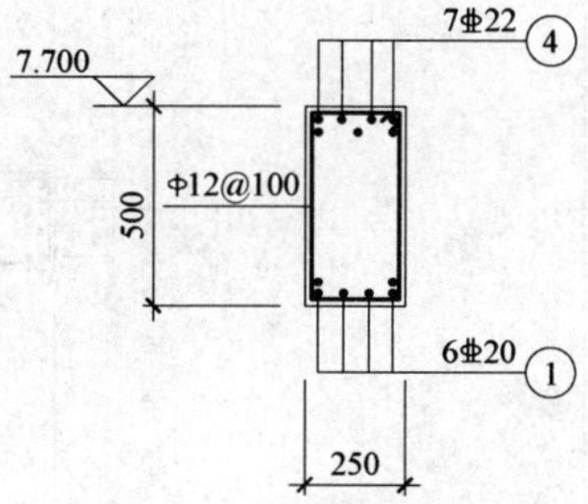

图 5-18 二层梁配筋图讲解（一）

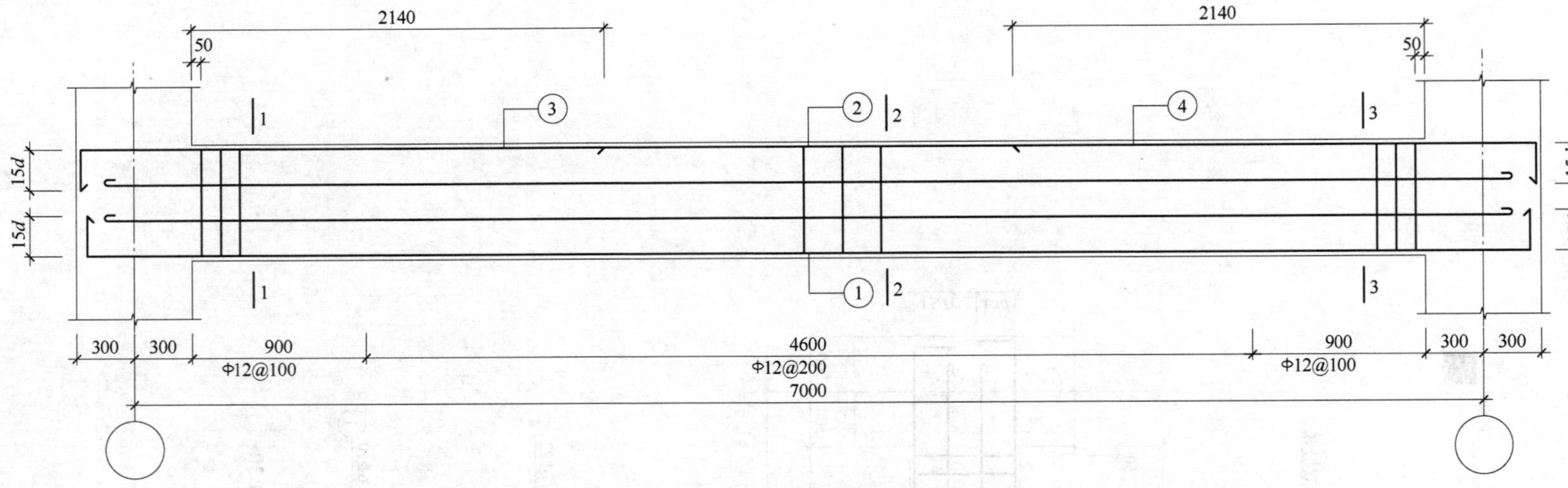

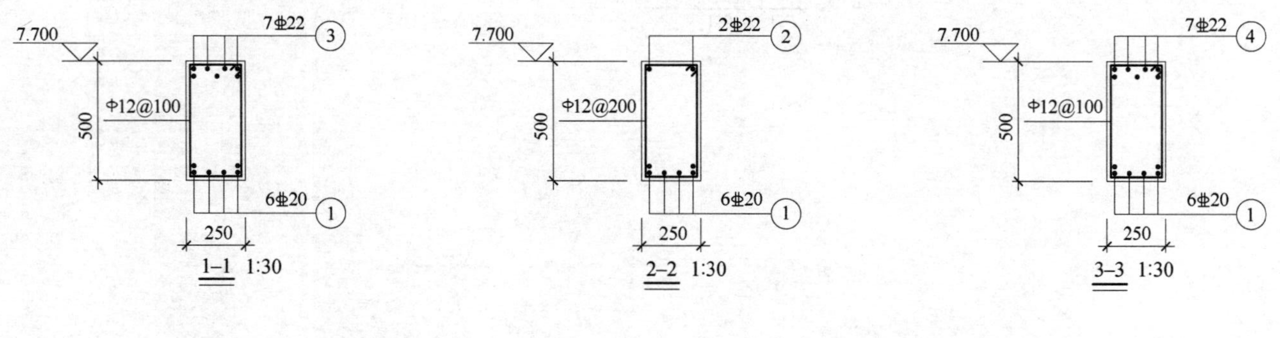

图 5-19 二层梁配筋图讲解（二）

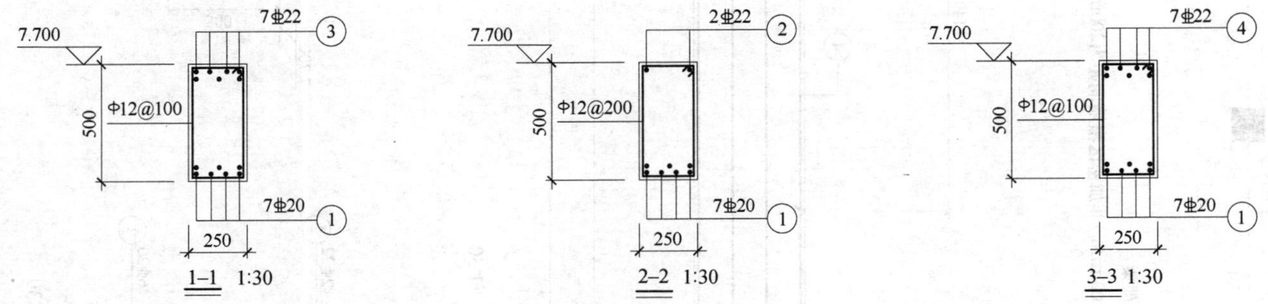

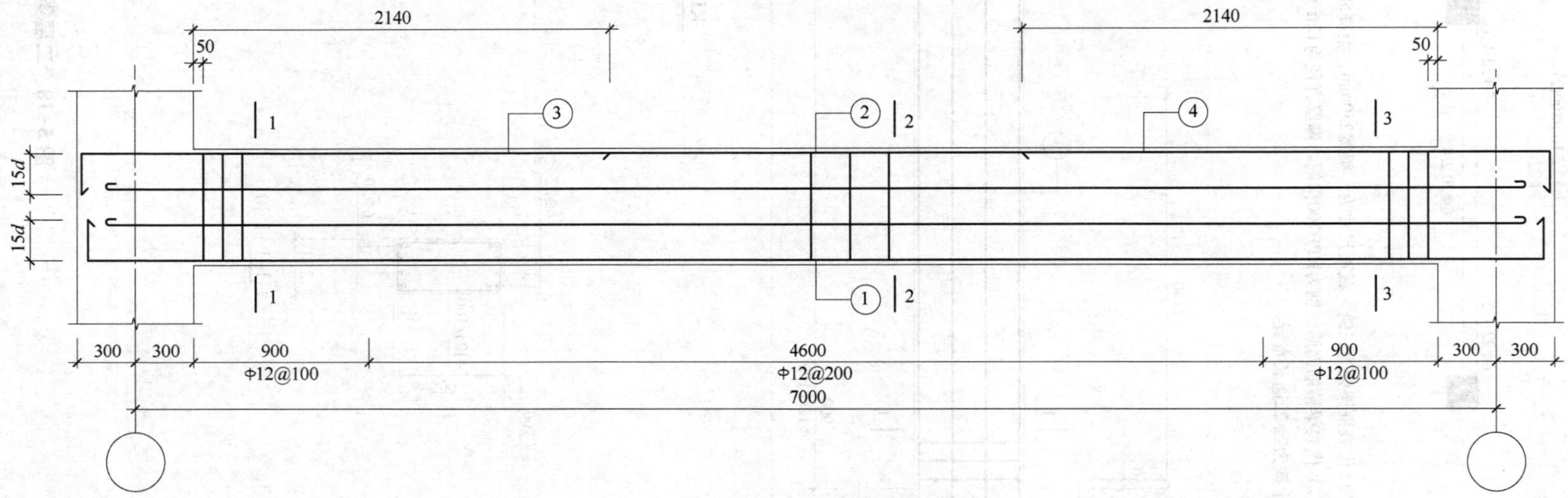

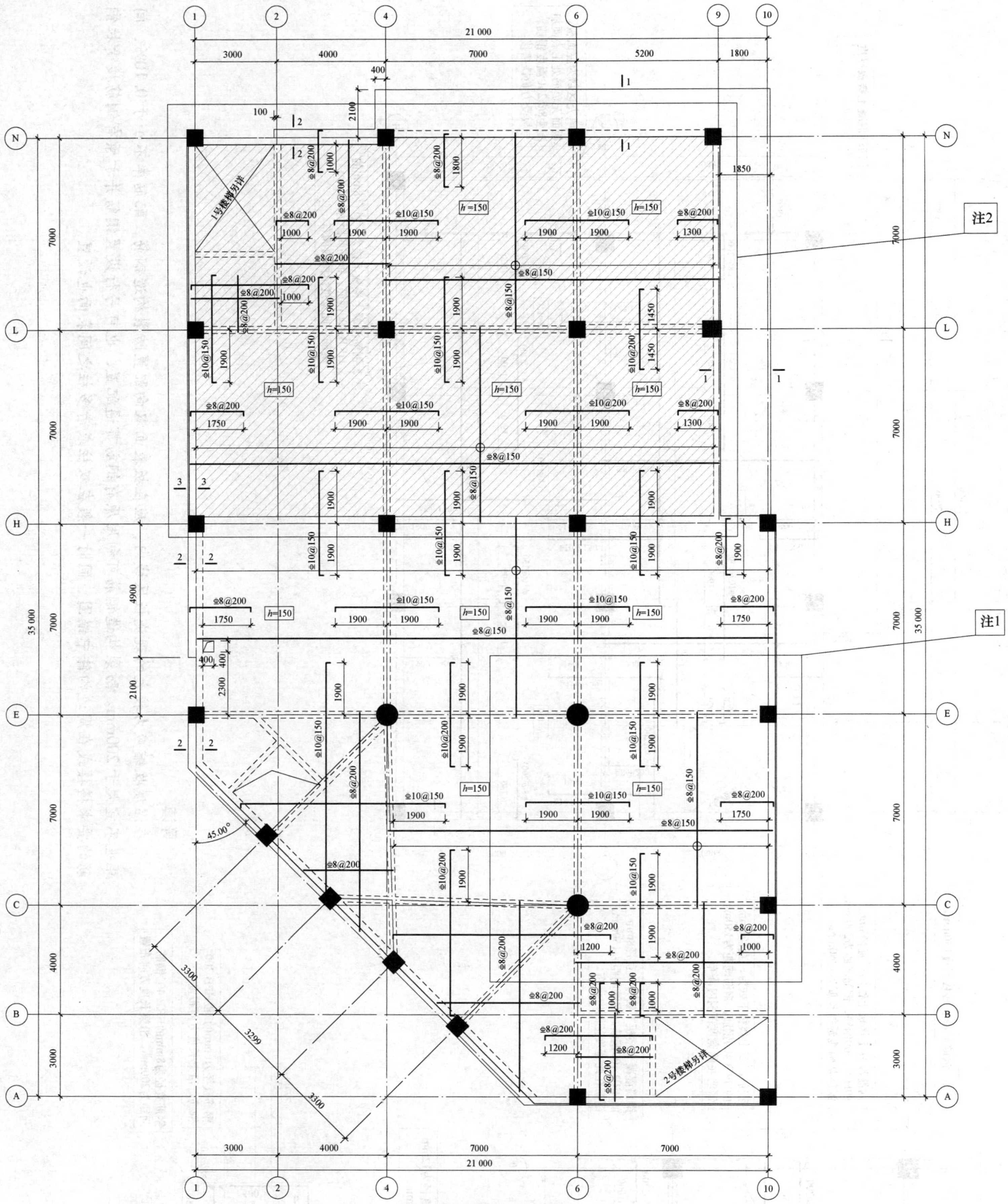

图 5-20 二层顶板配筋图

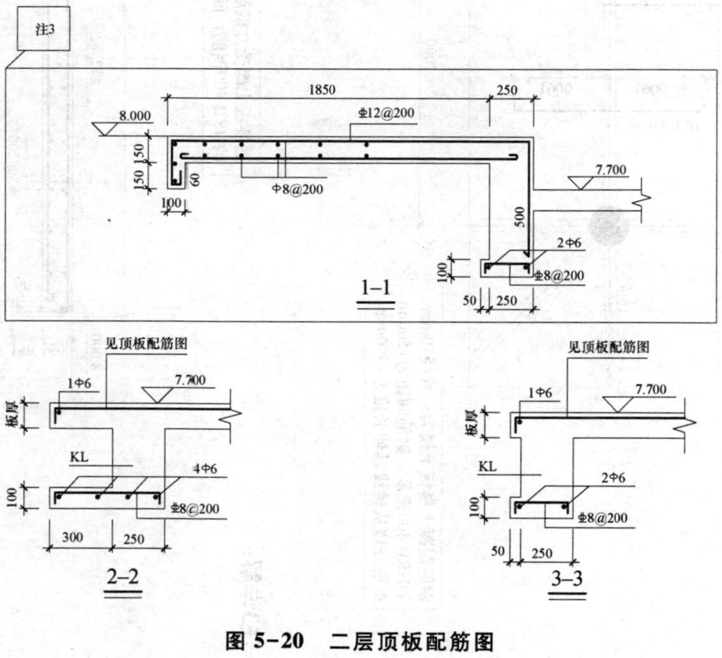

注1详解：

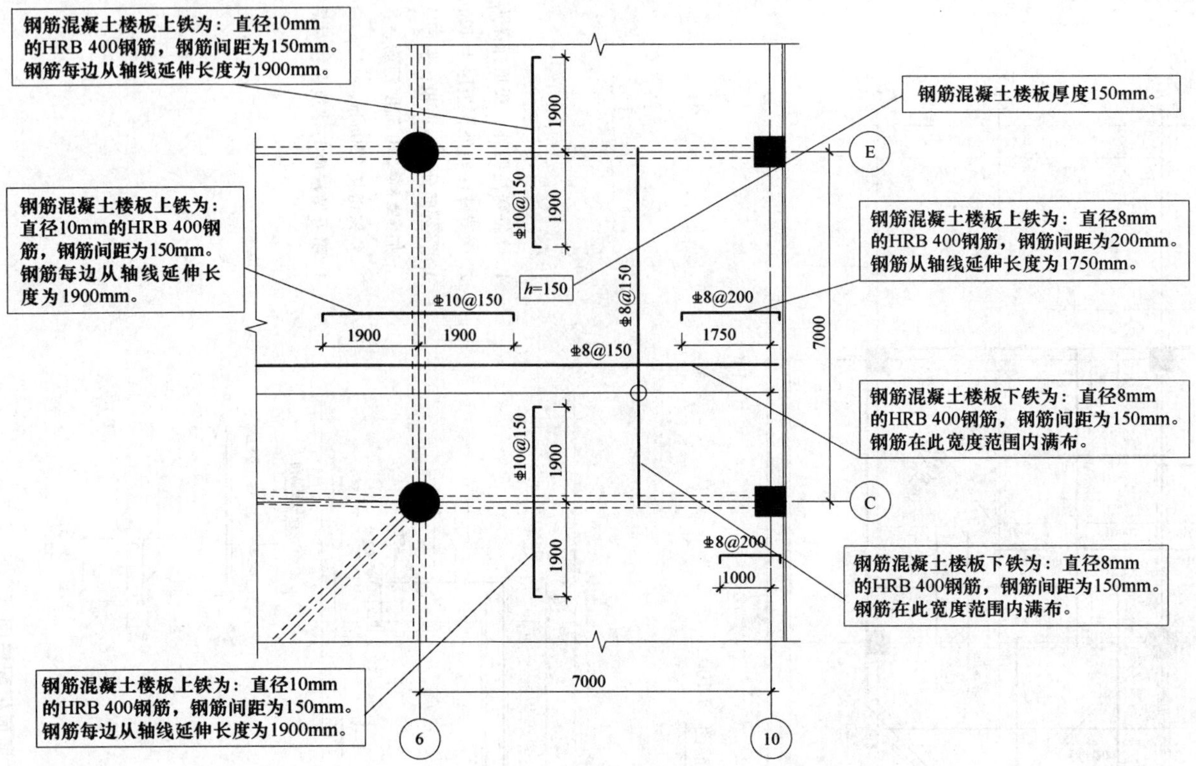

- 钢筋混凝土楼板上铁为：直径10mm的HRB 400钢筋，钢筋间距为150mm。钢筋每边从轴线延伸长度为1900mm。
- 钢筋混凝土楼板上铁为：直径10mm的HRB 400钢筋，钢筋间距为150mm。钢筋每边从轴线延伸长度为1900mm。
- 钢筋混凝土楼板厚度150mm。
- 钢筋混凝土楼板上铁为：直径8mm的HRB 400钢筋，钢筋间距为200mm。钢筋从轴线延伸长度为1750mm。
- 钢筋混凝土楼板下铁为：直径8mm的HRB 400钢筋，钢筋间距为150mm。钢筋在此宽度范围内满布。
- 钢筋混凝土楼板上铁为：直径10mm的HRB 400钢筋，钢筋间距为150mm。钢筋每边从轴线延伸长度为1900mm。

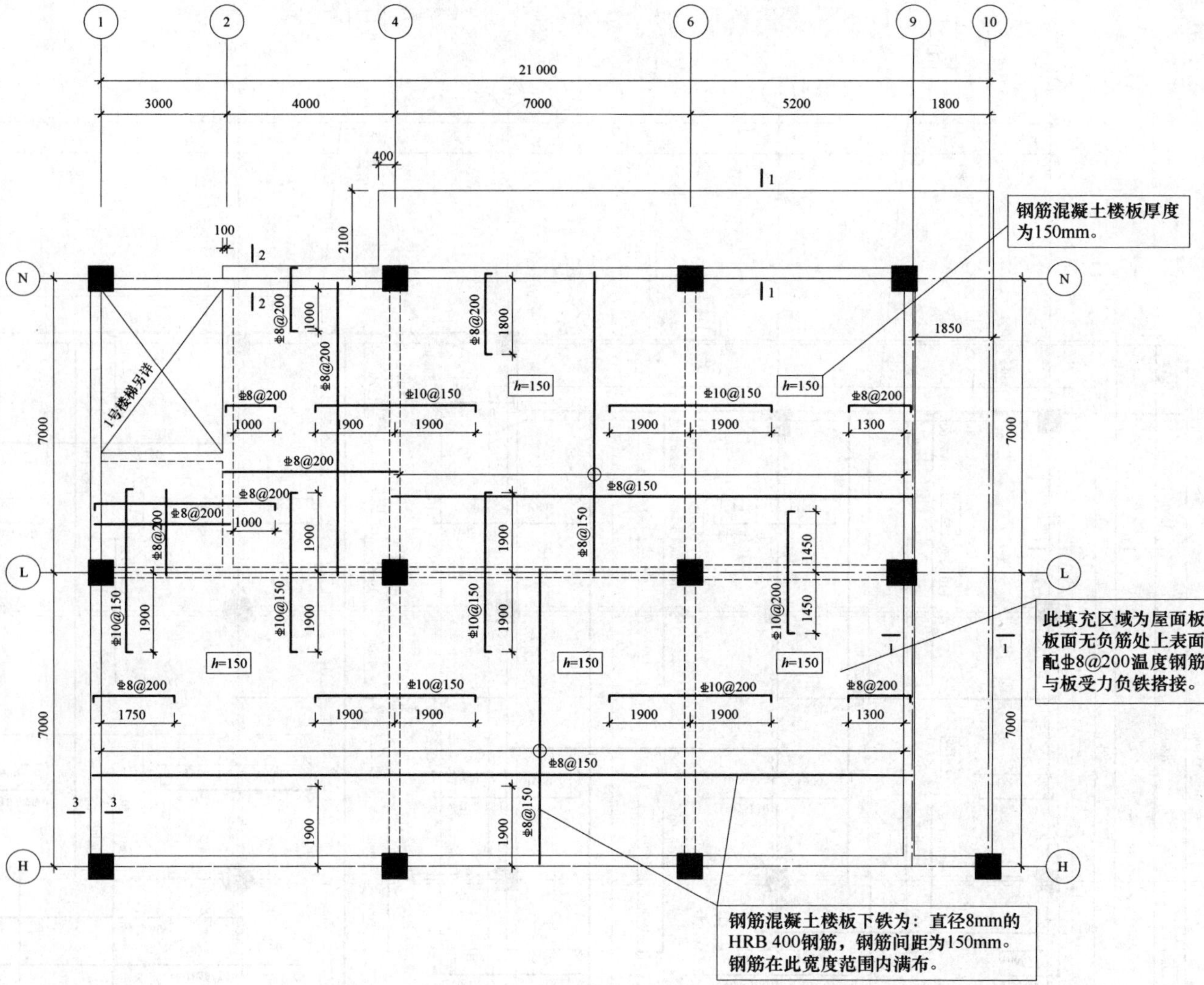

注3详解：

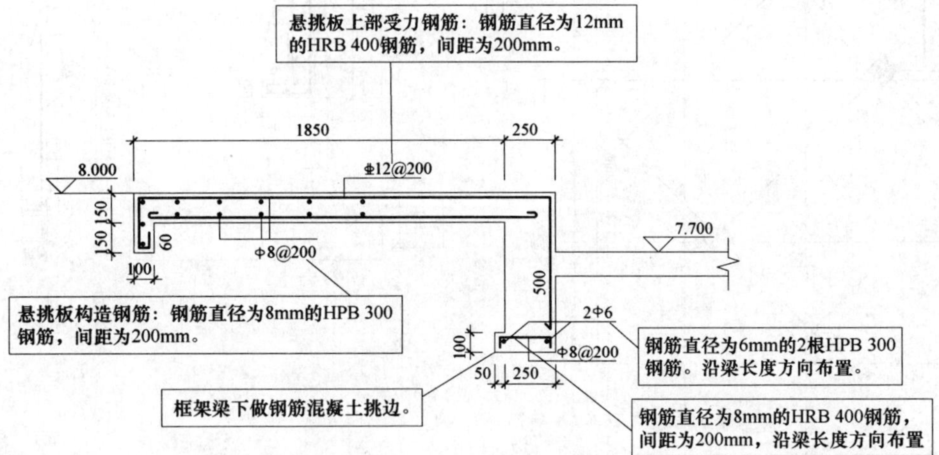

- 悬挑板上部受力钢筋：钢筋直径为12mm的HRB 400钢筋，间距为200mm。
- 悬挑板构造钢筋：钢筋直径为8mm的HPB 300钢筋，间距为200mm。
- 框架梁下做钢筋混凝土挑边。
- 钢筋直径为6mm的2根HPB 300钢筋，沿梁长度方向布置。
- 钢筋直径为8mm的HRB 400钢筋，间距为200mm，沿梁长度方向布置。

1—1

注2详解：

- 钢筋混凝土楼板厚度为150mm。
- 此填充区域为屋面板，板面无负筋处上表面加配Φ8@200温度钢筋，与板受力负铁搭接。
- 钢筋混凝土楼板下铁为：直径8mm的HRB 400钢筋，钢筋间距为150mm。钢筋在此宽度范围内满布。

导读

在温度收缩应力较大的现浇板区域内，应在板表面双向配置防裂构造钢筋，配筋率不小于0.10%，间距也不宜大于200mm。防裂构造钢筋可利用原有钢筋贯通配置，也可另行设置钢筋并于原有钢筋按受拉钢筋的要求搭接或在周边构件中锚固。同时一般在双柱或者多柱之间表面也设置。

图 5-21 二层顶板配筋图讲解

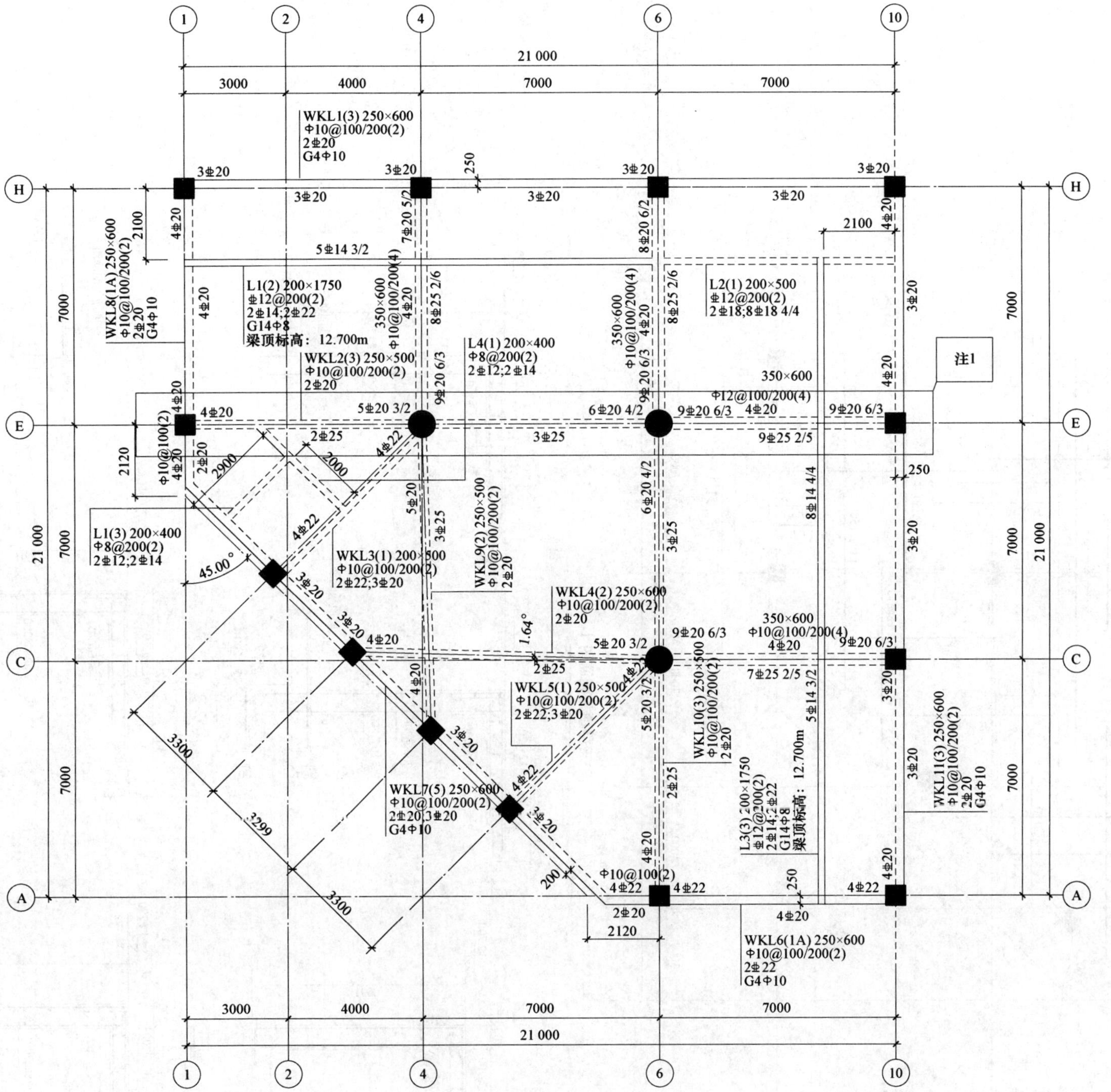

三层梁配筋图 1:100

注：
1. 除特殊注明外，梁顶标高为11.100。
2. 图中未注明梁定位为轴线居中。
3. 主次梁相交处应在主梁上次梁两侧设附加箍筋，每侧3根，直径及肢数同主梁箍筋，主次梁交接处，附加吊筋、箍筋做法详见《16G101-1》。

图 5-22　三层梁配筋图

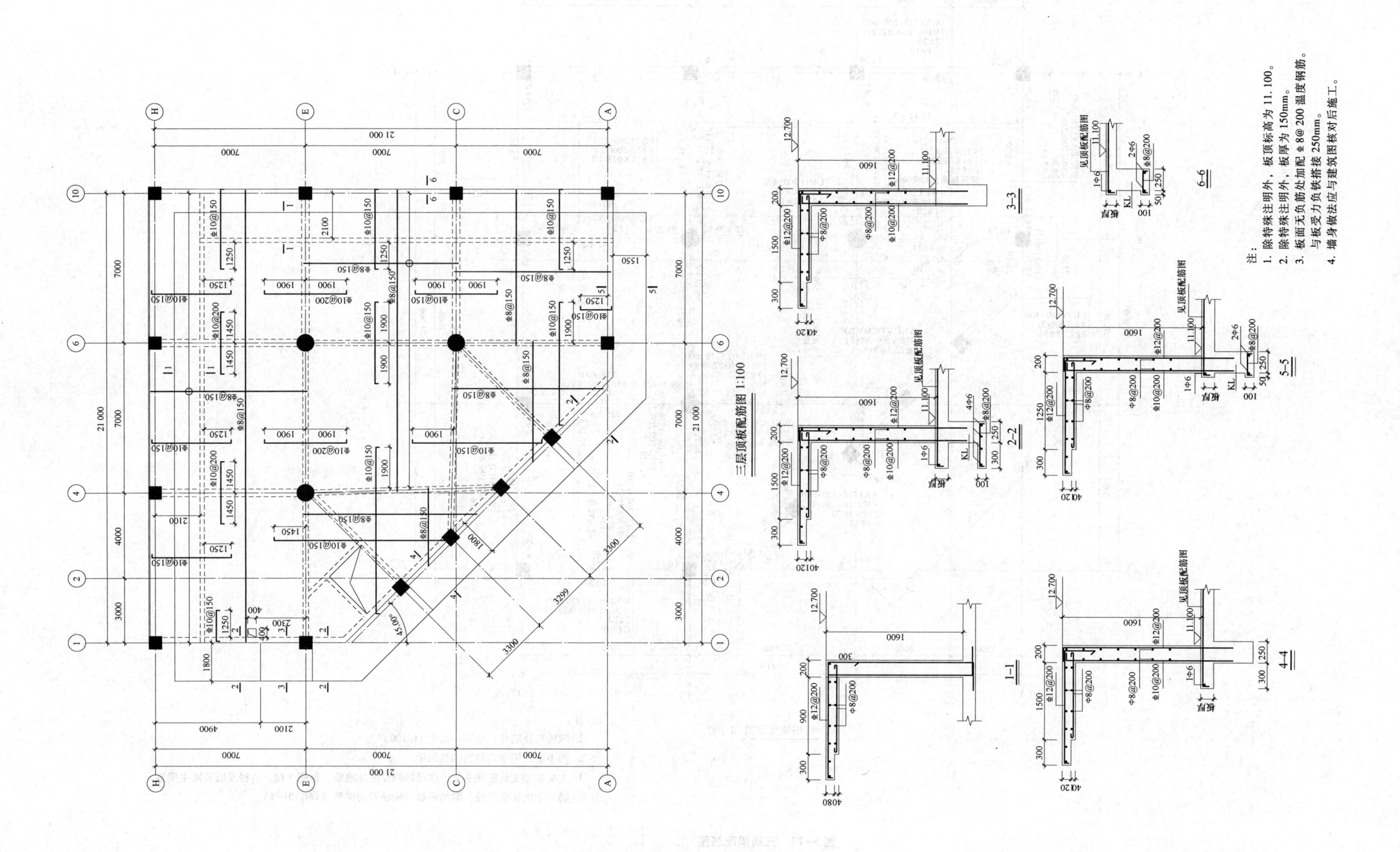

图 5-23 三层顶板配筋图

注:
1. 除特殊注明外,板顶标高为 11.100。
2. 除特殊注明外,板厚为 150mm。
3. 板面无负筋处加配 ⌀8@200 温度钢筋。板底受力负铁搭接 250mm。
4. 墙身做法应与建筑核对后施工。

注1详解：

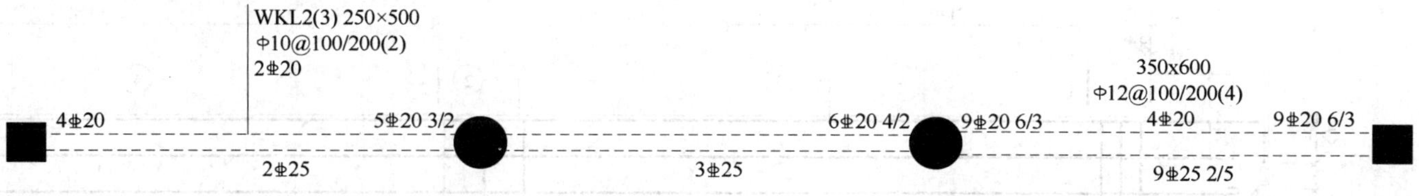

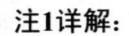

WKL2(3) 250×500:代表屋面框架梁为三跨。截面尺寸为：梁宽250mm，梁高500mm。其中KL代表框架梁。

Φ10@100/200(2):代表梁箍筋钢筋级别为HPB 300钢筋。箍筋直径为10mm。加密区箍筋间距为100mm。非加密区箍筋间距为200mm。箍筋肢数为双肢箍。

2⊥20:代表梁上铁为2⊥20通长布置。

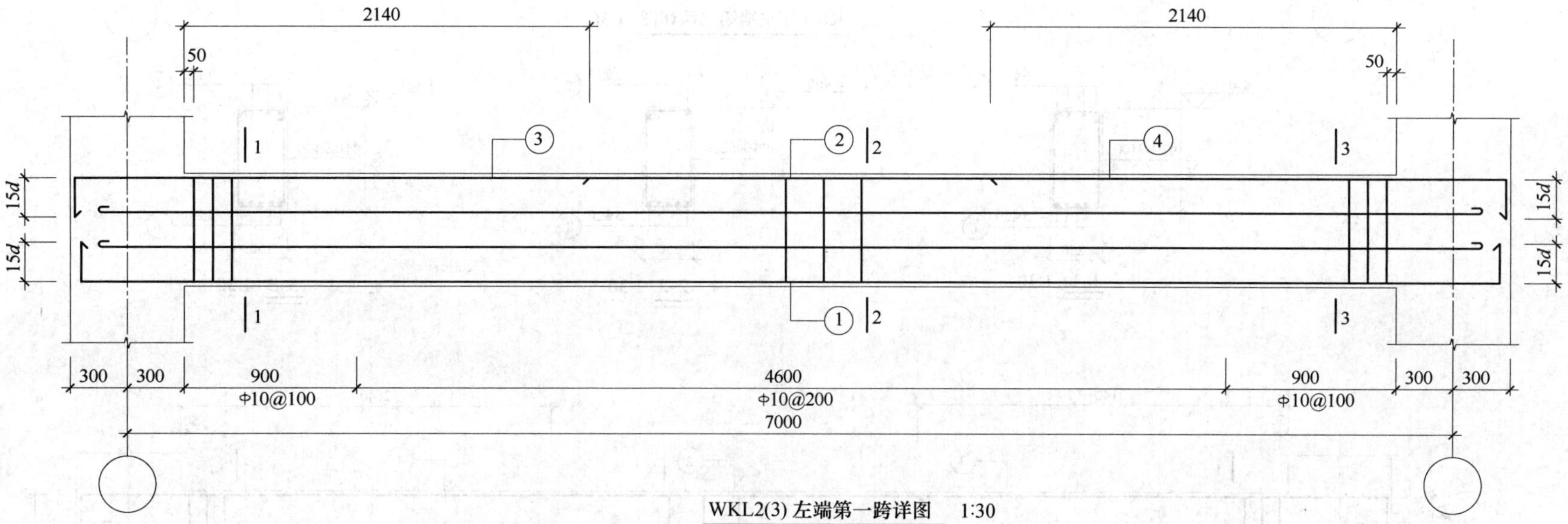

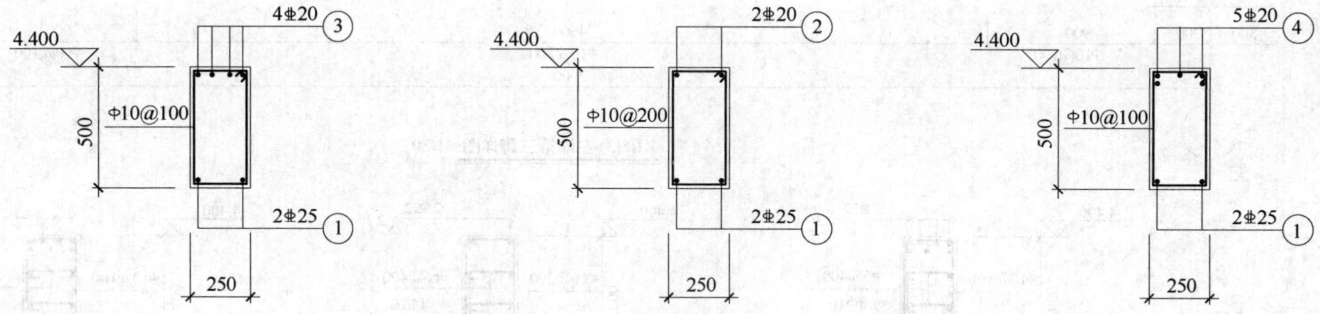

图 5-24 三层梁配筋图讲解（一）

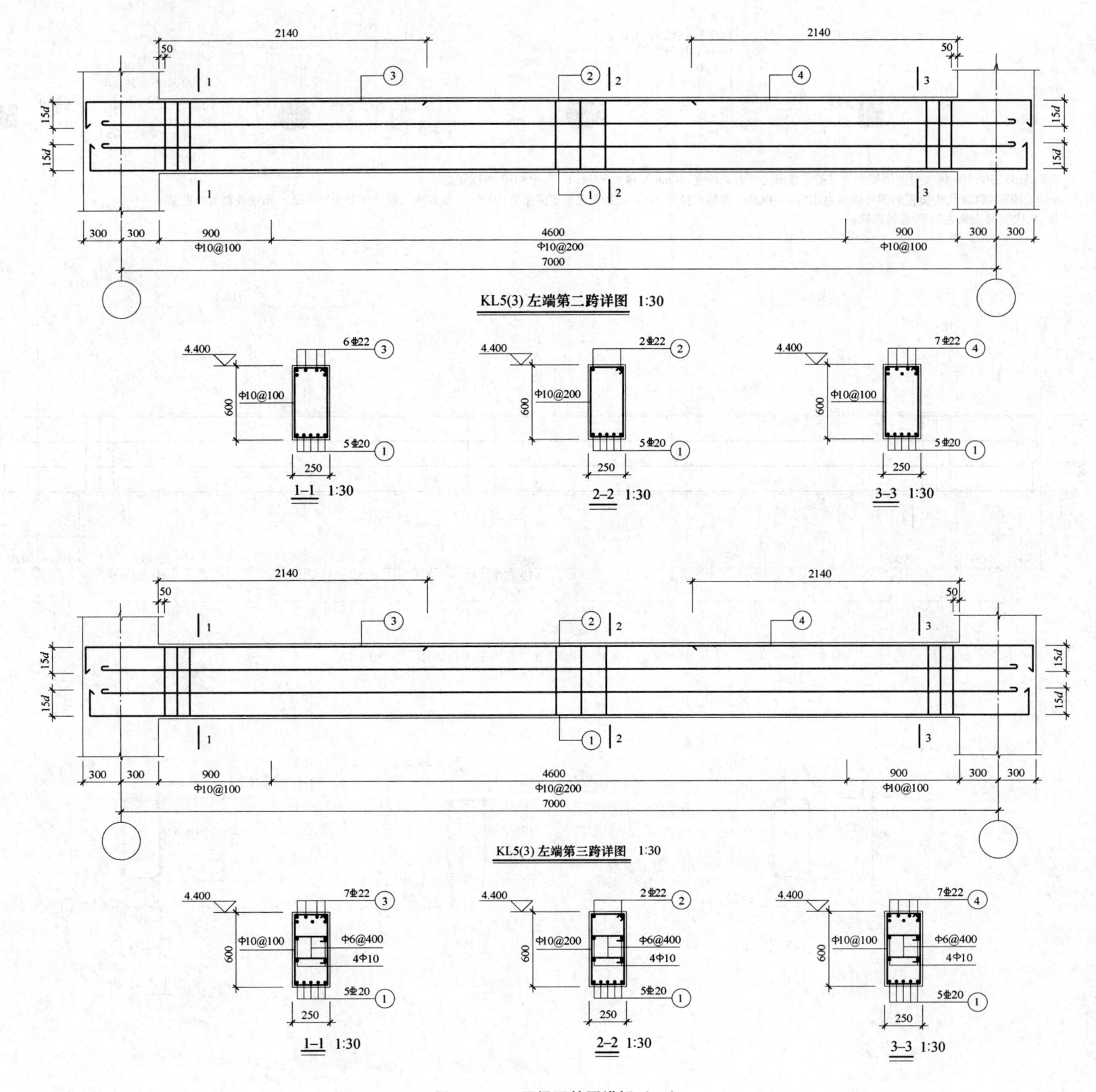

图 5-25 三层梁配筋图讲解（二）

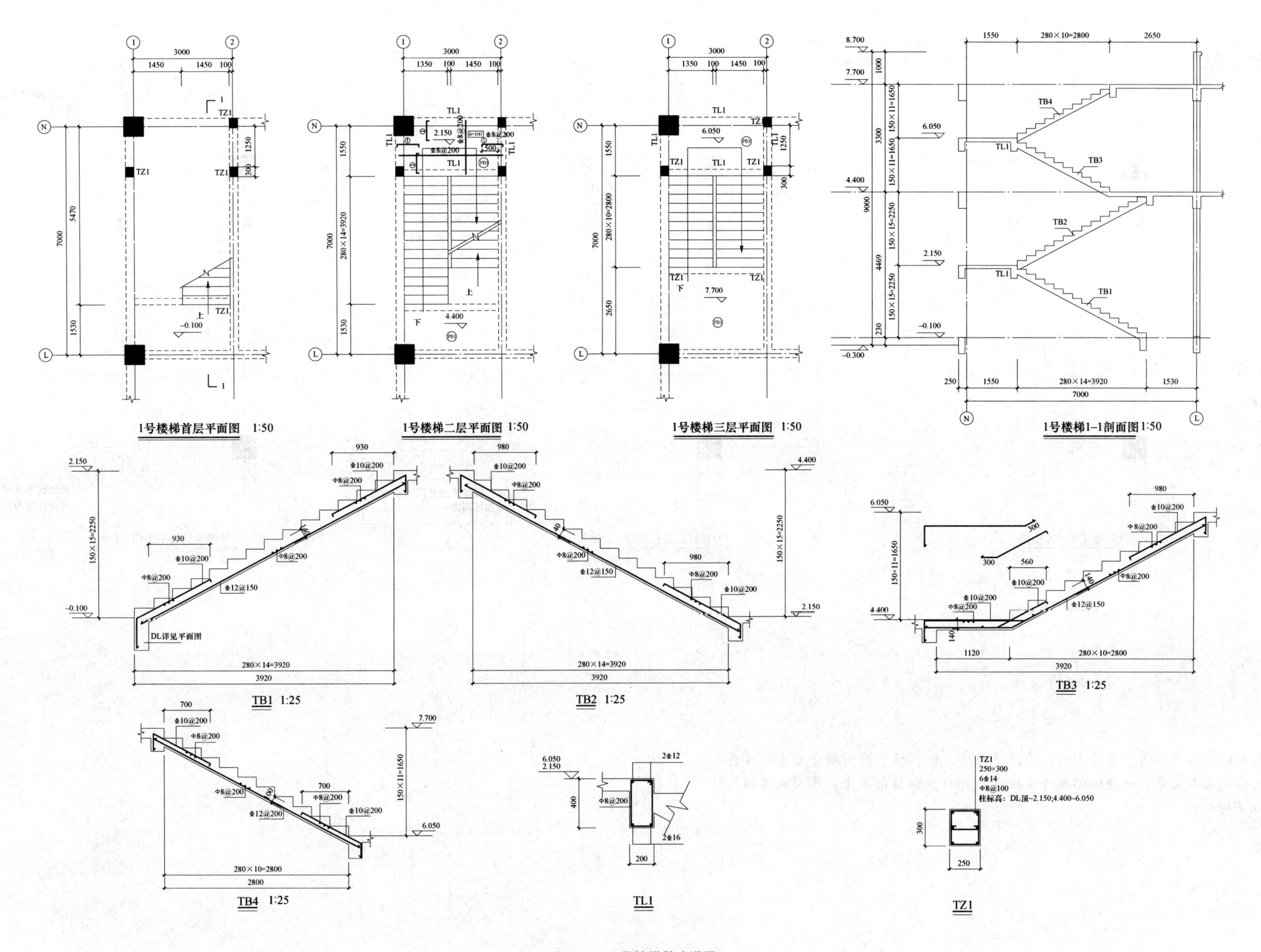

图 5-26　1号楼梯做法详图

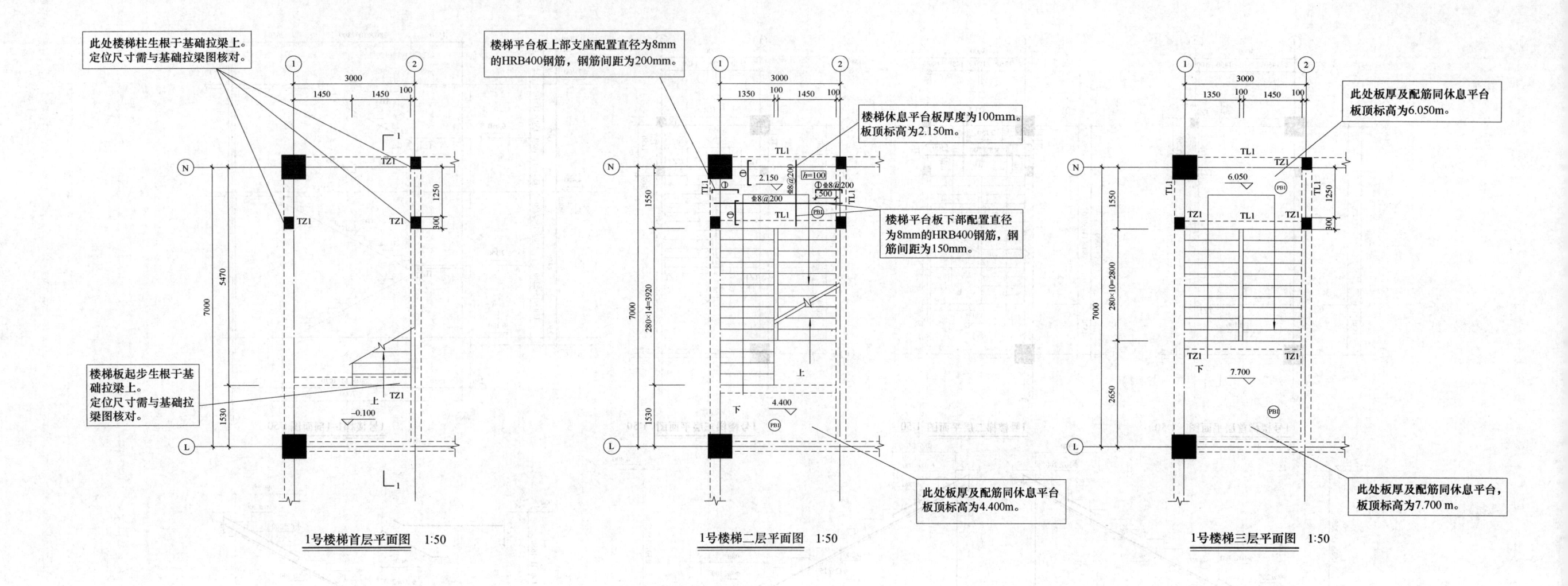

导读

此图是楼梯的三层平面图。看此图时，应注意与梁、板、柱平面图结合着看，注意楼梯与它们之间的相互关系。一般楼梯柱会生根于基础拉梁和框架梁上，在梁施工的时候，别忘记柱子的插筋。

图 5-27 1号楼梯做法讲解

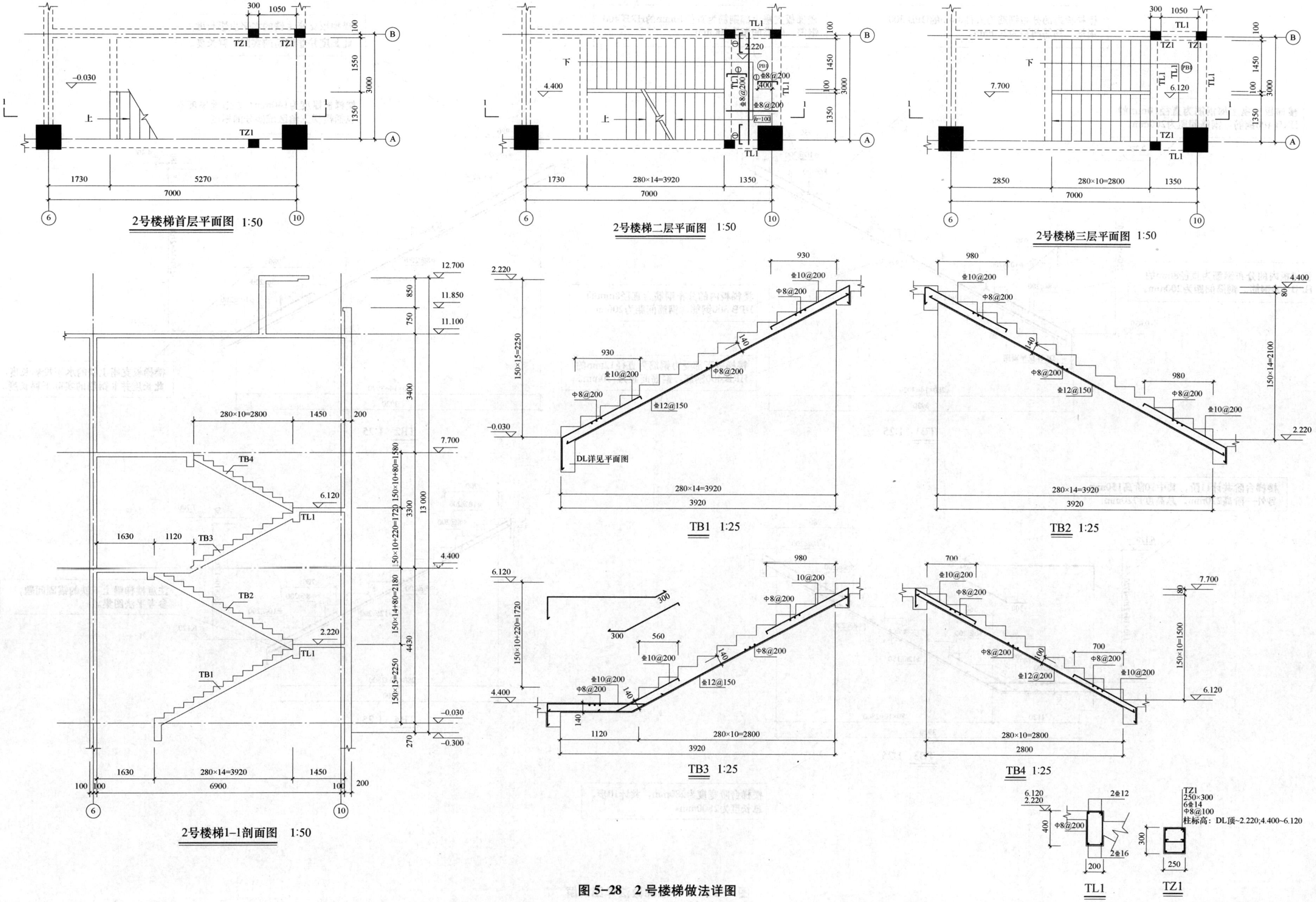

图 5-28 2号楼梯做法详图

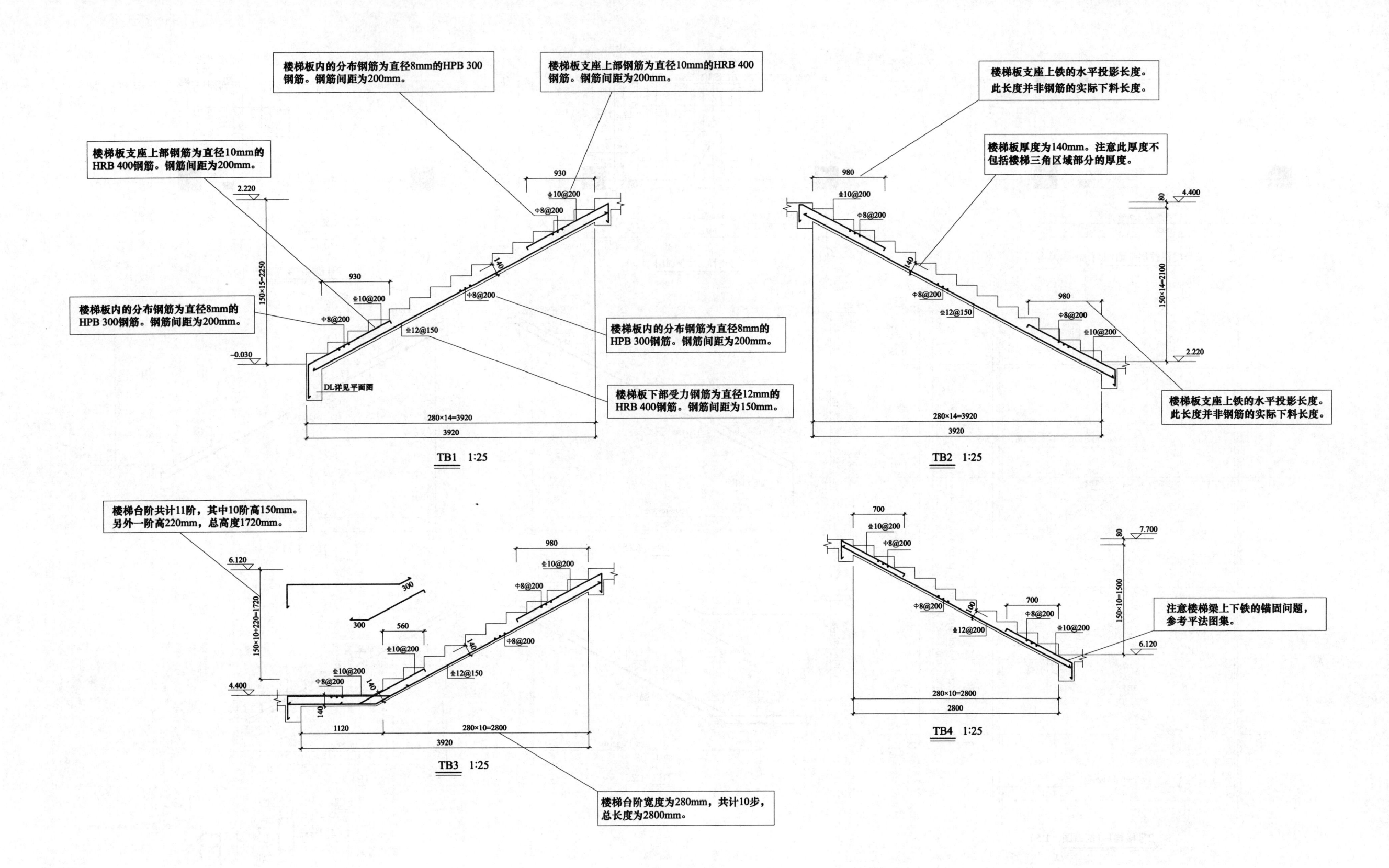

图 5-29 2号楼梯做法详图讲解

第6天

别墅结构施工图设计总说明

第1小时 工 程 概 况

本工程共三层，半地下一层，地上二层，采用短肢剪力墙结构，抗震等级为二级，剪力墙底部加强区域为基础顶~首层顶。±0.000 标高相当于绝对标高详见建筑图。

【解读】

从工程概况中可以了解到本工程是一个三层短肢剪力墙结构的工程，了解到抗震等级为二级，以及底部加强区的位置。对结构形式、结构体量等有一个直观的认识。

第2小时 设 计 依 据

（1）依据《建筑结构可靠度设计统一标准》（GB 50068—2001），本工程建筑结构安全等级为二级。结构设计使用年限为 50 年。未经技术鉴定或设计许可，不得改变结构的用途和使用环境。

（2）自然条件：

1）风荷载：基本风压：$0.45kN/m^2$，地面粗糙度：B 类。

2）雪荷载：基本雪压：$0.40kN/m^2$。

3）场地工程地质条件：根据某勘察设计研究院××年××月提供的《××住宅项目工程岩土工程勘察报告（详勘）》，建筑场地类别三类。

4）本工程地下水埋藏较深，可不考虑地下水对混凝土和混凝土中钢筋的腐蚀性。

5）本工程抗震设防类别为丙类，抗震设防烈度为 8 度，设计地震加速度值为 $0.20g$，设计地震分组为第一组。

6）标准冻深：0.80m。

【解读】

设计依据是结构设计人员在进行结构设计计算时，选取的一些参数指标，是进行结构设计的具体依据。

施工人员对此也应该有了解，如发现有些自然条件与图纸不符，应及时与设计人员沟通。

第3小时 地 基 及 基 础

根据勘察设计研究院××年××月提供的《××住宅项目工程岩土工程勘察报告（详勘）》基础持力层为新近沉积的粉质黏土层，综合承载力标准值为 90kPa。

基础形式为筏板基础，基础设计等级为丙级。基槽开挖后应普遍钎探并通知勘察和设计部门进行基槽检验，合格后方可进行基础施工。

【解读】

地基勘察报告是结构设计人员进行基础形式设计的依据，也是地基验槽时的依据。看地勘报告主要看以下几点：

第一，直接看结语和建议中的持力层土质、地基承载力特征值和地基类型以及基础建议砌筑标高；

第二，结合钻探点看懂地质剖面图，并进一步确定基础埋深；

第三，重点看结束语中存在饱和沙土和饱和粉土的地基，是否有液化判别；

第四，重点看两个水位及历年来地下水的最高水位和抗浮水位；

第五，特别扫读一下结余或建议中定性的警示语句，并且必要时把它加到基础说明中去；

第六，特别扫读一下结语中场地类场地类型、覆土厚度。

第4小时 主 要 材 料

（1）钢筋：Φ 表示 HPB300 级钢筋；Φ 表示 HRB335 级钢筋。Φ 表示 HRB400 级钢筋。

（2）框架结构纵向受力钢筋的抗拉强度实测值与屈服强度实测值的比值不应小于 1.25，且钢筋的屈服强度实测值与强度标准值的比值不应大于 1.3；钢筋在最大拉力下的总伸长率实测值不应小于 9%。

（3）预埋件的锚筋及吊环不得采用冷加工钢筋。

（4）钢板：Q235B 钢。

（5）焊条：E43××型焊接 Q235 钢及 HPB235 钢筋，E50××型焊接 HRB335 钢筋。

（6）地上隔墙采用陶粒空心砌块，强度要求见建筑图，容重应小于 $10kN/m^3$。

地下与土接触的填充墙、室外平台外墙：MU10 页岩砖。

地上：M5 混合砂浆，地下：M7.5 水泥砂浆。

（7）混凝土：（特殊注明除外）。

垫层：C15。

±0.000 以下部分：C30（基础底板及地下室外墙抗渗等级 S6）。

其他：C25。

【解读】

钢筋混凝土结构体系的基本材料就是钢筋和混凝土，这几条就是对材料在指标上的具体要求。施工单位在材料用料时，判断材料是否合格，上述指标就是检验的标准之一。也是结构设计人员在结构验收时，验收材料参考的具体数据。

第 5 小时　混凝土环境类别及耐久性要求

（1）环境类别：地上一般构件为一类，地上露天构件为二类，地下为二类 b。
（2）钢筋混凝土耐久性基本要求：
一类：最大水灰比 0.65，最少水泥用量 225kg/m³，最大氯离子含量 1.0%。
二类 a：最大水灰比 0.60，最少水泥用量 250kg/m³，最大氯离子含量 0.3%，最大碱含量 3.0kg/m³。
二类 b：最大水灰比 0.55，最少水泥用量 275kg/m³，最大氯离子含量 0.2%，最大碱含量 3.0kg/m³。

【解读】
环境类别直接关系到梁、板、柱等构件的保护层问题，保护层的厚度与环境类别有关系。混凝土耐久性基本要求是对采用商品混凝土提出的具体的技术指标要求。商品混凝土必须满足这些指标的要求，才能用于施工。

第 6 小时　钢筋混凝土结构构造

（1）本工程采用图集《混凝土结构施工图平面整体表示方法制图规则和构造详图》(16G101-1)，梁、柱及剪力墙的构造分别选用其相应抗震等级的节点。
（2）混凝土保护层见表 6-1。

表 6-1　　　　　混凝土保护层厚度

环境条件	构件类别	保护层厚度
地下部分	基础梁、底板	40
	外墙外侧	25
	外墙内侧	20
地上部分	墙、楼板、楼梯	15（25）
	梁	25（30）
	柱、暗柱	30

不小于受力筋直径

注：括号中的数值用于地上外露构件环境。

【解读】
在钢筋混凝土构件中，为防止钢筋锈蚀，并保证钢筋和混凝土牢固黏结在一起，钢筋外面必须有足够厚度的混凝土保护层。作用如下：①维持受力钢筋及混凝土之间的握裹力。②保护钢筋免遭锈蚀。

第 7 小时　隔墙与混凝土墙、柱的连接及圈梁、过梁、构造柱的要求

（1）砌体结构施工控制等级不应低于 B 级。
（2）填充墙及隔墙的抗震构造要求及做法见图集 03G329-1《建筑物抗震构造详图》页 34。
（3）空心砌块填充墙及隔墙的要求及做法见图集 02SG614《框架结构填充小型空心砌块墙体构造》。
其中，填充墙及隔墙在拐角及纵横墙连接部位均应设置构造柱或芯柱。当墙长超过层高 1.5~2 倍时，墙内构造柱或芯柱间距不得大于 3.0m。
（4）门窗过梁：墙砌体上门窗洞口应设置钢筋混凝土过梁（见表 6-2 和图 6-1）；当洞口上方有承重梁通过，且该梁底标高与门窗洞顶距离过近，放不下过梁或洞顶为弧形时，可直接在梁下挂板。

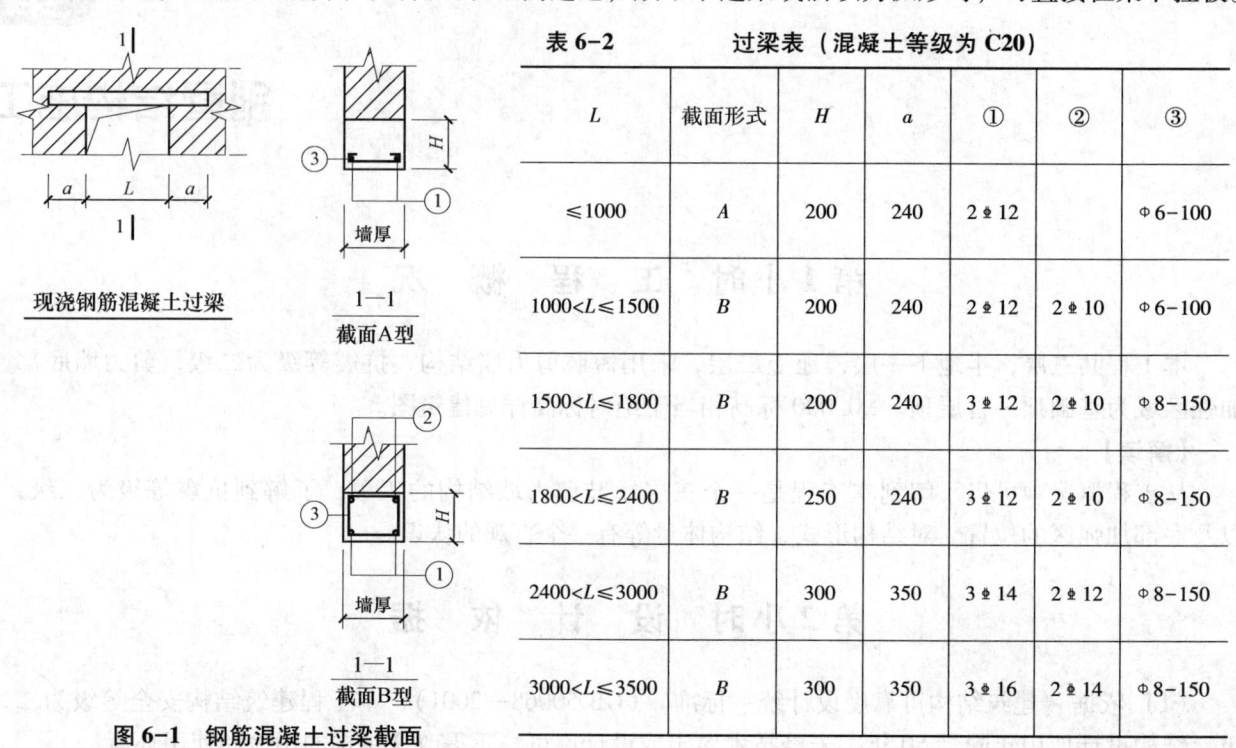

表 6-2　　　过梁表（混凝土等级为 C20）

L	截面形式	H	a	①	②	③
≤1000	A	200	240	2⌀12		Φ6-100
1000<L≤1500	B	200	240	2⌀12	2⌀10	Φ6-100
1500<L≤1800	B	200	240	3⌀12	2⌀10	Φ8-150
1800<L≤2400	B	250	240	3⌀12	2⌀10	Φ8-150
2400<L≤3000	B	300	240	3⌀14	2⌀10	Φ8-150
3000<L≤3500	B	300	350	3⌀16	2⌀14	Φ8-150

图 6-1　钢筋混凝土过梁截面

（5）填充墙及隔墙的其他相关做法见图集 88J2-2。

【解读】
隔墙作为二次结构来施工。在结构设计图纸中。一般是不表示的，只是对隔墙做法指定图集号。但这并不说明隔墙就不重要的。施工时，一定要熟悉图纸及图集的构造做法。
二次结构砌筑维护墙及隔墙时，当遇到门窗洞口时，在洞口上方应设置过梁。过梁具体做法见表 6-2。注意过梁在洞口两边的搁置长度要求。

第 8 小时　选用标准图集的识读

《混凝土结构施工图平面整体表示方法制图规则和构造详图（现浇混凝土框架、剪力墙、梁、板）》(16G101—1)。
《混凝土结构施工图平面整体表示方法制图规则和构造详图（独立基础、条形基础、筏形基础及桩基承台）》(16G101—3)。
《砌体填充墙结构构造》(06SG614—1)。

【解读】
目前我国的结构专业设计图纸，均采用平法标注。依据的图集为 16G101 系列，施工人员如果熟读此图集，看懂看透结构设计图纸应该就没有问题了。另外，砌体填充墙结构构造 06SG614—1 这本图集也很重要。

第 7 天

别墅结构施工图识读详解

第 1 小时　详解基础梁结构图

别墅基础梁结构图及其讲解，如图 7-1、图 7-2 所示。

第 2 小时　详解基础底板配筋图

别墅基础底板配筋图及其讲解，如图 7-3、图 7-4 所示。

第 3 小时　详解地下室墙、柱、顶梁结构图

别墅地下室墙、柱、顶梁结构图及其讲解，如图 7-5、图 7-6 所示。

第 4 小时　详解地下室顶板配筋图

别墅地下室顶板配筋图及其讲解，如图 7-7、图 7-8 所示。

第 5 小时　详解首层墙、柱、顶梁结构图

别墅首层、二层墙、柱、顶梁结构图及其讲解，如图 7-9、图 7-10 所示。

第 6 小时　详解二层墙、柱、顶梁结构图

别墅首层、二层墙、柱、顶梁结构图及其讲解，如图 7-11、图 7-12 所示。

第 7 小时　详解首层、二层顶板配筋图

别墅首层、二层顶板配筋图及其讲解，如图 7-13～图 7-16 所示。

第 8 小时　详解楼梯及壁炉详图

别墅楼梯及壁炉详图及其讲解，如图 7-17～图 7-20 所示。

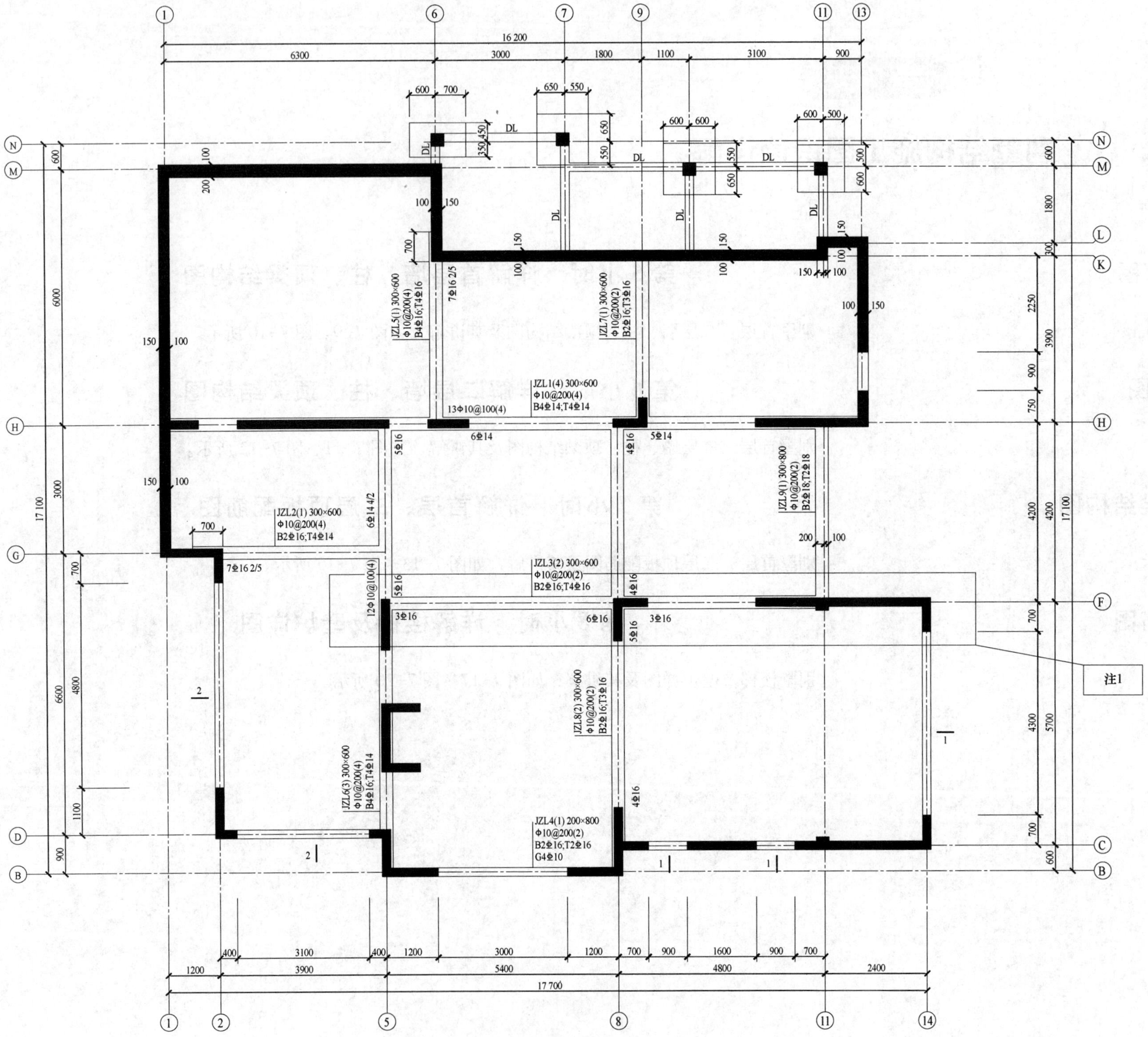

基础梁结构图 1:50

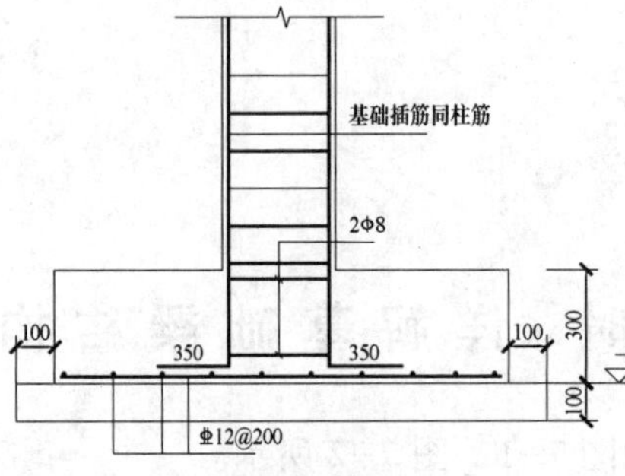

图 7-1 基础梁结构图

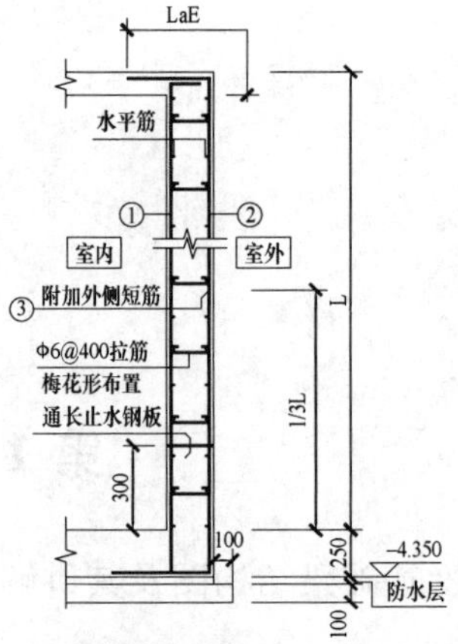

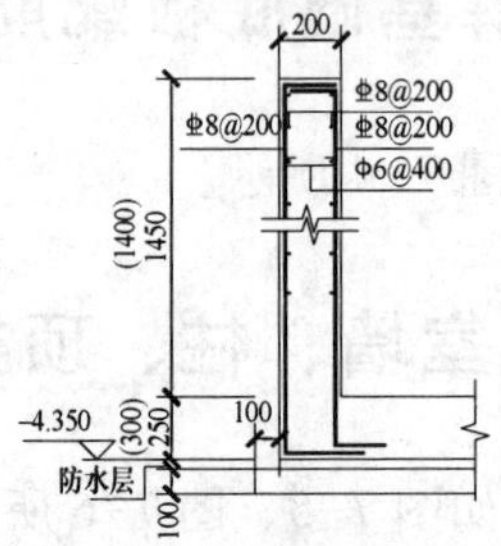

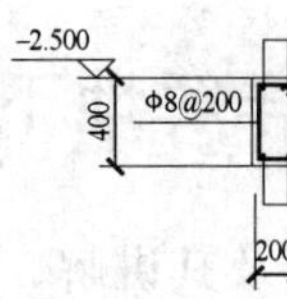

注:
1. 基础梁底结构标高除注明者外为-4.350。
2. 有关筏板基础的构造做法见图集 16G101-3 中相关内容。
3. 基础梁位置除图中注明者外,其余均轴线居中。
4. 未注明墙体厚均为 200mm,均轴线居中。

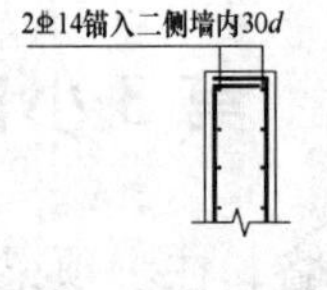

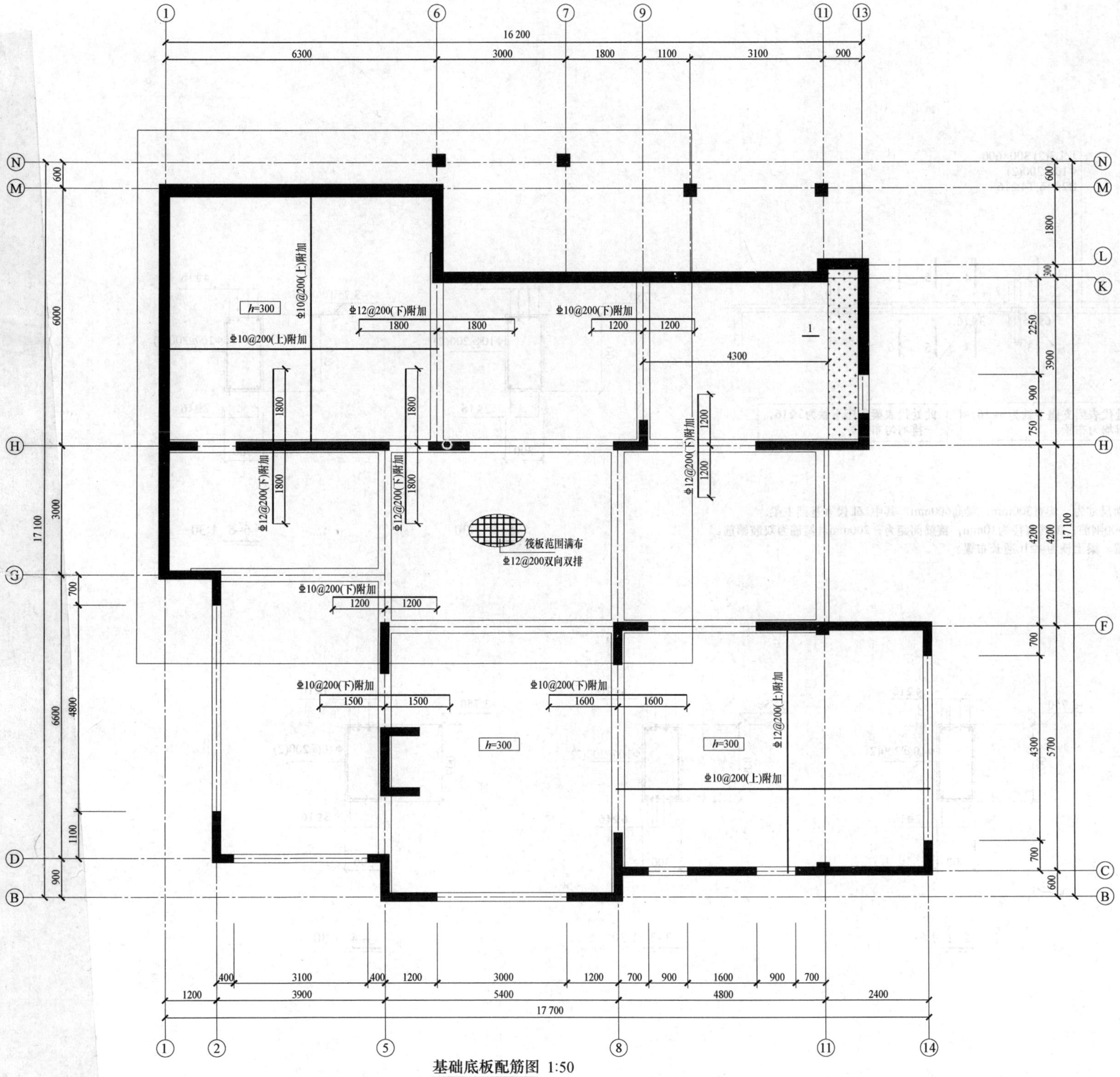

筏板基础配筋图 1:50

注：
1. 筏板底板厚度明示表外厚度为250mm，筏板底各构件标高层顶明示表外为-4.350。
2. 承台 ▨▨▨▨ 部分筏板底各构件标高层顶明示表外为-4.750。
3. 有关连筋底板的构造做法见图集 16G101-3 中相关内容。

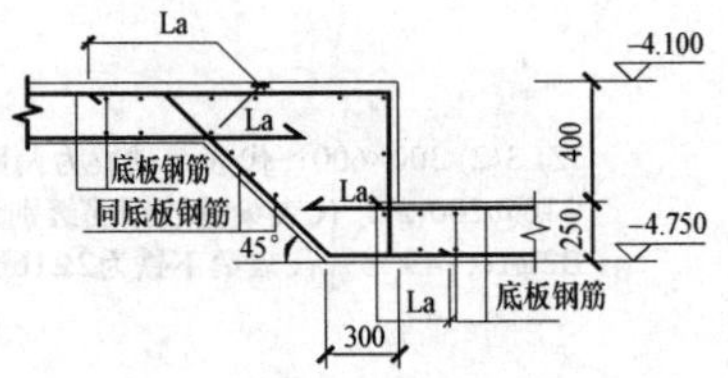

图 7-3 筏板底板配筋图

图 7-2 屋顶梁结构构造详图

施工说明：

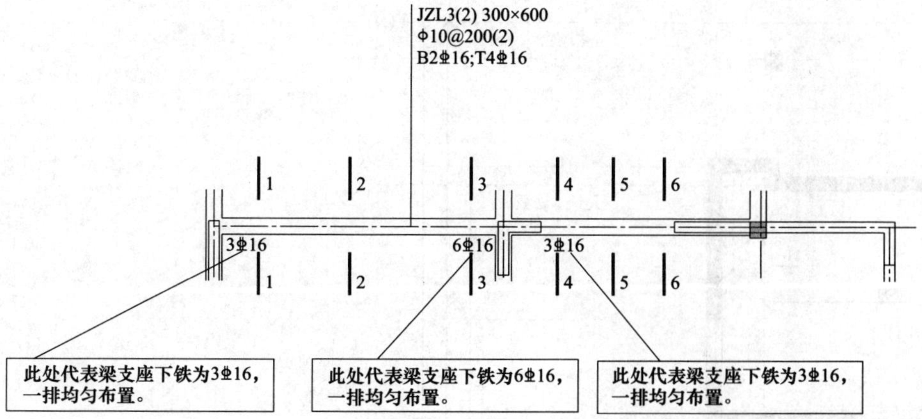

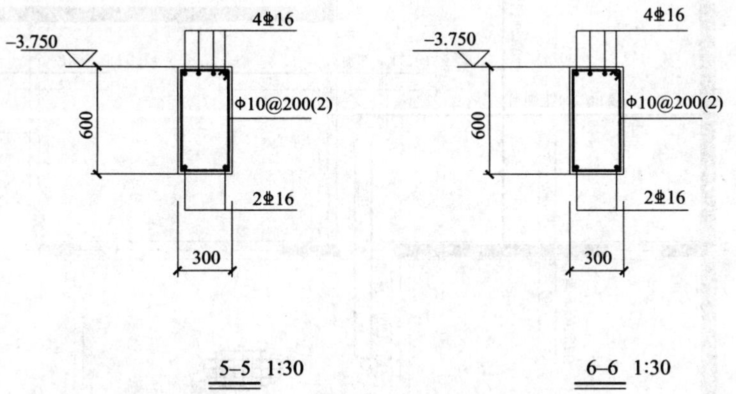

JZL3(2) 300×600：代表连续梁为两跨，截面尺寸为：宽为300mm，梁高为600mm，其中JZL代表连续梁主梁。
Φ10@200(2)：代表箍筋的级别为HPB300钢筋，箍筋直径为10mm，箍筋间距为：200mm，箍筋为双肢箍筋。
B2Φ16；T4Φ16：代表梁下部为2Φ16通长布置，梁上部为4Φ16通长布置。

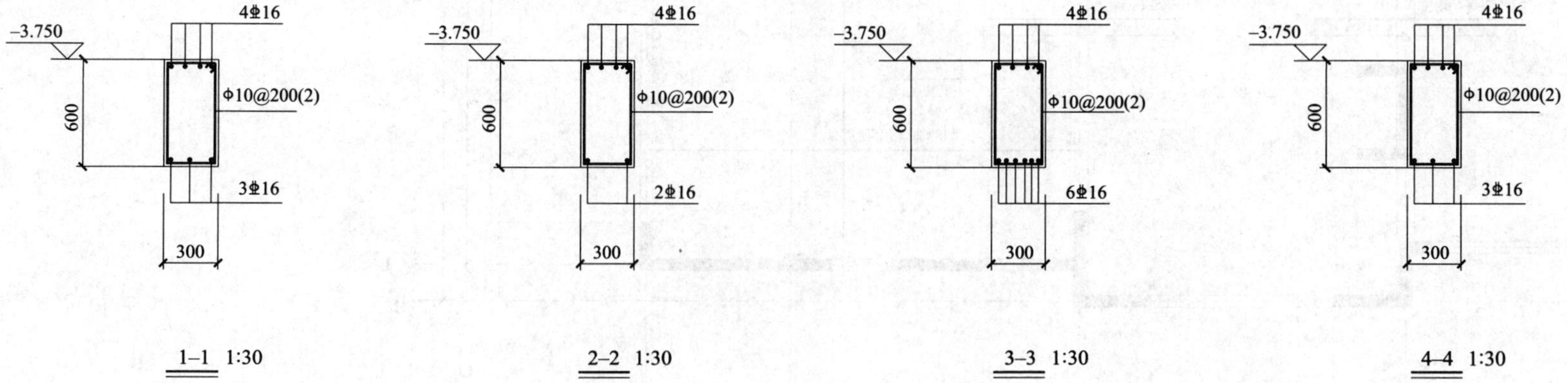

注1详解:

此基础底板厚度为300mm。
底板上下布置直径为12mm的钢筋,通长布置。
钢筋间距为200mm。

楼板上下钢筋的布置如下图所示:

这些都是钢筋混凝土框架柱。柱子的基础见下图:

基础插筋同柱筋

这是独立基础下面的100mm厚素混凝土垫层。

这是基础底板支座的下部附加钢筋。
钢筋直径为10mm的HRB400钢筋,钢筋间距为200mm。
钢筋每边从轴线伸出的长度是1200mm。

这是基础底板支座的下部附加钢筋。
钢筋直径为12mm的HRB400钢筋,钢筋间距为200mm。
钢筋每边从轴线伸出的长度是1800mm。

此基础底板厚度为250mm。
底板上下布置直径为12mm的钢筋,通长布置。
钢筋间距为200mm。

这是基础底板局部降板的具体做法。
注意钢筋之间的相对关系。

导读

筏形基础:当建筑物上部荷载较大而地基承载能力又比较弱时,用简单的独立基础或条形基础已不能适应地基变形的需要,这时常将墙或柱下基础连成一片,使整个建筑物的荷载承受在一块整板上,这种满堂式的板式基础称筏形基础。筏形基础由于其底面积大,故可减小基底压力,同时也可提高地基土的承载力,并能更有效地增强基础的整体性,调整不均匀沉降。

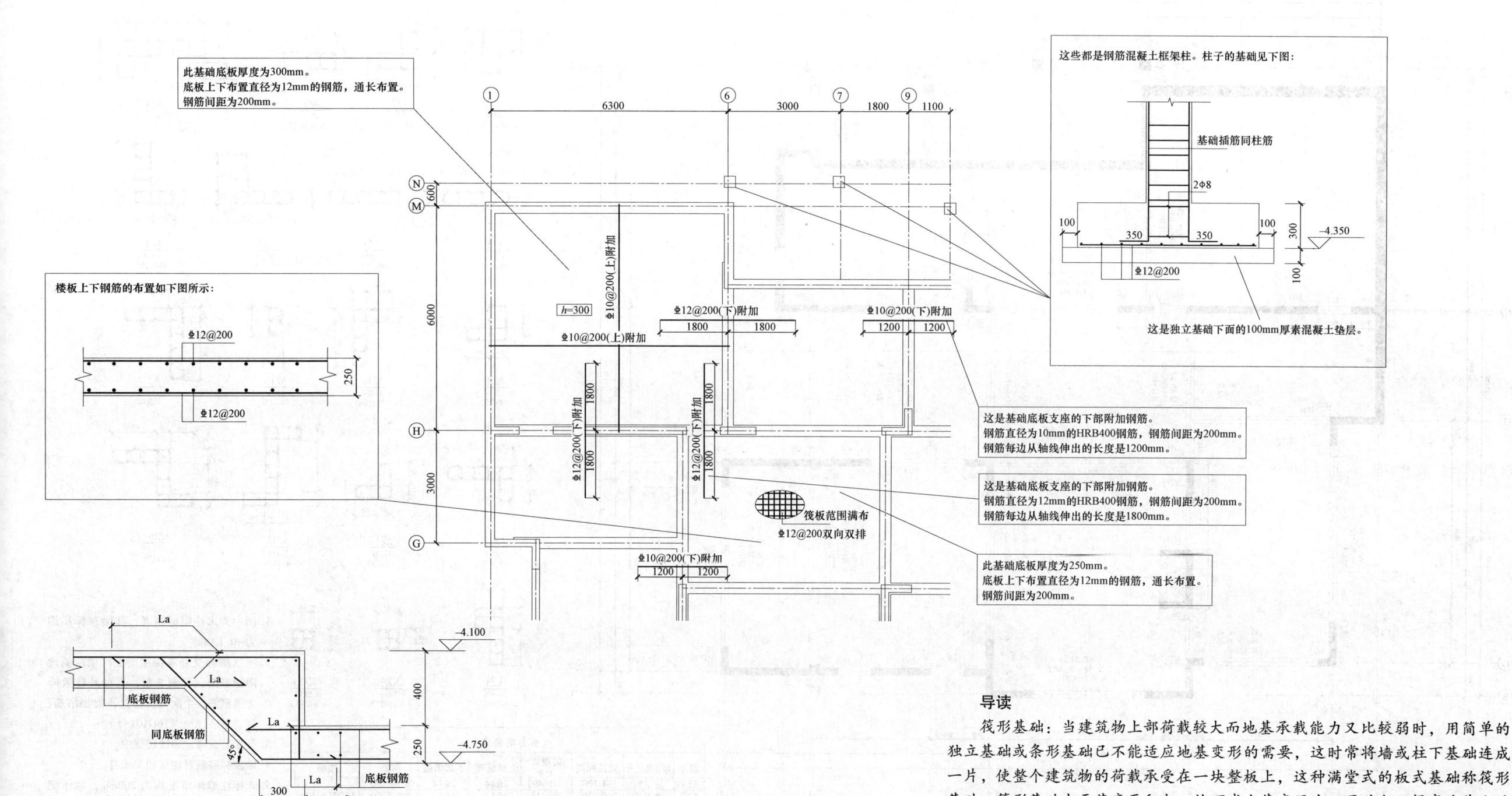

图7-4 基础底板配筋图讲解

地下室墙、柱、顶梁结构图 1:50

剪力墙梁表						
编号	所在楼层号	梁顶标高	梁截面 $b \times h$	上部纵筋	下部纵筋	箍筋	腰筋
LL1	地下室	−1.100	200×400	2⌀14	2⌀14	⌀8@100	
LL2	地下室	−0.120	200×1150	4⌀14	4⌀14	⌀8@100	10⌀10@100
LL3	地下室	−0.120	200×400	2⌀14	2⌀14	⌀8@100	
LL4	地下室	−0.120	200×400	2⌀14	2⌀14	⌀8@100	
LL5	地下室	−0.120	200×400	2⌀14	2⌀14	⌀8@100	
LL6	地下室	−0.120	250×400	2⌀14	2⌀14	⌀8@100	

注：
1. 图中梁未注明标高者，其梁顶标高均为−0.120m。
2. 主次梁相交处应在主梁上次梁两侧设附加箍筋，每侧3根，直径及肢数同主梁箍筋，主次梁交接处，附加吊筋、箍筋做法详见《16G101-1》。
3. 梁未定位者，轴线居梁中。
4. 墙顶标高核对建筑相关墙身。
5. 未标注墙体厚度均为200mm，墙体配筋为⌀8@200，双层双向。

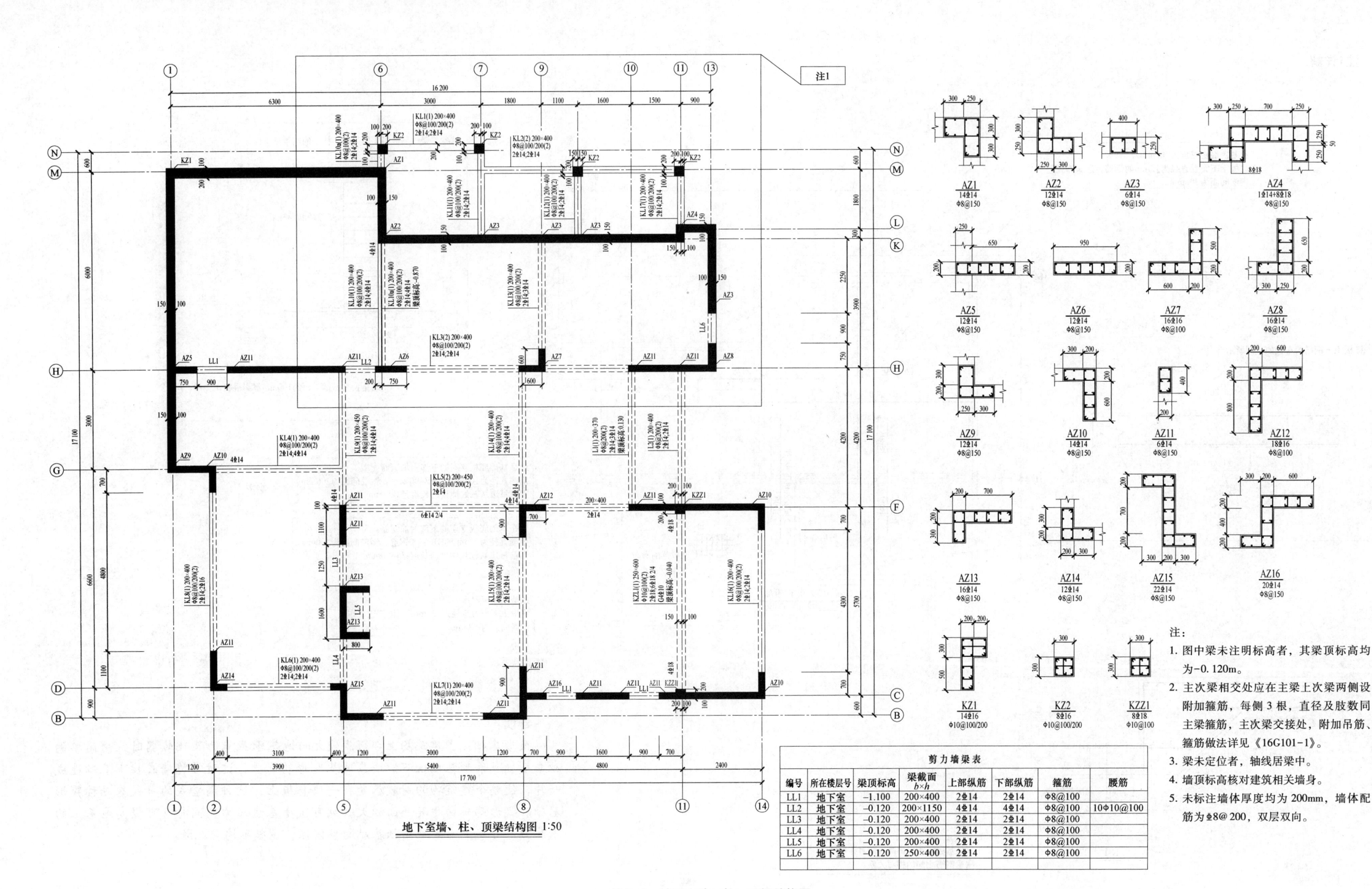

图 7-5 地下室墙、柱、顶梁结构图

注1详解：

导读

　　箍筋加密范围是按照规范规定得来的，没有具体的计算公式。柱箍筋加密范围是：底层柱（底层柱的主根系指地下室的顶面或无地下室情况的基础顶面）的柱根加密区长度应取不小于该层柱净高的1/3，以后的加密区范围是按柱长边尺寸（圆柱的直径）、楼层柱净高的1/6，及500mm三者数值中的最大者为加密范围。

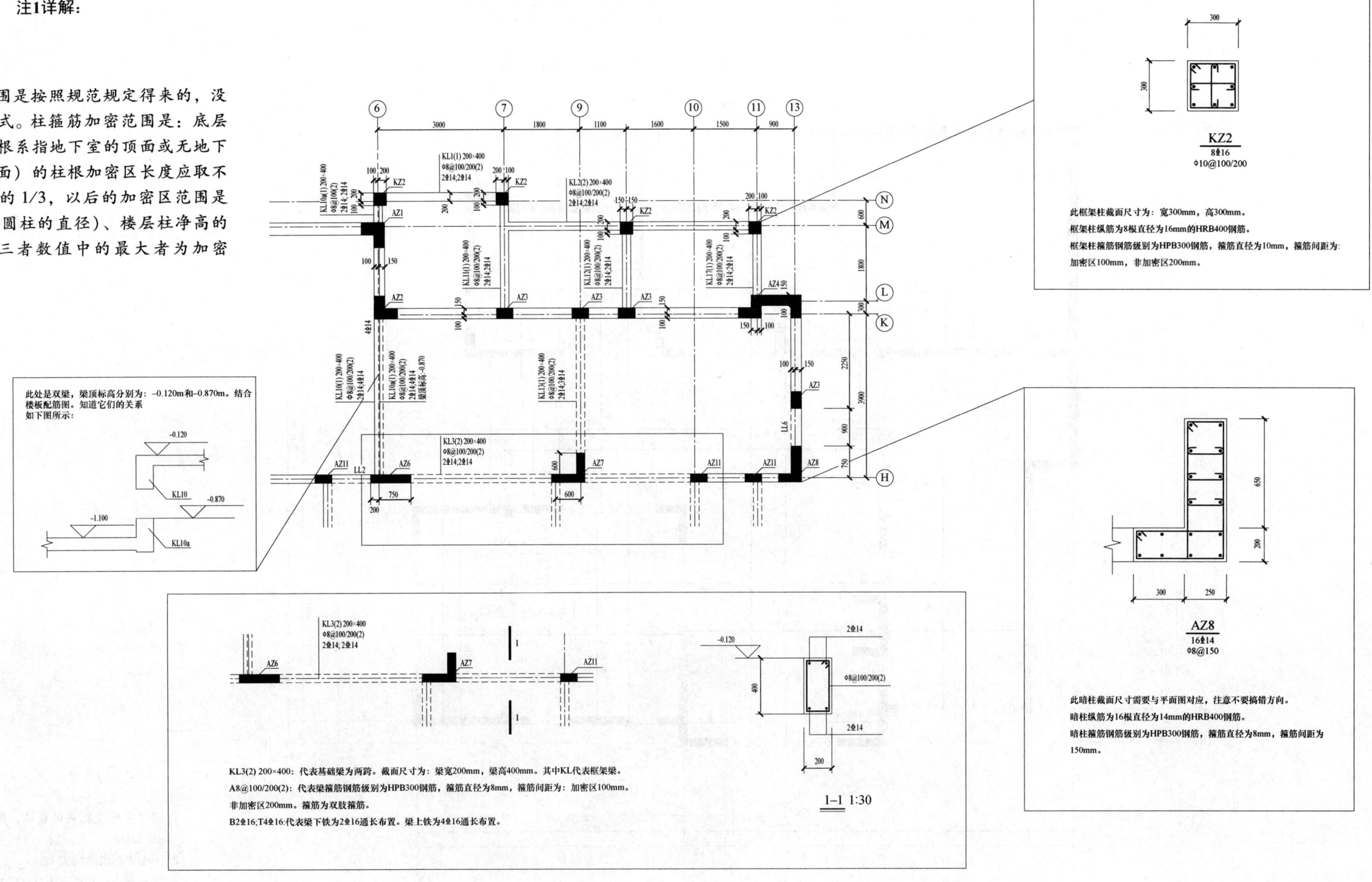

KZ2
8⌀16
⌀10@100/200

此框架柱截面尺寸为：宽300mm，高300mm。
框架柱纵筋为8根直径为16mm的HRB400钢筋。
框架柱箍筋钢筋级别为HPB300钢筋，箍筋直径为10mm，箍筋间距为：加密区100mm，非加密区200mm。

此处是双梁，梁顶标高分别为：-0.120m和-0.870m。结合楼板配筋图，知道它们的关系如下图所示：

AZ8
16⌀14
⌀8@150

此暗柱截面尺寸需要与平面图对应，注意不要搞错方向。
暗柱纵筋为16根直径为14mm的HRB400钢筋。
暗柱箍筋钢筋级别为HPB300钢筋，箍筋直径为8mm，箍筋间距为150mm。

KL3(2) 200×400：代表基础梁为两跨。截面尺寸为：梁宽200mm，梁高400mm。其中KL代表框架梁。
A⌀8@100/200(2)：代表梁箍筋钢筋级别为HPB300钢筋，箍筋直径为8mm，箍筋间距为：加密区100mm，非加密区200mm。箍筋为双肢箍筋。
B2⌀16;T4⌀16:代表梁下铁为2⌀16通长布置。梁上铁为4⌀16通长布置。

图 7-6　地下室墙、柱、顶梁结构图讲解

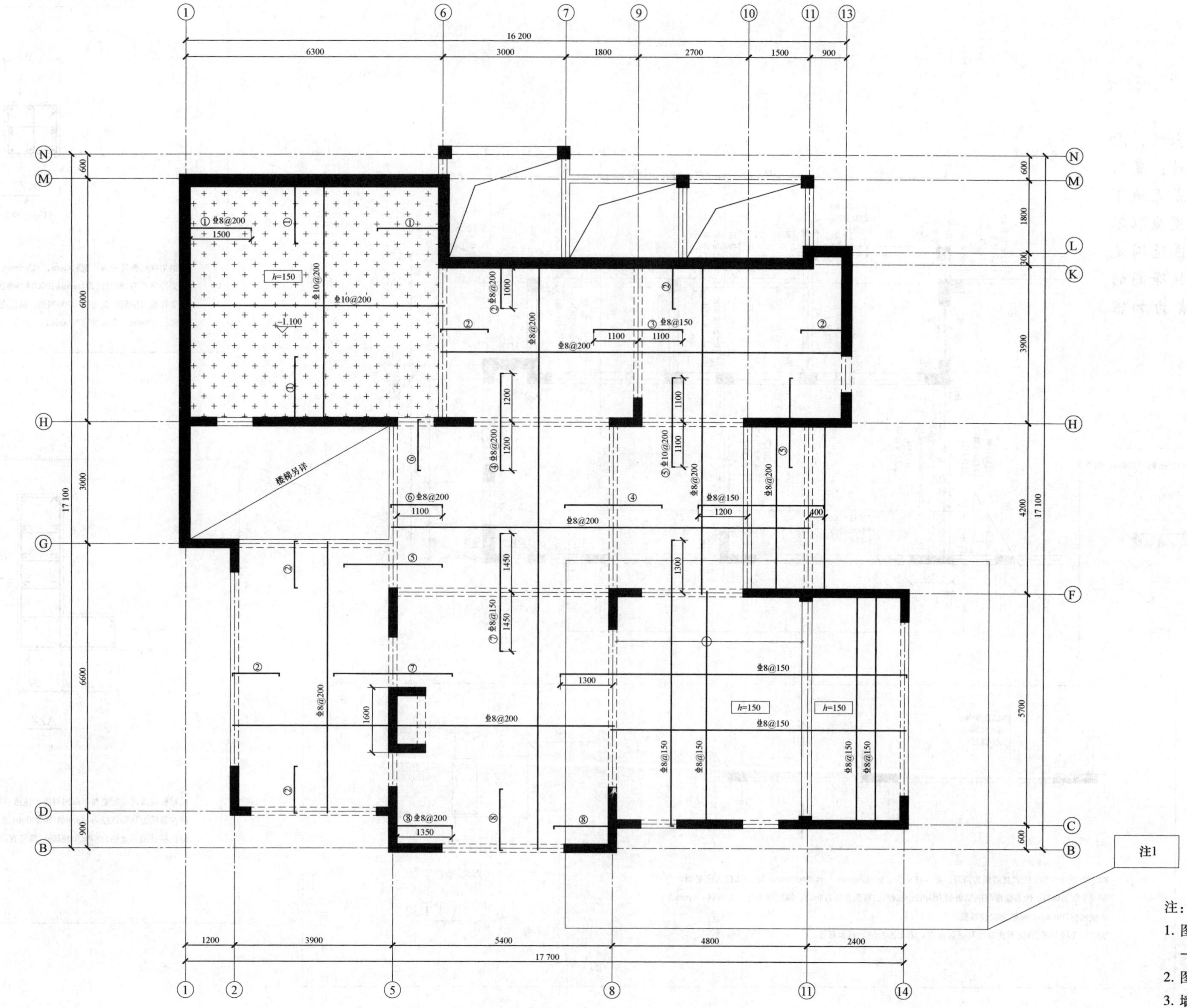

地下室顶板配筋图 1:50

图 7-7 地下室顶板配筋图

注：
1. 图中未标注标高的板块，其结构板面标高均为 −0.120m。
2. 图中未注板厚均为 120mm。
3. 墙身做法应与建筑图核对后施工。
4. 板上留洞加强做法，本图未注明的按总说明要求施工。

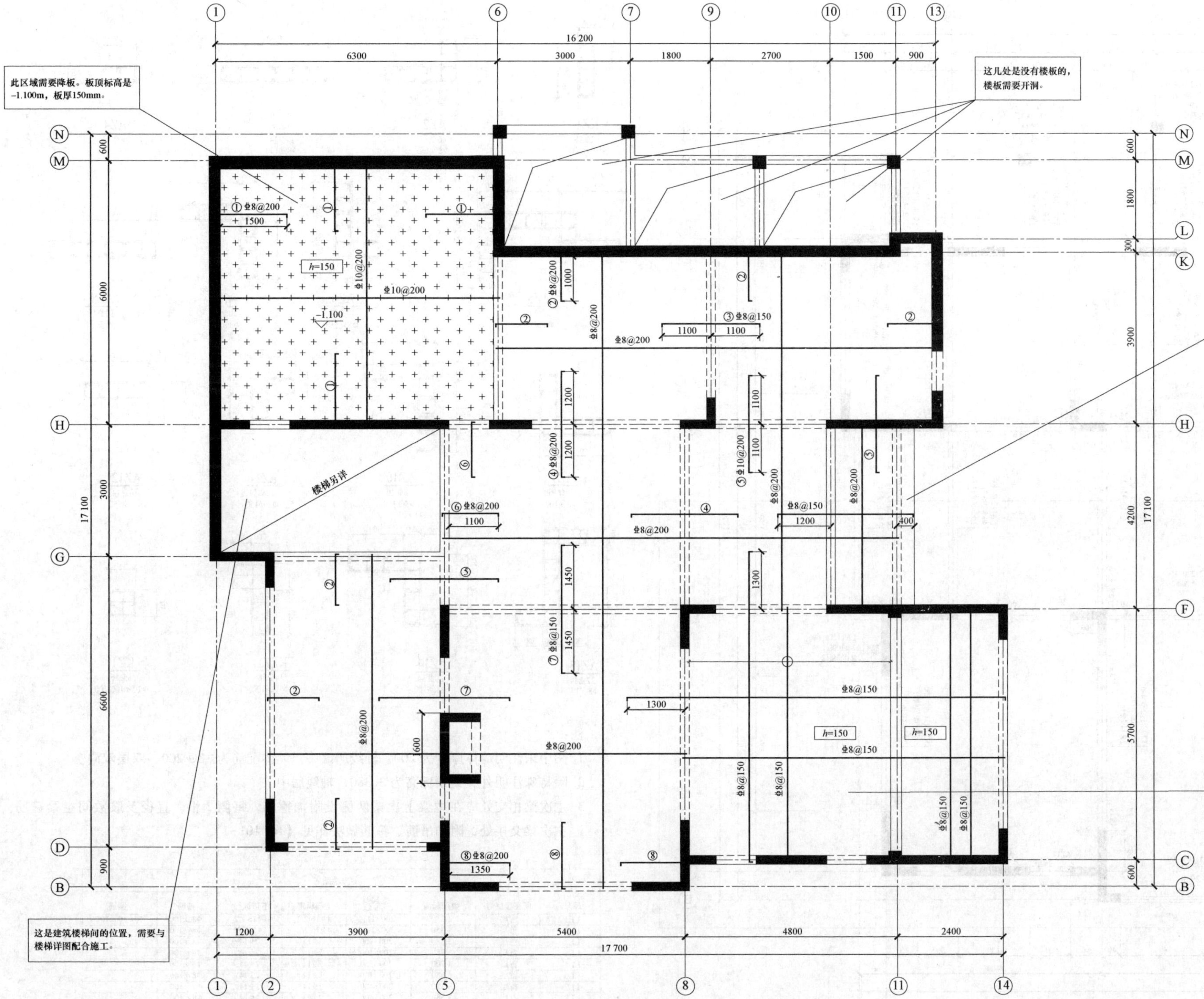

地下室顶板配筋图 1:50

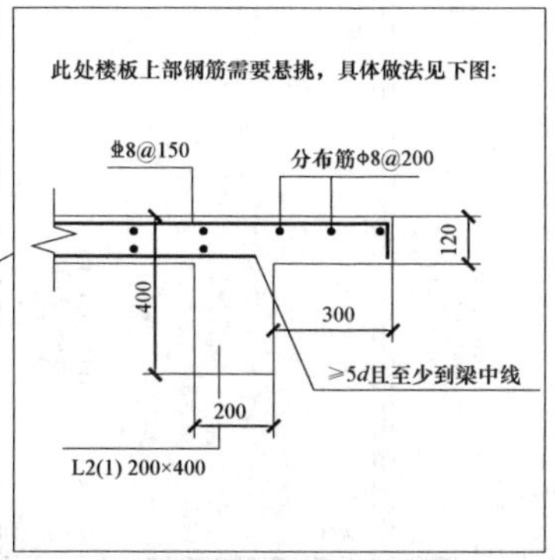

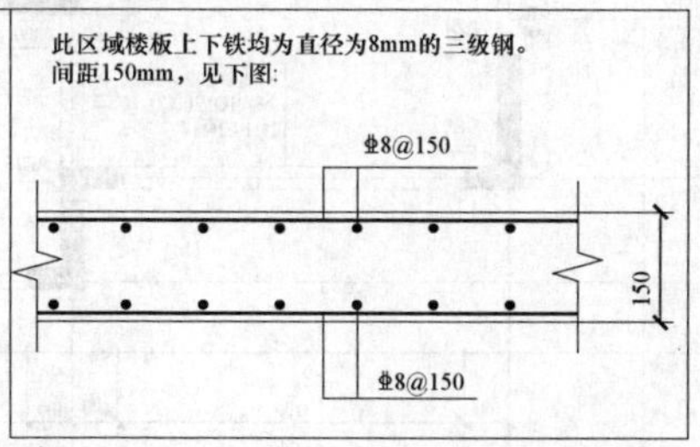

图 7-8 地下室顶板配筋图讲解

导读

分布筋出现在板中，布置在受力钢筋的内侧，与受力钢筋垂直。作用是固定受力钢筋的位置并将板上的荷载分散到受力钢筋上，同时也能防止因混凝土的收缩和温度变化等原因，在垂直于受力钢筋方向产生的裂缝。

注：
1. 图中未标注标高的板块，其结构板面标高均为-0.120m。
2. 图中未注板厚均为120mm。
3. 墙身做法应与建筑图核对后施工。
4. 板上留洞加强做法，本图未注明的按总说明要求施工。

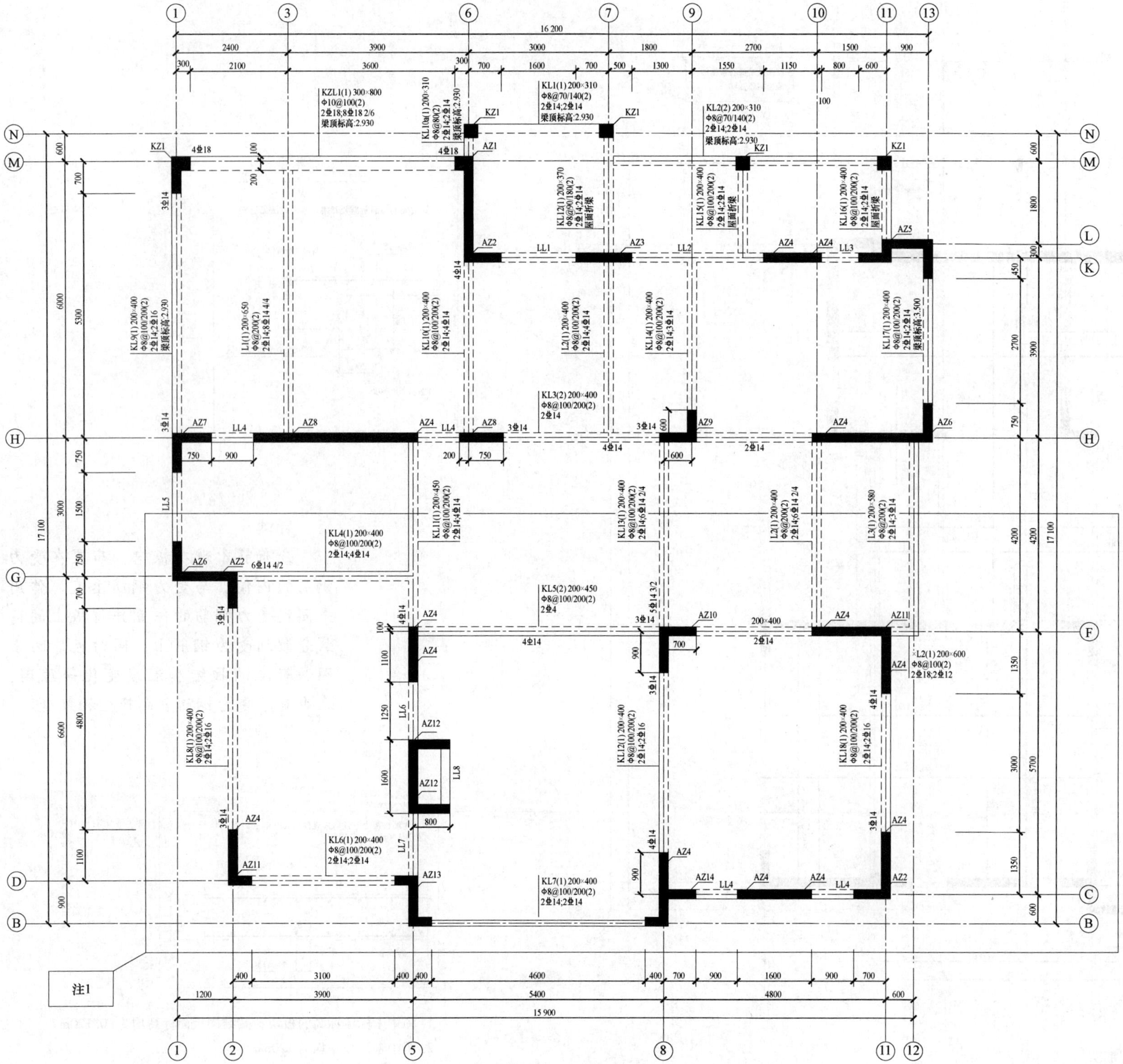

首层墙、柱、顶梁结构图 1:50

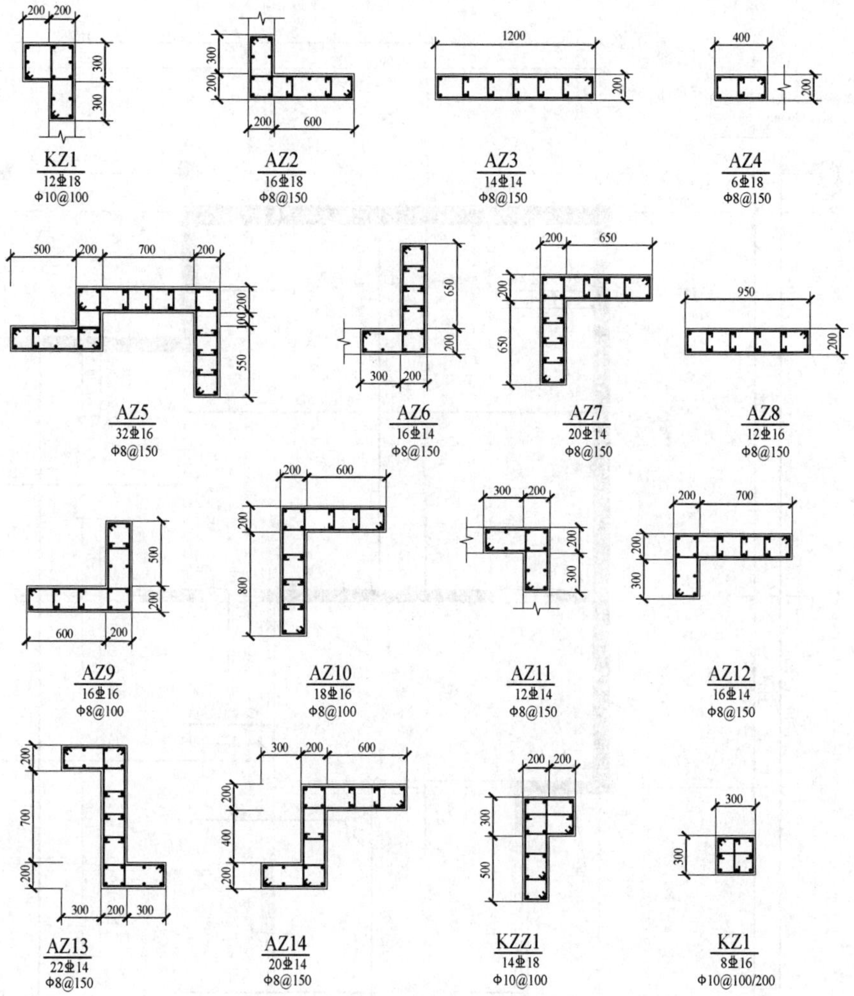

图 7-9 首层墙、柱、顶梁结构图

注：
1. 图中未注明墙体厚度为 200，轴线居中。墙体配筋为 Φ8@200，双层双向。
2. 除特殊注明外，梁顶标高为 3.380，轴线居中。
3. 主次梁相交处应在主梁上次梁两侧设附加箍筋，每侧 3 根，直径及肢数同主梁箍筋，主次梁交接处，附加吊筋、箍筋做法详见《16G101-1》。

剪力墙梁表

编号	所在楼层号	梁顶标高	梁截面 b×h	上部纵筋	下部纵筋	箍筋	腰筋
LL1	首层	4.350	200×1110	4⊥16 2/2	4⊥16 2/2	Φ8@100	10Φ10@100
LL2	首层	4.350	200×1110	4⊥16 2/2	4⊥16 2/2	Φ8@100	
LL3	首层	3.380	200×400	2⊥14	2⊥14	Φ8@100	
LL4	首层	3.380	200×400	2⊥16	2⊥16	Φ8@100	
LL5	首层	1.700	200×550	2⊥14	2⊥14	Φ8@100	
LL6	首层	3.380	200×400	2⊥14	2⊥14	Φ8@100	
LL7	首层	3.380	200×400	2⊥14	2⊥14	Φ8@100	
LL8	首层	3.380	200×400	2⊥14	2⊥14	Φ8@100	

注1详解：

导读

箍筋加密范围是按照规范规定得来的，没有具体的计算公式。梁箍筋加密范围：加密范围从柱边开始，一级抗震等级的框架梁箍筋加密长度为2倍的梁高，二、三、四级抗震等级的框架梁箍筋加密长度为1.5倍的梁高，而且加密区间总长均要满足大于500mm，如果不满足大于500mm，按500mm长度进行加密。

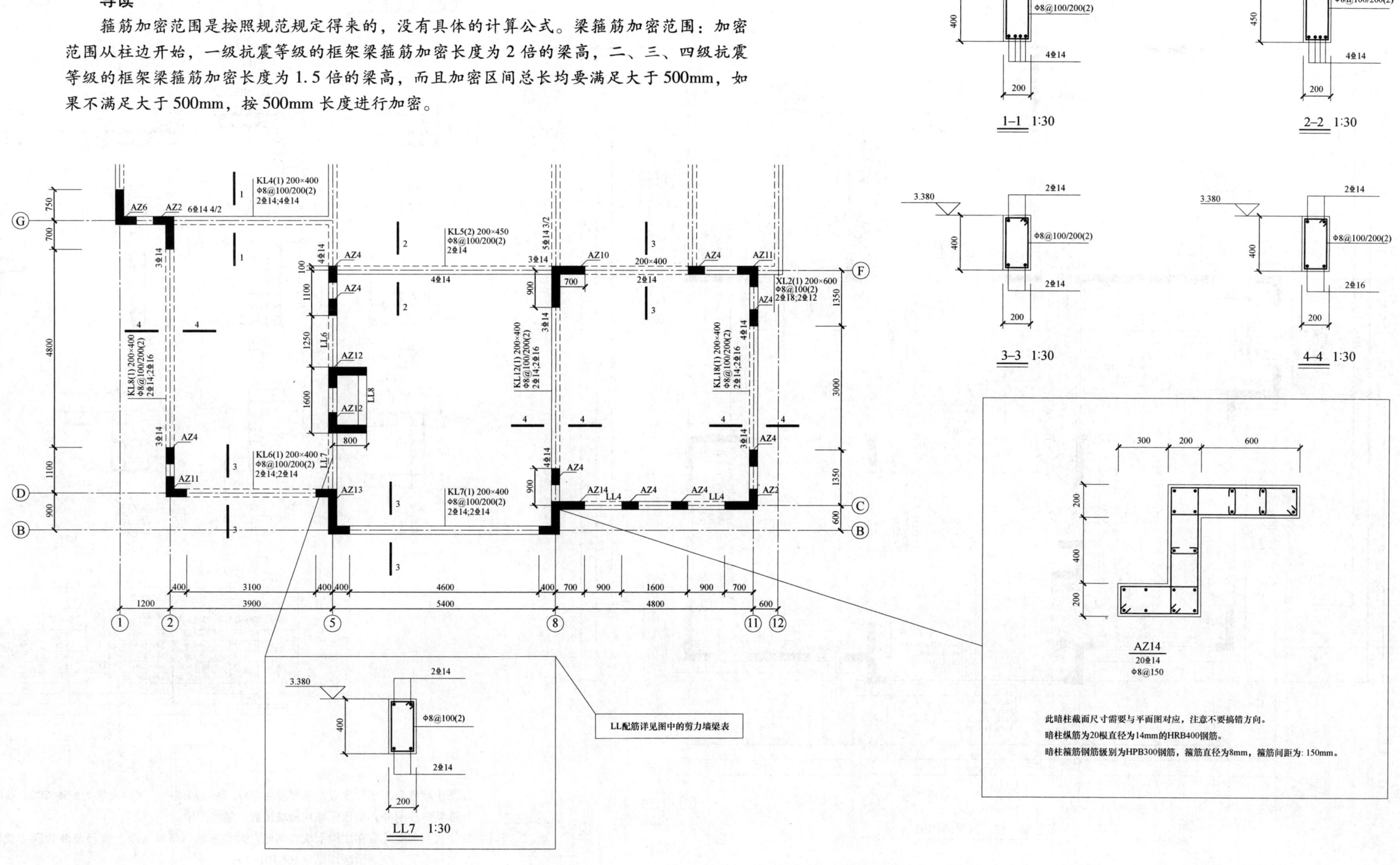

图7-10 首层墙、柱、顶梁结构图讲解

此暗柱截面尺寸需要与平面图对应，注意不要搞错方向。
暗柱纵筋为20根直径为14mm的HRB400钢筋。
暗柱箍筋钢筋级别为HPB300钢筋，箍筋直径为8mm，箍筋间距为150mm。

二层墙、柱、顶梁结构图 1:50

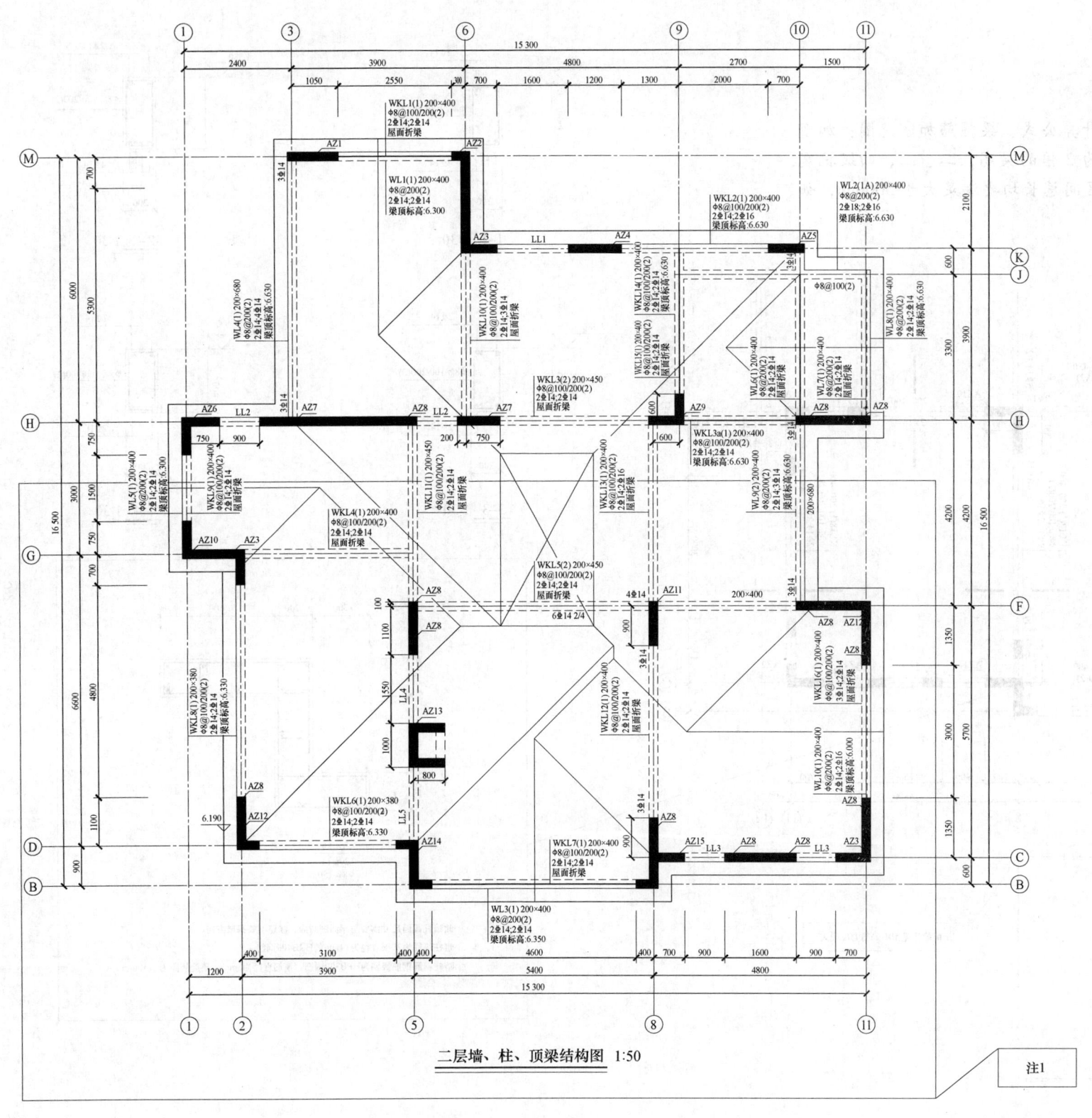

图 7-11 二层墙、柱、顶梁结构图

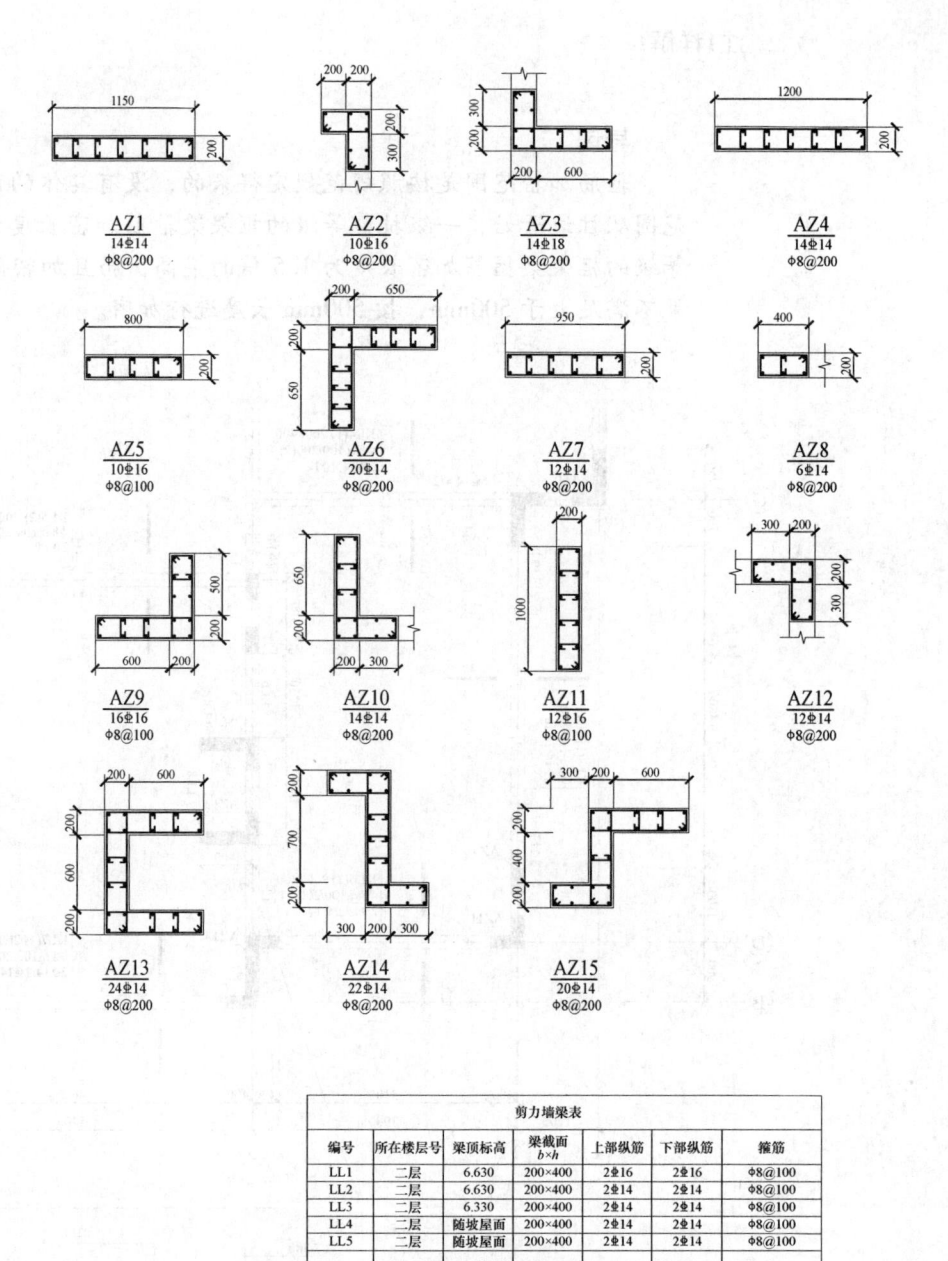

剪力墙梁表

编号	所在楼层号	梁顶标高	梁截面 b×h	上部纵筋	下部纵筋	箍筋
LL1	二层	6.630	200×400	2⌀16	2⌀16	⌀8@100
LL2	二层	6.630	200×400	2⌀14	2⌀14	⌀8@100
LL3	二层	6.330	200×400	2⌀14	2⌀14	⌀8@100
LL4	二层	随坡屋面	200×400	2⌀14	2⌀14	⌀8@100
LL5	二层	随坡屋面	200×400	2⌀14	2⌀14	⌀8@100

注:
1. 图中墙体未注明厚度者,其厚度为 200,轴线居墙中。墙体配筋为⌀8@200,双层双向。
2. 除特殊注明外,梁顶标高均随坡屋面,轴线居中。
3. 主次梁相交处应在主梁上次梁两侧设附加箍筋,每侧 3 根,直径及肢数同主梁箍筋,主次梁交接处,附加吊筋、箍筋做法详见《16G101-1》。

注1详解：

此处有两根梁，一根平梁，一根折梁，它们之间的关系见下图：

屋面折梁做法

导读

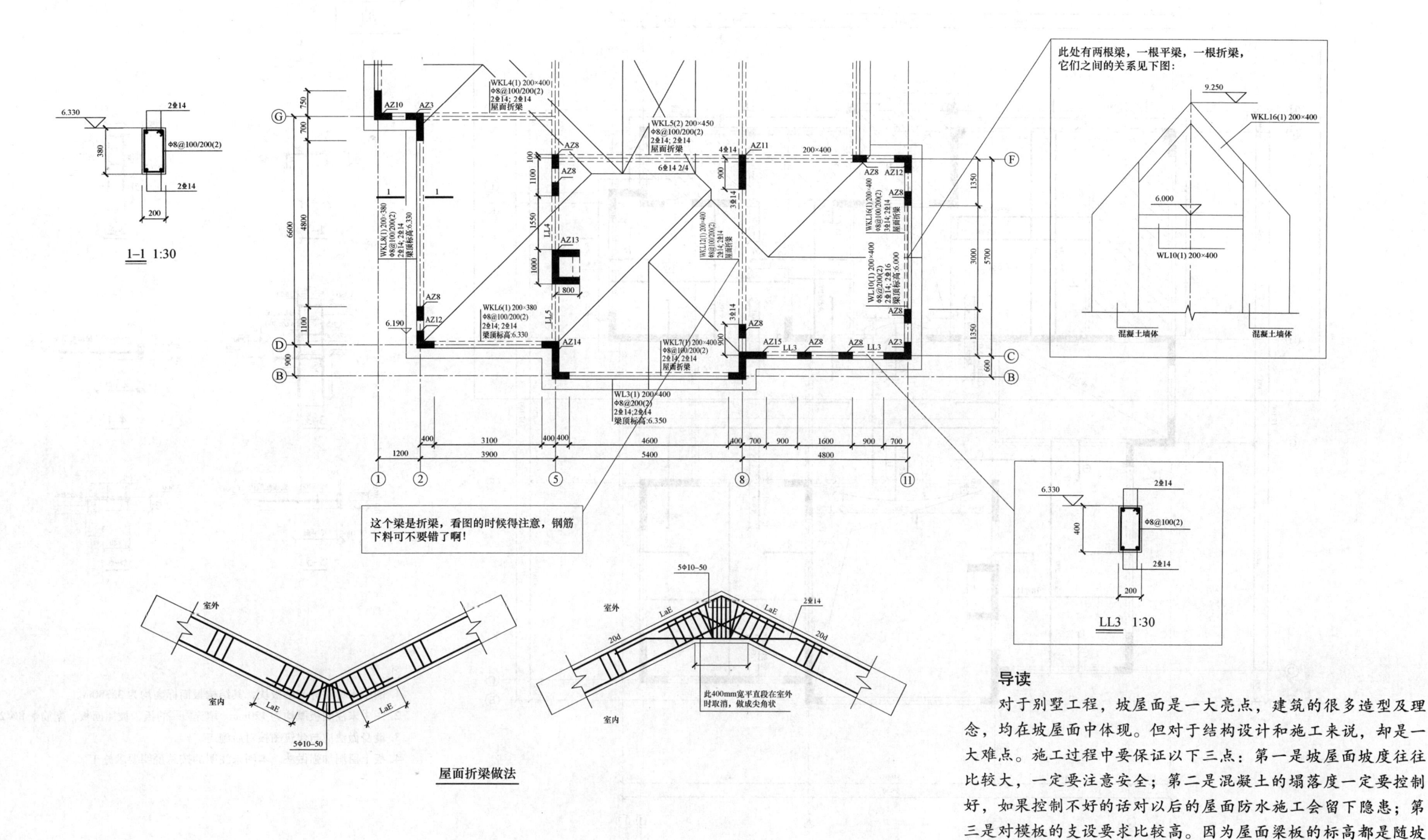

对于别墅工程，坡屋面是一大亮点，建筑的很多造型及理念，均在坡屋面中体现。但对于结构设计和施工来说，却是一大难点。施工过程中要保证以下三点：第一是坡屋面坡度往往比较大，一定要注意安全；第二是混凝土的塌落度一定要控制好，如果控制不好的话对以后的屋面防水施工会留下隐患；第三是对模板的支设要求比较高。因为屋面梁板的标高都是随坡屋面标高走的，要求有好的木工，才成做出设计的效果。

图 7-12 二层墙、柱、顶梁结构图讲解

首层顶板配筋图 1:50

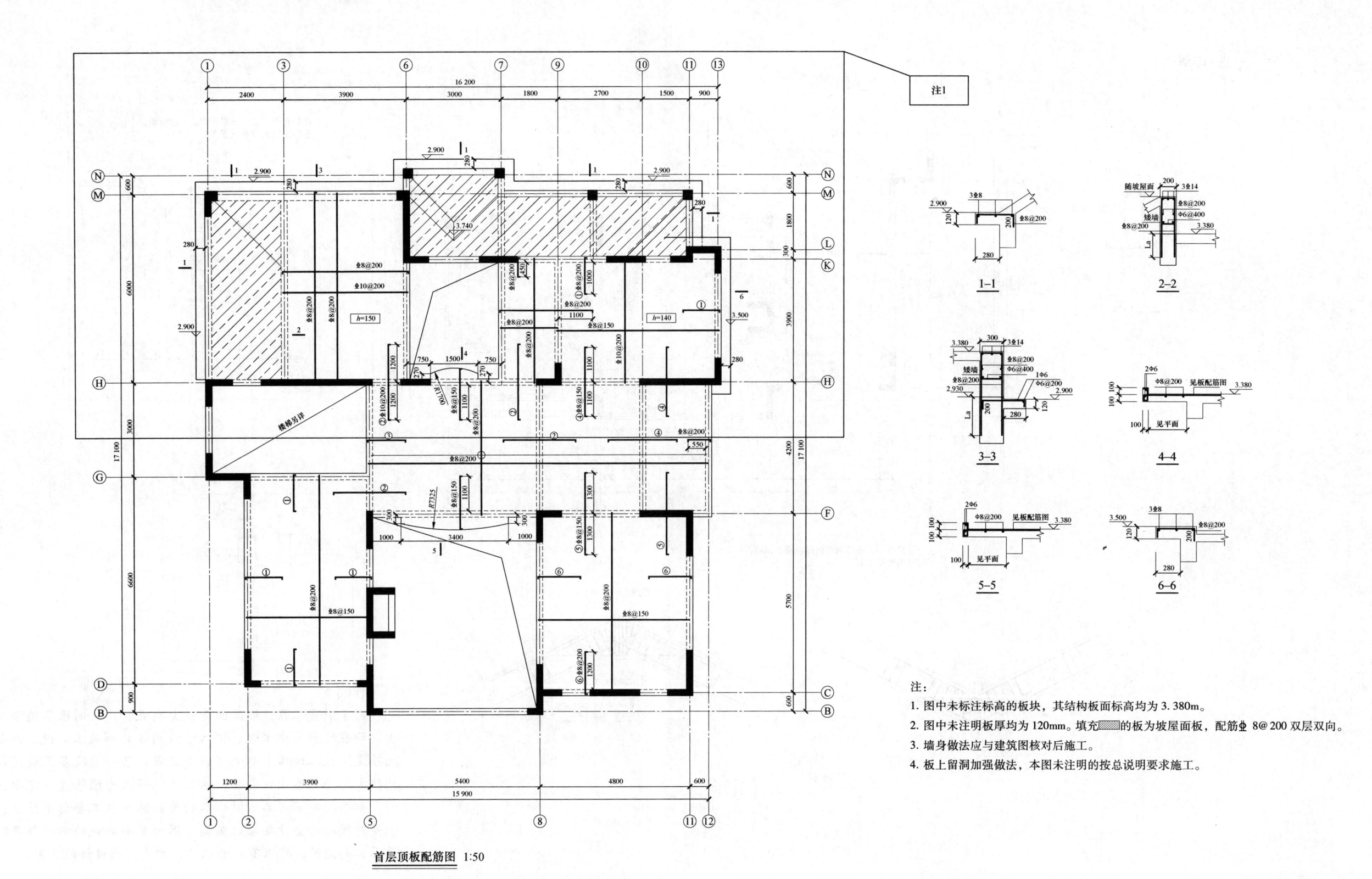

注:
1. 图中未注标高的板块,其结构板面标高均为3.380m。
2. 图中未注明板厚均为120mm。填充▨▨的板为坡屋面板,配筋⊥8@200双层双向。
3. 墙身做法应与建筑图核对后施工。
4. 板上留洞加强做法,本图未注明的按总说明要求施工。

图7-13 首层顶板配筋图

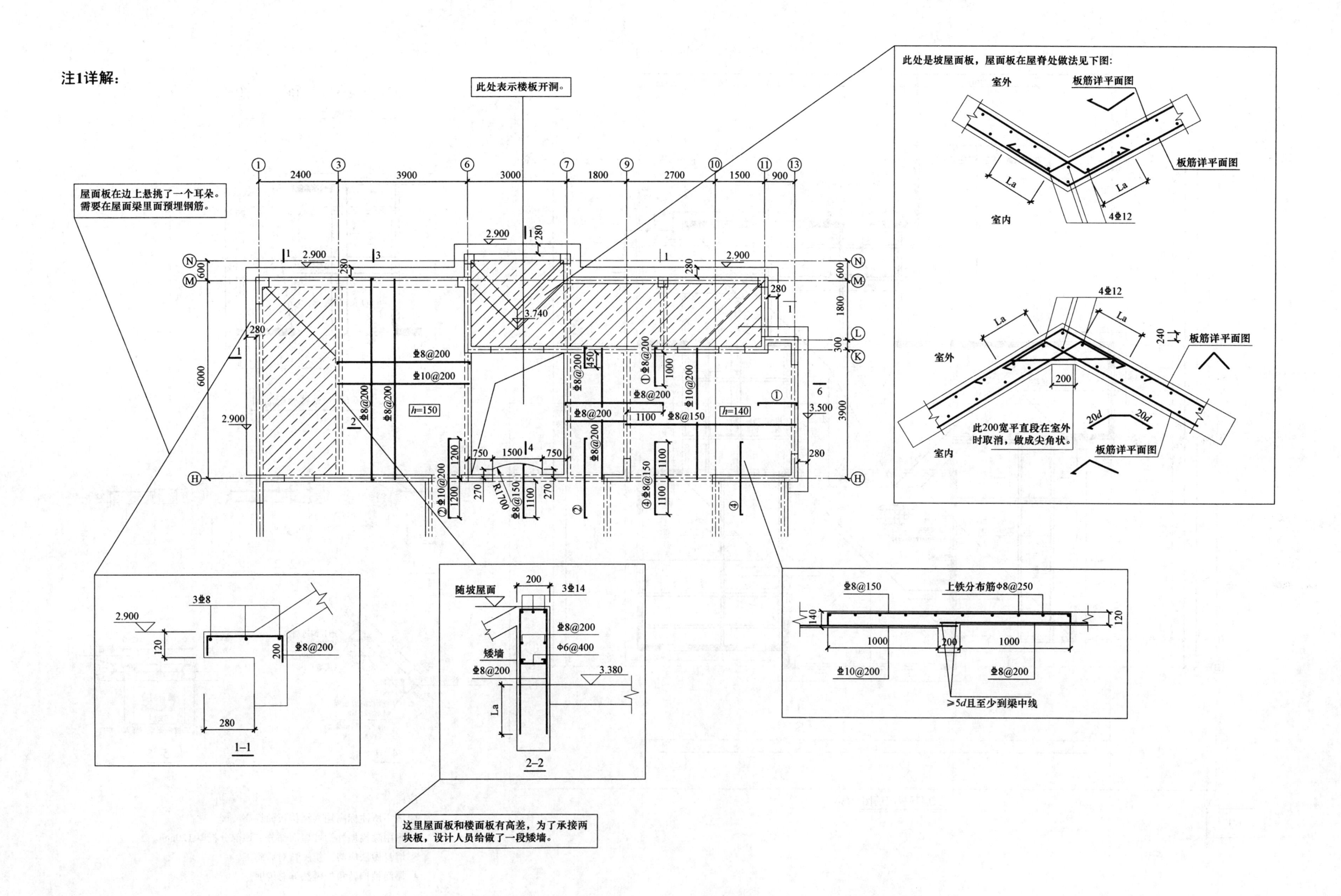

图 7-14 首层顶板配筋图讲解

二层顶板配筋图 1:50

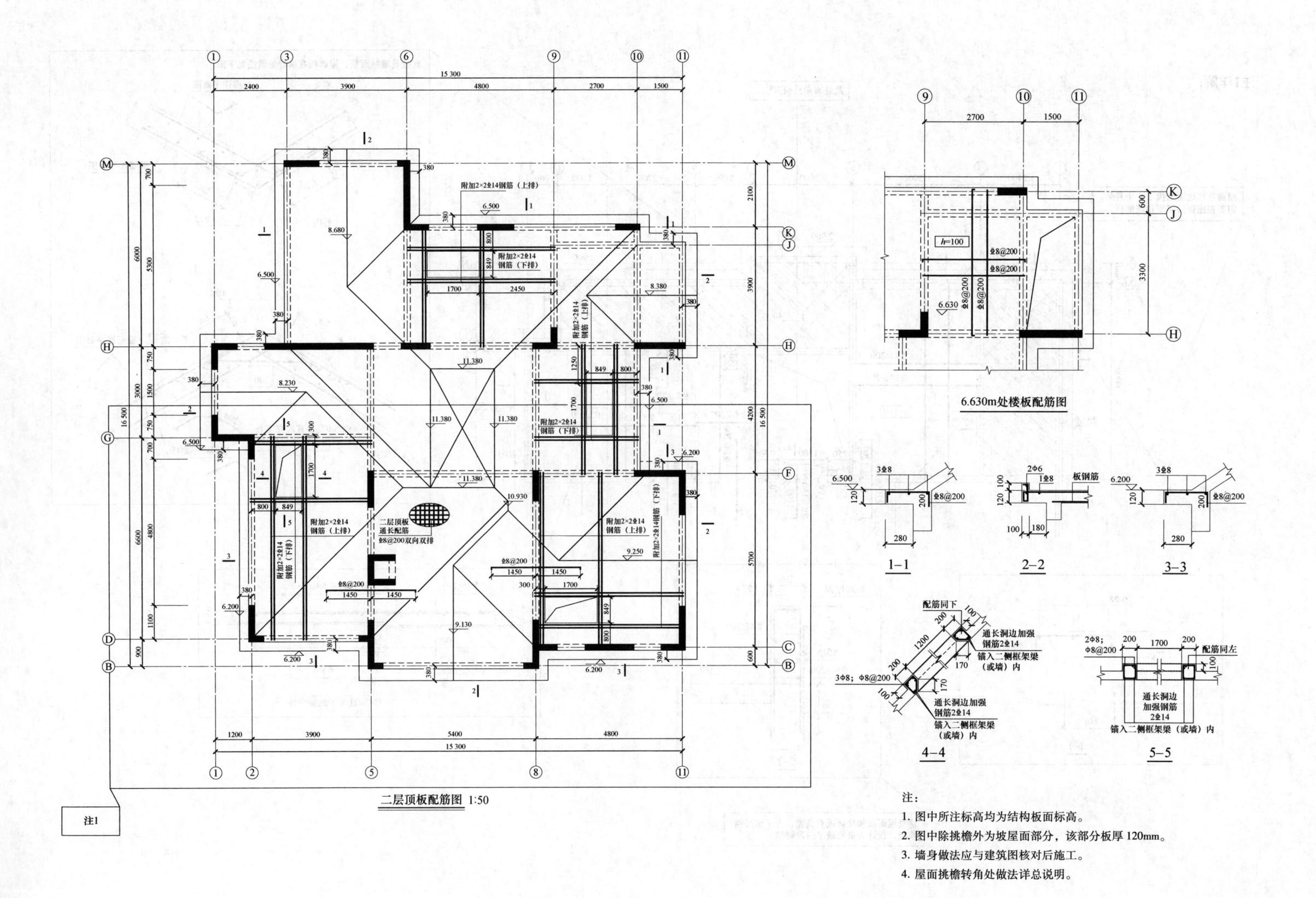

6.630m处楼板配筋图

1—1　2—2　3—3

4—4　5—5

注：
1. 图中所注标高均为结构板面标高。
2. 图中除挑檐外为坡屋面部分，该部分板厚120mm。
3. 墙身做法应与建筑图核对后施工。
4. 屋面挑檐转角处做法详总说明。

图 7-15　二层顶板配筋图

注1详解：

导读

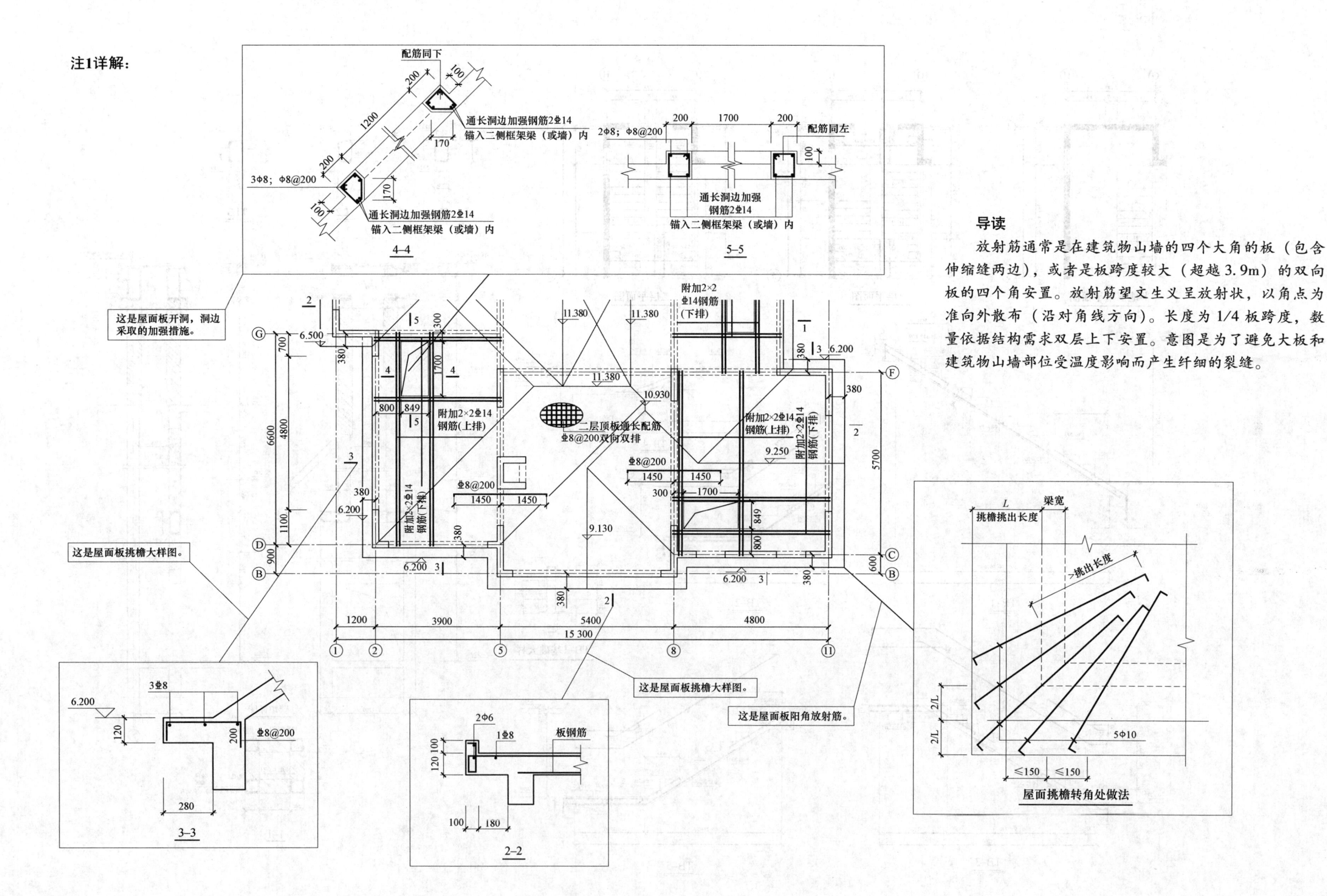

放射筋通常是在建筑物山墙的四个大角的板（包含伸缩缝两边），或者是板跨度较大（超越3.9m）的双向板的四个角安置。放射筋望文生义呈放射状，以角点为准向外散布（沿对角线方向）。长度为1/4板跨度，数量依据结构需求双层上下安置。意图是为了避免大板和建筑物山墙部位受温度影响而产生纤细的裂缝。

这是屋面板开洞，洞边采取的加强措施。

这是屋面板挑檐大样图。

这是屋面板挑檐大样图。

这是屋面板阳角放射筋。

图7-16 二层顶板配筋图讲解

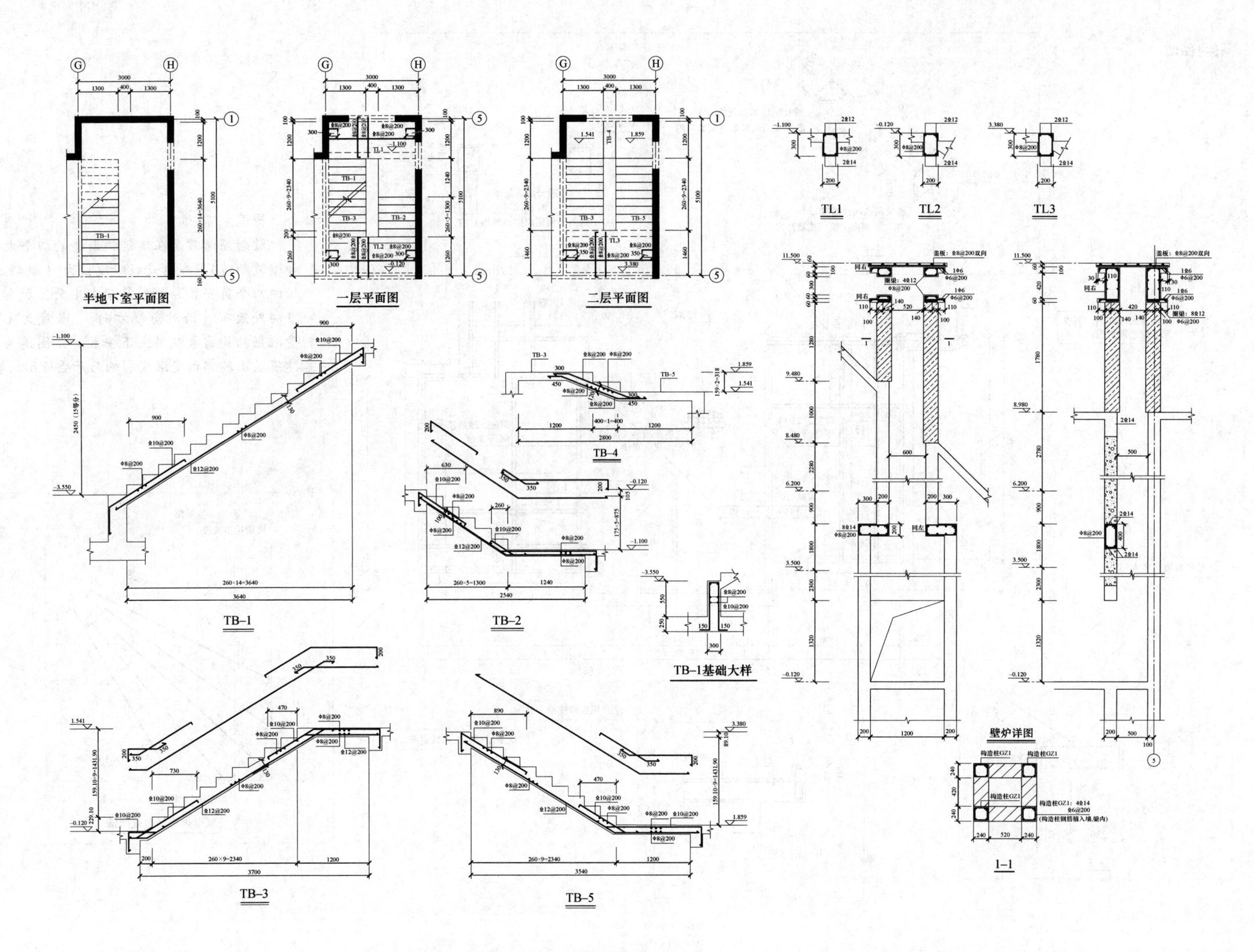

图 7-17 楼梯及壁炉详图

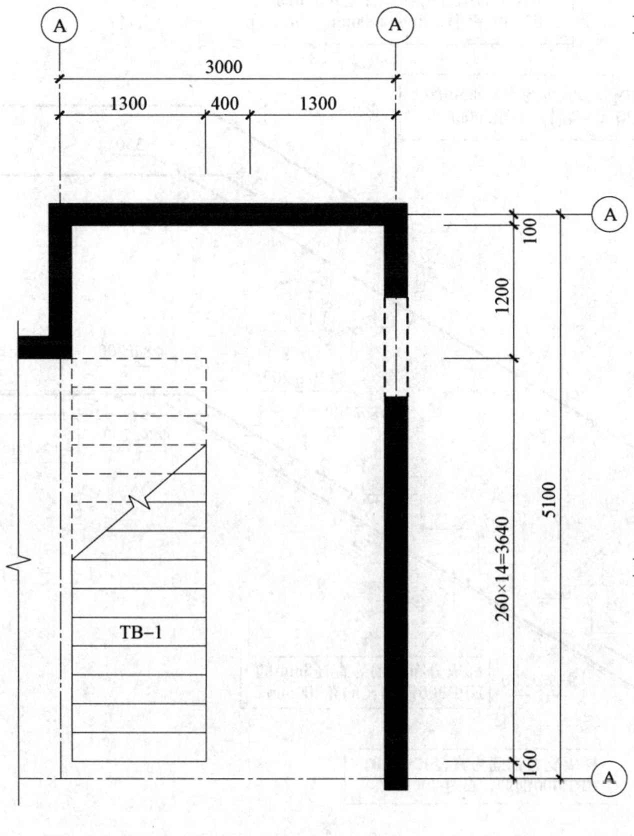

半地下室平面图

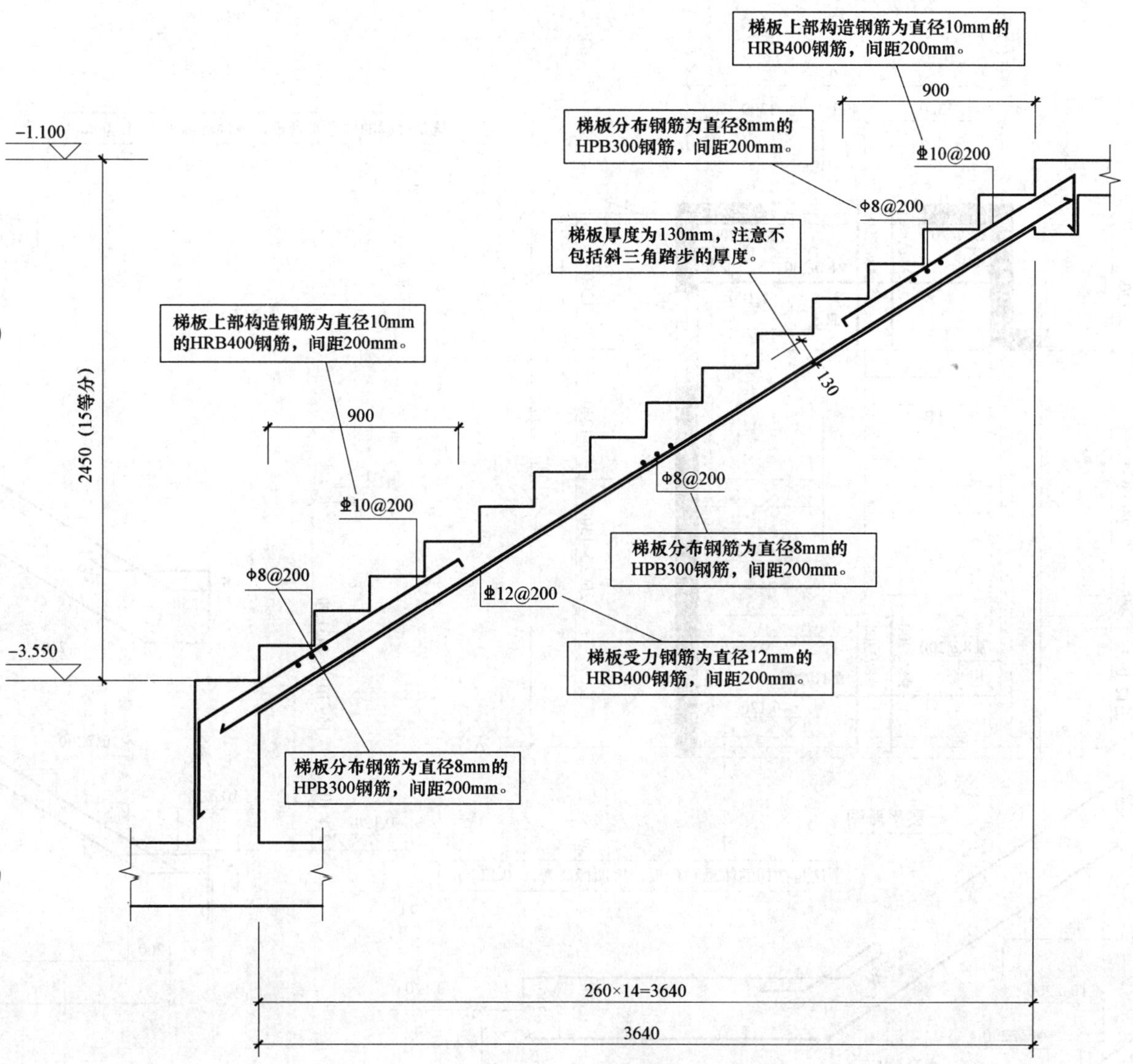

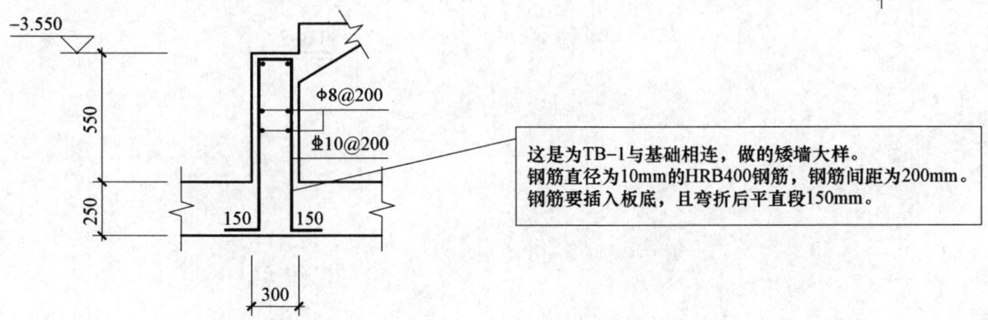

TB-1基础大样

图 7-18 楼梯、壁炉详图讲解

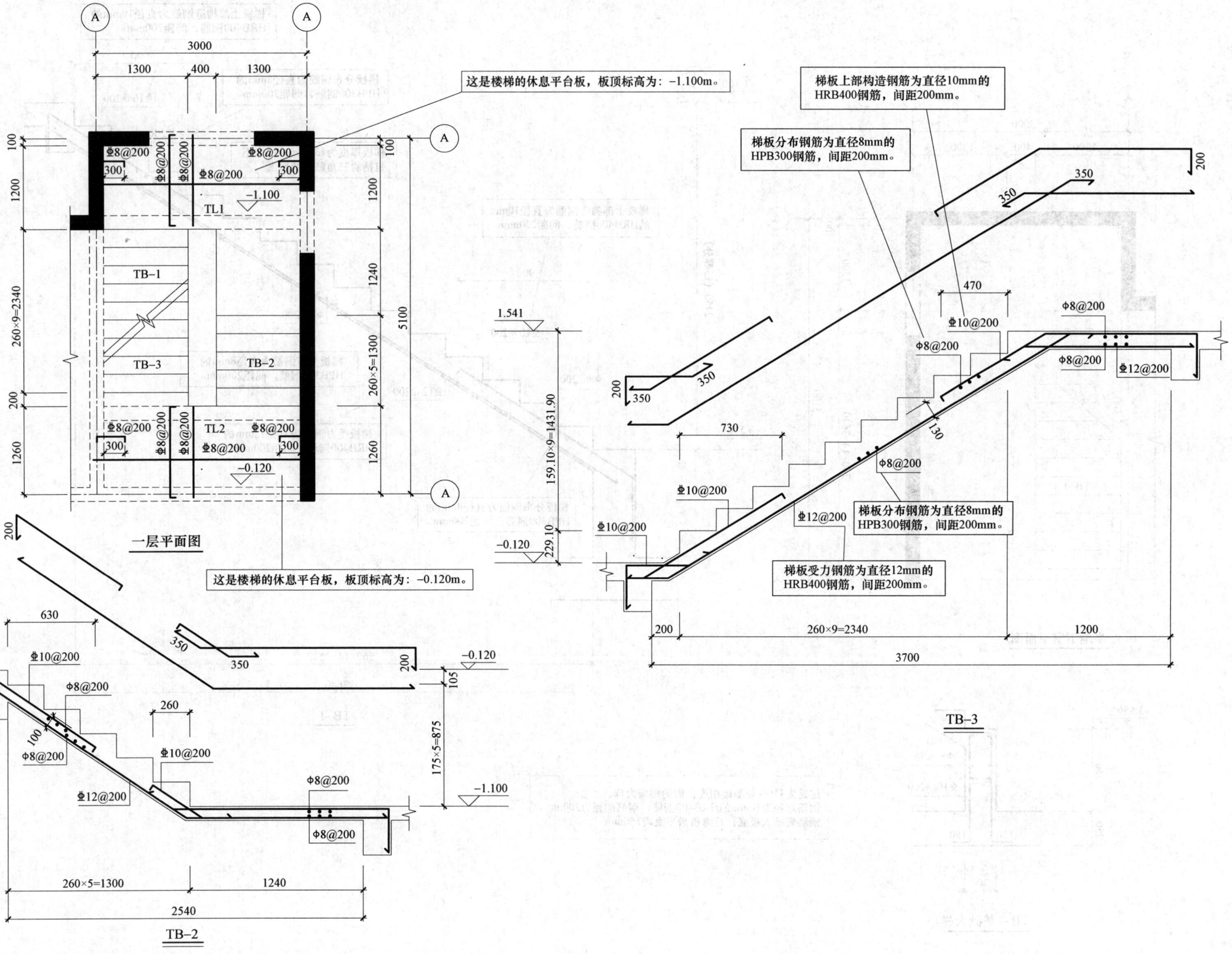

图 7-19 一层楼梯做法讲解

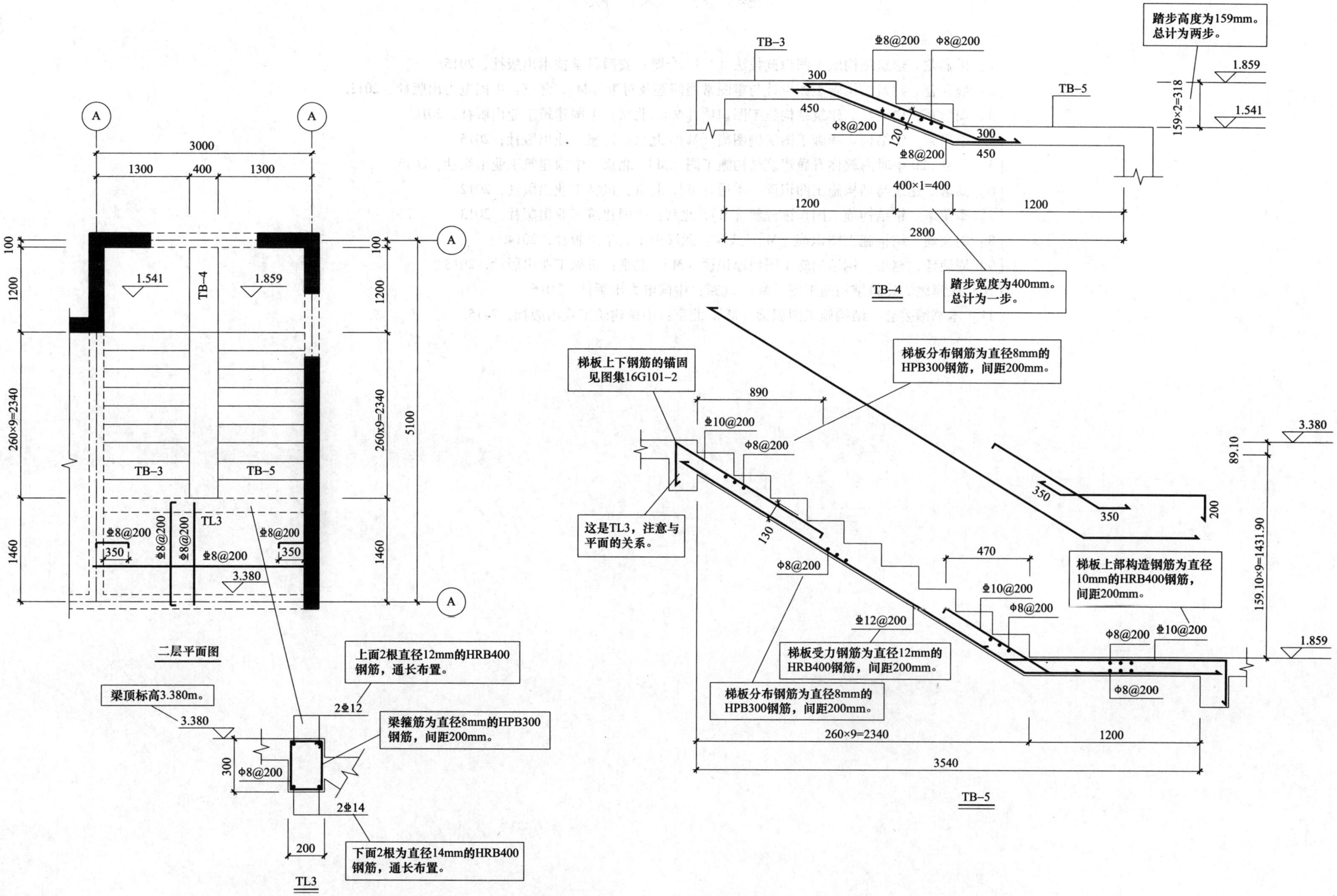

图 7-20 二层楼梯做法讲解

参 考 文 献

[1] 乐嘉龙. 建筑结构施工图识读技法 [M]. 合肥：安徽科学技术出版社，2015.
[2] 魏利金. 建筑结构施工图设计与审图常遇问题及对策 [M]. 北京：中国电力出版社，2011.
[3] 周学军，白丽红. 建筑结构施工图识读 [M]. 北京：中国建筑工业出版社，2016.
[4] 李星荣. 钢结构工程施工图实例图集 [M]. 北京：机械工业出版社，2015.
[5] 张克. 20小时内教你看懂建筑结构施工图 [M]. 北京：中国建筑工业出版社，2015.
[6] 高远. 建筑与结构施工图识读一本通 [M]. 北京：机械工业出版社，2012.
[7] 季荣华. 钢结构施工图识读详解 [M]. 北京：中国建筑工业出版社，2013.
[8] 赵文莉. 结构施工图识读 [M]. 武汉：武汉理工大学出版社，2014.
[9] 周焕廷，赵松. 钢结构施工图快速识读 [M]. 北京：机械工业出版社，2013.
[10] 张海鹰. 建筑结构施工图 [M]. 北京：中国电力出版社，2016.
[11] 本书编委会. 结构施工图识读 [M]. 北京：中国建筑工业出版社，2015.